二氧化碳减排林
水土耦合关系及生态安全研究

Research on Coupling Relationship between Soil and Water and Ecological Security in Carbon Dioxide Reduction Forest

王让会　宁虎森　赵福生　等　著

内 容 简 介

本书论述了全球变化背景下，干旱区水资源合理利用与生态安全等问题。在探讨水土、水盐、水碳耦合关系的基础上，重点从植被水分利用、土壤水分变化、水碳足迹、生态系统碳、氮循环、生态系统 NPP 等方面，阐述了维护二氧化碳减排林(CDRF)稳定性的特征与机制。基于生态系统耦合及信息图谱的原理与方法，分析了 CDRF 变化驱动要素的时空特征，探索了盐渍化土壤生物修复途径及模式，并基于 GIS 平台，构建了 CDRF 生态安全评价体系及信息管理系统。

本书可供林学、生态学、土壤学、地理学、资源与环境以及遥感与 GIS，信息系统研发等专业的研究生学习借鉴，亦可为上述领域的工程技术人员及科研工作者参考。

图书在版编目(CIP)数据

二氧化碳减排林水土耦合关系及生态安全研究 / 王让会等著．—北京 ：气象出版社，2021．4

ISBN 978-7-5029-7342-1

Ⅰ．①二…　Ⅱ．①王…　Ⅲ．①干旱地区造林-水土保持-生态安全-研究 Ⅳ．①S728．2

中国版本图书馆 CIP 数据核字(2020)第 243825 号

二氧化碳减排林水土耦合关系及生态安全研究

Eryanghuatan Jianpailin Shuitu Ouhe Guanxi ji Shengtai Anquan Yanjiu

---

出版发行：气象出版社

地　　址：北京市海淀区中关村南大街 46 号　**邮政编码**：100081

电　　话：010-68407112(总编室)　010-68408042(发行部)

网　　址：http://www.qxcbs.com　**E-mail**：qxcbs@cma.gov.cn

责任编辑：王萃萃　**终　　审**：吴晓鹏

责任校对：张硕杰　**责任技编**：赵相宁

封面设计：地大彩印设计中心

印　　刷：北京建宏印刷有限公司

开　　本：710 mm×1000 mm　1/16　**印　　张**：11.25

字　　数：240 千字　**彩　　插**：1

版　　次：2021 年 4 月第 1 版　**印　　次**：2021 年 4 月第 1 次印刷

定　　价：58.00 元

国家重点基础研究发展计划(973 计划)(2006CB705809)
国家科技支撑计划(2012BAD16B0305,2012BAC23B01)
国家重点研发计划(2019YFC0507403)
国家“双一流”学科建设项目

联合资助

本书撰写委员会

主要著者：

王让会　宁虎森　赵福生

著　　者（以姓氏笔画为序）：

丁玉华　王让会　左成华　卢筱莉

宁虎森　吉小敏　李　成　李　琪

张福海　张慧芝　赵福生　胡伟江

钟　文　姚　健　徐德福　郭　靖

前　言

人类社会的快速发展，造成了资源环境的消耗愈加明显。全球变化背景下，人类面临着一系列重大问题，成为可持续发展的严峻挑战。

针对日益严峻的环境与发展问题，倡导人类命运共同体理念，维护山水林田湖草系统安全，成为应对气候变化、提升环境质量、实现绿色低碳发展的重要途径。人类越来越受到自身发展需求带来的严峻环境挑战，为此必须遵循可持续发展共识，维护人类赖以生存的地球环境。中国国家公园建设为生态环境保护注入了新的活力，为践行"绿水青山就是金山银山"理念，促进生态文明建设提供了新机遇。随着应对气候变化《巴黎协定》的实施，人们感悟到应对气候变化的艰巨性。"一带一路"倡议的广泛认同，也为"人类命运共同体"理念的共识提出了中国方案。

科技的发展，特别是人工智能（AI）的发展超出人们的想象。在人类与自然博弈的过程中，善待自然与自然和谐相处，永远是人类资源开发与社会发展的基础，也是最根本的出发点。在大数据（BD）、云计算（CC）、物联网（IOT）、人工智能（AI）、增强现实（AR）快速发展的新时代，资源环境、社会经济都打下了技术发展的烙印。科技进步是时代的重要特征，科学技术的快速发展极大地改变了人们认识世界的理念，也提升了人们认识世界的能力。资源及能源如何做到可持续发展，生态环境如何实现绿色低碳，社会经济如何稳步提升，自然及人为要素如何配置才能实现"山水林田湖草生命共同体"的和谐统一，现代信息技术、AI、"互联网＋"等技术如何助推科技创新，人类如何适应来自自然与技术进步的挑战……一切都蕴含着新时代的特点，也都打下了新时代的烙印。要解决上述问题，需要人类的聪明智慧共同应对一切不确定性所带来的挑战。在这种背景下，无疑此时所关注的全球气候变化问题，探讨的水资源合理利用，植被与水碳耦合关系与生态安全问题，是生态环境领域及应对气候变化领域的热点，也是全球变化科学、生态学、地理学、环境学以及水文学、土壤学、植物学等诸多学科领域研究的热点，对于人们理性评价自身行为，合理约束自身行为，不断规范自身行为具有重要理论价值与重大现实意义。

本研究承蒙国家973计划"温室气体提高石油采收率的资源化利用及地下埋存"项目"二氧化碳减排林区水土资源可持续利用及生态安全"（2006CB705809）课题的支撑，也得到了中国科学院战略性先导科技专项"泛第三极环境变化与绿色丝绸之路建设"中"中亚—西亚荒漠化防治与关键要素调控"（XDA20030101-02）课题资助，以及国家科技支撑计划(2012BAD16B0305,2012BAC23B01)的支持;南京信息工程大学作为国家“双一流”建设高校,江苏省也给予了“双一流”学科建设项目大力支持,为本专著成果的集成提供了重要的人力资源与平台保障。同时,本专著成果也凝练了相关合作研究及地方委托项目的研究思路与方法,为本成果的集成发挥了积极促进作用。本专著的主要成果已在多年前完成,并得到了同行专家的一致认可;项目依托单位原拟定总体出版工作进展报告及文集,后来由于参与单位工作进展不同步,凝练成为本专著的时间被几次推后。目前所集成的研究进展,更多的是南京信息工程大学及新疆林业科学院的部分研究工作,王让会教授等集成、凝练、撰写完成了最终书稿。在相关研发工作中,南京信息工程大学王让会、徐德福、李琪、孔维才、吕妍、吴明辉、王龚博、陆志家、姚健等开展了相关野外工作;李成、钟文、丁玉华、左成华、吴可人、赵文斐、彭擎等团队成员,先后围绕着水资源利用、植被生产力、土壤碳储量、生态安全评价、地理信息图谱、水土耦合研究的学科特征等方面开展了相关信息搜集与文献梳理工作;同时,钟文、丁玉华、左成华针对相关科学问题,也开展了相关实际研究工作。相关研究历程都成为本成果的重要基础,丰富了本成果的研究思路与现实结果。新疆林业科学院宁虎森研究员作为项目发起人与课题研究负责人之一,在项目实施过程中做出了重要贡献。其团队成员吉小敏、卢筱莉、郭靖、古丽尼莎·卡斯木等在样地监测与调查分析等方面,为本项目的完成发挥了不可替代的作用。中国科学院生态与地理研究所张慧芝高级工程师在土壤、水文要素分析评价及制图等方面,也开展了诸多工作。项目依托单位中国石油新疆油田分公司为项目实施开展了大量前期工作,建设了二氧化碳减排林(CDRF),提供了项目实施的基础,确保了项目的顺利进展。赵福生、张福海、胡伟江等为保障项目实施做出了积极贡献。

水是生态环境保护与社会经济发展不可替代的重要自然资源和环境要素。在全球范围内,水资源不合理利用及水污染等问题,严重地影响了社会经济的发展,威胁着人类的福祉。在这种背景下,水土耦合关系、水热耦合关系、水碳耦合关系以及与之密切关联的生态安全等问题备受学者们关注。2020 年 3 月 22 日,是第 28 届世界水日,3 月 22—28 日是第 33 届中国水周;中国以“坚持节水优先,建设幸福河湖”为主题倡导资源节约型绿色发展理念。2020 年 3 月 23 日,是第 60 个世界气象日,其主题为“气候与水(Climate and Water)”,力图让各国人民了解和支持 WMO(世界气象组织)的活动,唤起人们对气象工作的重视和热爱,推广气象学在相关行业及领域的应用。2020 年初,世界范围内的 COVID-19(2019 新型冠状病毒)严重肆虐,200 多个国家和地区受到了病毒影响,给人类的可持续发展提出了严重挑战;重新审视人类的发展理念,遵从生态伦理,深刻体会“人类命运共同体”理念,比任何时候都更有现实意义。我们必须以守望地球的情怀,遵循自然规律,团结协作,科学应对当前以及未来地球系统发生的任何问题,为共筑人类美好未来不懈努力!

2020年注定是不平常的一年，世界范围内的疫情、金融动荡、虫灾、饥荒……困扰着人类社会发展；从不同的角度，对中国人而言，2020年的确是不平凡的一年，它承载着中国人民发展奋斗的激荡情怀！这里要提及的是中国人民难以忘怀的一些重大事件，并将激励中国人民迈向辉煌的明天！2020年是“东方红一号”发射成功50周年，北斗三号系统全面建成年，也是我国火星探测年，中国“空间站”建设时代年，地级市5G普及年；2020年是深圳经济特区成立40周年，上海浦东开发开放30周年，也是全面建成小康社会年；2020年是抗日战争胜利暨世界反法西斯战争胜利75周年，抗美援朝出国作战70周年，也是联合国成立75周年；也是冲刺2020年东京奥运年(因疫情推迟到2021年)……2020年更可以是梦想成真年！

在人类所面临着诸多困境的今天，高质量发展与生态环境保护成为新时代中国大地上最强的音符，相信通过中国人民的聪慧才智与奋斗精神，一定能够创造属于自己的时代奇迹，山川秀美、繁荣昌盛的中国一定能够屹立于世界民族之林！

在本专著付梓出版之际，著者对所有参与者表示衷心感谢，也殷切期望得到同行及读者的不吝赐教。

著　者

2020年12月

目　录

第1章　水土耦合与生态安全评价研究导论

1.1　研究背景及目标

全球变化背景下，干旱区生态系统表现出了一系列特征。如何保障生态系统的稳定性，维护生态系统安全，关系到山水林田湖草生命体的可持续发展。针对 CO_2（二氧化碳）减排林区（CDRFA）存在的生态环境问题，以水资源利用为切入点，探索 CO_2 减排林（CDRF）的水文效应、土壤效应、植被效应以及气候效应等生态效应，揭示水土耦合关系、水盐耦合关系以及水碳耦合关系，分析维持 CDRF 结构与功能的驱动要素及机制，探索保障 CDRF 生态安全的模式与途径，不仅是推进“一带一路”（The Belt and Road Initiative，B&R）生态保护的主要组成部分，也是干旱区应对气候变化，推进生态文明建设的重大举措。

围绕着重点需要解决的关键科学问题，在国家重点基础研究发展计划（973 计划）等项目的支撑下，主要开展了如下几方面的研究工作：其一，CDRFA 水资源的时空变化特征研究，主要包括：CDRFA 地表水资源特征及变化规律，合理生态水位及生态需水量（ecological water demand，EWD）界定，水环境监测与人工调控；其二，CDRFA 水土耦合关系研究，主要包括：水盐动态变化及互馈分析，水土耦合关系驱动力分析，景观过程对水土要素的响应机理研究；其三，CDRFA 生态安全及可持续发展，主要包括：CDRFA 生态安全评价指标体系研究，CDRFA 生态安全预警与风险分析，CDRFA 水土资源可持续利用的模式与途径。按照项目研究的相关要求，实现目标体现在如下方面：其一，提出干旱区 CO_2 CDRFA 水资源特征及变化规律及生态效应；其二，界定地下水位与 EWD；其三，阐明水盐动态变化及互馈关系；其四，提出水土耦合关系的规律；其五，构建 CDRFA 水土资源可持续利用及生态安全体系。根据课题进度安排，相关研究单位组成研究团队，开展了多次联合考察，监测分析了 CDRFA 的水资源状况、土壤特征、植被变化以及人为活动等自然与人文要素，团队成员在克拉玛依二氧化碳减排林区（KCDRFA）开展了系统的野外调查工作，采集了土壤、地下水样品，测定了土壤水分、盐分、电导率等参数，调查了 CDRF 立地条件及生长状况，特别是病虫害（plant diseases and insect pests，PDIP）状况及管护情况，并通过区域自然地理本底的调查，系统地掌握了 CDRF 的一系列基础信息。同时，室内开展了土壤理化性状（SPCP）分析，地下水化学等分析工作。

通过开展综合性研究，取得了诸多研究成果，并在一些方面具有前瞻性与创新性。其一，构建 CDRF 生态安全评价指标体系方面：关于干旱区 CDRF 生态安全的评价思路、评价方法具有重要创新性；其评价指标体系及评价模型的构建在同领域具有先进性。其二，估算 CDRF 的生态系统服务价值（ESSV）方面：把生态系统服务的原理与方法引入 CDRF 的服务价值估算，是生态系统服务研究领域的拓展与深化。其三，CDRF 的碳汇效应方面：干旱区 CDRF 的碳源与碳汇问题比较复杂，通过对土壤及植被碳储量的定量化估算，证实了 CDRF 的碳汇效应，该研究对干旱区植被建设及生态安全效应的评估具有重要价值，并深化与拓展了生态系统碳循环（ECC）及生态过程的研究。其四，CDRF 地下水的变化规律方面：从时空尺度上研究 CDRF 地下水变化规律，并进一步探索合理地下水埋深（GWD），是相关研究的深化。其五，CDRF 生态效应方面：分析 CDRF 生态效应，探索水资源利用以及生态安全问题，是 CDRF 生态效应研究的重要方面，也是衡量 CDRF 稳定性及可持续性的主要依据，具有重要创新意义。与此同时，通过多年的协同攻关与探索，研究工作在理论与实践等方面均取得了良好成效。首先，通过对 CDRF 水资源的调查分析，揭示了 CDRFA 水资源的时空变化特征，通过建立分析 GWD 与植物生长的关系，界定了 CDRF 合理生态水位及 EWD，为确定干旱区不同植被的合理生态水位提供依据。CDRF 水资源的研究，首先，为实施资源节约型的发展模式与发展区域经济奠定了基础，对其他行业的发展起到了重要的促进作用，有利于产业的可持续发展。其次，通过对水盐动态变化及互馈分析，研究了水土耦合关系驱动力以及景观过程对水土要素的响应机理，阐明了 CDRFA 水土耦合关系。通过对 CDRF 水土耦合关系的研究，探索了水盐、水土、水碳规律，对缓解 CDRFA 土壤盐分积聚、提升土壤质量、增强土壤生产力等具有重大的现实意义。最后，通过 CDRFA 生态安全评价（ESA）指标体系的构建，研究了 CDRFA 生态安全预警与风险特征，分析了 CDRFA 水土资源合理利用模式，探索了干旱区 CDRFA 生态安全及可持续发展的途径，对改善区域生态环境、提高抵御自然灾害的能力，以及节能减排等具有重要意义。

1.2 取得的主要进展

1.2.1 二氧化碳减排林区水资源的时空变化特征

1.2.1.1 二氧化碳减排林区地表水资源的特征

通过综合分析与系统研究的方法，了解 CDRFA 水资源形成、转化与消耗的宏观规律；并进一步了解地表水资源的时间与空间分布特点，分析 CDRFA 水资源利用状况，提出了 CDRFA 水资源变化的规律。

研究发现，CDRFA 基本没有地表水分布，维持 CDRF 生存的水资源主要受制于人工渠系灌溉对林区供给，而且时空分配很不平衡，天然降水很难形成地表径流。人工 CDRFA 地处干旱区内，水资源十分宝贵，人工引水工程改变了林区地表水资源状况，但灌溉引水成本相当高，约为 20 元/m^3，合理有效的利用水资源具有重要意义。同时，CDRFA 土壤持水能力与地表水状况具有密切联系。通过部分实验样地土壤取样，应用环刀法对土壤最大持水量进行测算；即向烘干后的环刀内土样加水，直至环刀内土壤完全饱和，测量此时环刀和土样的重量，减去烘干前环刀加土样的重量，即为该土样的最大持水量。研究认为，认识 CDRF 水资源特征，有利于指导人工 CDRF 的合理灌溉。即应有计划性、针对性及目的性的进行 CDRF 的灌溉，避免土壤接近饱和，土壤不能容纳保存更多水分的状况；超出的水量灌溉对于水资源紧缺的干旱区 CDRF 而言是不经济的。

1.2.1.2　合理生态水位及 EWD 界定

根据对地下水、土壤水、植物生长与生态环境状况之间的定量关系研究，分析了 GSPAC（地下水-土壤-植被-大气连续体，groundwater-soil-plant-atmosphere continuum）要素相互作用，界定了合理的生态水位，应用植被耗水及定额法确定 CDRFA 的 EWD 阈值。

基于 2009 年 CDRFA 内 18 眼地下水监测井对地下水水位的监测数据，通过 IDM 反距离权重法进行插值，可以得到 CDRF GWD 等值线分布图。分析发现 CDRFA GWD 出现了规律性分布，即靠近 10# 样地，GWD 较小；靠近 S20# 样地，GWD 较大。主要原因可能是由于 10# 样地靠近克拉玛依农业开发区，由于农业开发区长期地引水灌溉，导致该区域 GWD 较小。S20# 样地靠近克拉玛依市区（市区内可能由于地下水开采，导致 GWD 变大）和荒漠植被区（干旱少水，GWD 较大）。因此，从 10# 样地到 S20# 样地，GWD 变大。从实地监测结果获知，CDRF GWD 最小值出现在 10#，为 0.85 m；最大值出现在 S20#，为 17.90 m。

可以看出，CDRFA GWD 总体呈变小趋势，主要原因是由于 CDRF 靠近农业开发区，受农业开发区灌溉水的影响，且 CDRF 采取的是引水地面灌溉，除蒸发和植物利用外，大部分侵入地下，补给了浅层地下水，使得 CDRFA GWD 呈减小趋势。2005 年以来，各监测井 GWD 均呈变小趋势。三个年份，CDRFA GWD 平均值分别为 7.62 m、6.62 m、4.03 m。2009—2010 年，20# 监测井的 GWD 由 4.37 m 变为 4.57 m，略有增大。

把 CDRFA 内植被的生长状况划分为 4 个等级。长势良好：植被长势很好，枝繁叶茂，少数样方植被有轻微虫害；长势较好：植被生长状况较好，大多数样方植被有轻微虫害；长势一般：植株稀疏，虫害较严重；长势差：植株稀疏，虫害严重，叶子脱落严重。总结 CDRFA 内 4 种主要代表性植物的生长状况与 GWD 的关系，可以看出，当 GWD 小于 2.3 m 时，4 种植物的长势均一般。当 GWD 在 2.3～4.0 m 范围内时，4 种植物均长势偏好。当 GWD 在 4.0～6.0 m 范围内时，4 种植物轻微虫害，长势较好。当 GWD 在 6.0～8.0 m 范围内时，GWD 较深，地下水难以被植物根系很好地利用，4 种植物长势（plants grow，PG）一般。当 GWD 大于 8.0 m 时，地下水难以被植物根系吸收，4 种 PG 均很差，其植物植株稀少、虫害严重，且叶子脱落严重。CDRF GWD 与植物生长状况关系的分析表明，KCDRF 地下水合理生态水埋深为 2.5～5.0 m。

根据调查分析，CDRF 植被正常生长时土壤平均相对含水率为 9.9%，以 6667 hm^2 计算，植被正常生长状况的生态用水总量为 3.37×10^6 m^3。CDRF 土壤最大持水率平均值为 32.5%，以 CDRFA 总面积计算，最大需水量为 2.85×10^7 m^3。

1.2.1.3 水环境监测及其人工调控

通过对 CDRFA 水质的监测与分析，了解了水分动态变化规律，水资源的转化与消耗规律，水化学的季节变化规律等，确定了满足 CDRF 生长发育的合理水质状况，提出了水资源可持续利用的调控策略。

(1)基于对 CDRFA 自然地理要素的认识及生态景观格局的把握，根据植被覆盖状况、GWD 状况以及土壤状况等，选择监测点，采集地下水水样，进行水质分析，综合性地监测 CDRFA 水环境。

(2)基于对 CDRF 地下水水质的分析结果，分析了 CDRF PCPGW 特征。可以看出，地下水中的总盐(total salt，TS)，Na^+，Ca^{2+}，Mg^{2+}，Cl^-，SO_4^{2-} 的变异系数属强变异性。地下水中 Mg^{2+}(147.02%)和 Cl^-(145.11%)的空间变异性最大，表明地下水中的 Mg^{2+} 和 Cl^- 的变化最明显。其次是 Na^+(132.32%)和 TS(128.27%)，再次是 Ca^{2+}(110.62%)和 SO_4^{2-}(110.00%)，表明其变化较为明显。CDRF T15# 处地下水中的 Mg^{2+}(3.02 g/L)、Cl^-(24.939 g/L)以及 TS(52.695 g/L)含量均出现最大值，可能原因是 GWD 较大(8.15 m)，矿化度(54.464 g/L)也较大，且其 Na^+ 含量为 14.000 g/L，表明 CDRF 地下水中阴阳离子具有明显的耦合特征。地下水中 HCO_3^-(51.6%)和 K^+(66.67%)属中等变异性，其中 K^+ 的最大值为 0.028 g/L，均值为 0.012 g/L，表明地下水中 K^+ 含量缺乏。地下水的 pH 值属于弱变异性(6.72%)，表明地下水的酸碱度变化不明显。

基于 2005 年 8 月和 2009 年 8 月对 KCDRFA 地下水水质的分析数据，选取监测井 5 眼(9#、10#、15#、18#、20#)，比较了各监测井在 2005 年 8 月和 2009 年 8 月地下水的矿化度。可以看出，2009 年 CDRFA MDG 明显低于 2005 年 MDG(已由 2005 年的 22.67 g/L 变为 2009 年的 5.35 g/L)。其中，CDRF 15# 处 MDG 值降为 1.01 g/L，已达到农用水标准(小于 1.70 g/L)。CDRF 18# 处矿化度下降的幅度最大，主要原因可能是 18# 处 GWD 变小的幅度比较大(已由 2005 年 8 月的 12.61 m 变为 2009 年 8 月的 4.69 m)。这说明在上述监测点 GWD 变浅的同时，MDG 也在变小，对植被的生长具有正效应。根据 2009 年对 CDRF 地下水水质的监测结果，10#、15#、18#、20# 处 MDG 分别为 2.722 g/L、1.010 g/L、5.434 g/L 和 1.924 g/L，均已达到植被一般生长状态的需求。CDRF9# 处 MDG 为 15.676 g/L，主要原因是 9# 靠近荒漠植被区，GWD 较大(6.01 m)。

(3)CDRF 地下水水质时空变化具有复杂性，根据水质状况合理调整灌溉量及灌溉时间是人工调控的重要策略；同时，选择具有良好适应性的植被类型，是人工调控CDRF水盐关系的又一重要途径。

1.2.2 二氧化碳减排林区水土驱动力及耦合关系

1.2.2.1 水盐动态变化及互馈分析

通过CDRFA土壤水盐变化野外和室内实验分析，凝练了水盐动态特征与规律。在生态系统耦合理论与方法的指导下，对CDRFA水盐时空耦合机制进行系统分析；根据水量平衡原理，建立了以土地利用、植被变化对地下水影响的模型，探索水盐耦合互馈关系。

监测与分析表明，CDRF土壤pH值平均值为7.84，呈碱性。依据新疆土壤盐渍化分类标准，CDRF 0～20 cm土层中$Cl^-/(2SO_4^{2-})$离子毫克当量比值为0.22，为氯化物-硫酸盐型；CDRF 20～100 cm土层中$Cl^-/(2SO_4^{2-})$离子毫克当量比值为0.05，为硫酸盐型。可以看出，土壤中盐类主要为氯化物和硫酸盐。仅阴离子而言，各层土壤中Cl^-、SO_4^{2-}的含量远高于CO_3^{2-}的含量(部分样地土壤中未检测出CO_3^{2-})，说明碳酸盐是该土壤类型盐分的次要成分，而相对含量较高的HCO_3^-则是碱土的特征。可以看出，土壤中氯化物最活跃，而硫酸盐和碳酸盐则较稳定。Cl^-在表层土壤(0～20 cm)中的含量明显高于其他土层。

可以看出，CDRFA土壤TS与土壤相对含水率呈负相关，即TS随土壤相对含水率的增加呈变小趋势。

总体而言，在KCDRFA，气候状况、地形特征、土地翻整方式与灌溉措施，是影响CDRF土壤水盐关系的主要因素。

1.2.2.2 水土耦合关系驱动力分析

依据自然地理学与景观生态学等学科的理论与方法，对CDRFA水土耦合关系特征进行分析，揭示影响水土要素的自然及人为因素，在此基础上提出合理的整治模式与策略。

基于对人工CDRF土壤盐分的测定结果，对各土层土壤TS进行了统计分析。由统计特征值可知，0～20 cm，40～60 cm，60～80 cm土层TS的变异系数分别为111.42%、131.63%、129.01%，属强变异性；20～40 cm，80～100 cm土层TS的变异系数分别为87.91%、65.52%，属中等变异性。说明在0～20 cm，40～60 cm，60～80 cm土层，土壤TS变异性大、变化很明显；在20～40 cm，80～100 cm土层，土壤TS变化较为明显。造成这种现象的原因在于研究区局部地势不平、土地翻整不均匀、植被类型及栽种模式不同、灌溉方式不同等。

分析可知，0～20 cm，20～40 cm，40～60 cm，60～80 cm，80～100 cm土层土壤TS平均值分别为3.257 g/kg、2.780 g/kg、2.640 g/kg、2.761 g/kg、1.508 g/kg。从样地各土层TS的平均值来看，随着土层土壤深度的加深，土壤TS均值呈下降趋势，说明表层土壤(0～20 cm)有一定的盐分累积特征。CDRFA实地调查中也可以发现部分样地表层土壤有盐结皮现象，可以判断本地区盐分离子的运动趋势以聚集为主，这与研究区降水稀少、蒸发强烈等气候因素以及人为大水漫灌等有密切的关系。

研究发现从K003到K004，表层土壤TS随着GWD的增大呈现增大趋势，主要原因是MDG的增大（由1.010 g/L增大到54.464 g/L）。从K005到K006，表层土壤的TS随着GWD的增大呈现增大趋势。根据实地调查，主要原因是K006所在样地属于丘间低地，样地表面有龟裂且有流沙，其表层土壤蒸发作用较强、盐分累积作用也较强。从K007到K008，表层土壤的TS随着GWD的变小呈变小趋势，主要是因为K007所属样地植被的生长状况较好（K007所属样地植被的总盖度大于95%，K008所属样地植被的总盖度为30%），其植物的蒸腾作用较大，表层土壤的盐分累积作用较强。从K008到K009，在GWD相当的情况下，表层土壤TS变化较大（由0.542 g/kg变为11.431 g/kg），主要原因是K009土壤剖面全部为沙土，其蒸发作用较强。根据实地调查，K009所在样地土壤表面有盐结皮现象，表明此处的盐分累积作用较强。

分析还发现，从K004到K005，随着MDG的变小，表层土壤TS呈变大趋势，主要是因为GWD变小（由8.15 m变为2.81 m），在蒸发作用下，土壤底层盐分更容易向表层积聚。从K005到K006，随着MDG的变小，表层土壤TS呈变大趋势，主要原因是K006所在样地属于丘间低地，样地表面有龟裂且有流沙，表层土壤蒸发作用较强。从K006到K007，随着MDG的增大，表层土壤TS呈下降趋势，主要是因为GWD变大（由4.06 m变为4.69 m）。从K007到K008，随着MDG的增大，表层土壤TS呈下降趋势，主要是因为K007所属样地植被的生长状况较好，植被的蒸腾作用较大，表层土壤的盐分累积作用较强。从K008到K009，随着MDG的减小，表层土壤TS增大，主要原因是K009土壤剖面全部为沙土，蒸发作用强。从K009到K010，随着MDG的增大，表层土壤TS变小，主要是因为GWD变大（由2.36 m变为6.01 m）。

基于以上对土壤盐分分布的影响因素分析可知，研究区土壤盐分的空间分布主要是受GWD、MDG、植被长势、土壤类型的影响。一般来说，土壤盐分空间分布是受自然和人为因素的综合作用影响的，常具有明显的空间变化特征，因此，对KCDRF土壤盐分的分布特征的研究还需进一步深化。

1.2.2.3 景观过程的要素驱动机理

利用RS和GIS技术手段，系统分析研究区景观格局的时空动态变化规律，同时，对CDRFA不同时期的水文生态过程，包括水化学及水质变化特征、水与植被、水与土壤及水文生态效应等进行分析。以景观地球化学理论与方法为指导，探索景观生态过程对水土要素的响应机理。

景观结构、功能及动态与CDRFA水分状况、土壤状况等具有密切的联系。水分状况直接影响植被生长状况，水分供给合理的区域植被景观结构良好、功能正常发挥；水分供给缺乏的区域，植被结构欠佳，功能不能正常发挥；同时，土壤盐分含量较轻的区域，植被结构趋好，土壤盐分较大的区域，植被景观趋差；上述景观过程与水土要素的关系明显地表现在景观廊道的物质输送、景观斑块的异质性以及基质等景观要素的时空特征等方面。

基于对 1997 年种植植被之前的遥感图像(RSI)(1989 年 9 月 10 日)和 CDRF 种植植被后的 2006 年 7 月 31 日、2007 年 8 月 19 日、2009 年 8 月 24 日 RSI 对比分析，可以得知 1989 年 KCDRF 所在地区大多是裸露土地，基本没有植被生长，从 1997 年到 2006 年 7 月 31 日，大部分面积种植了植被，到 2007 年 8 月 19 日 KCDRF 中间部分又多了一小斑块种植区域，再到 2009 年 8 月 24 日，原本中间部分的预留区域也有植被种植。随着时间的变化，KCDRF 的种植面积在不断地扩大。KCDRF 一期工程的完成，对阻风滞沙、涵养水源、改善土壤结构、调节区域小气候等具有重要作用，对节能减排工作意义重大。

CDRF 具有碳汇效应。KCDRF 生态系统总有机碳(TOC)密度为乔木层碳密度、草本层碳密度和土壤有机碳(SOC)密度之和。统计结果显示，KCDRF 生态系统平均碳密度为 75.42 Mg/hm^2(包括乔木层的平均碳密度为 37.04 Mg/hm^2，草本层平均碳密度为 0.59 Mg/hm^2，0～100 cm 标准剖面土壤层平均碳密度为 37.79 Mg/hm^2)。从 KCDRFA 生态系统 TOC 密度空间分布可知，CDRF 生态系统碳密度在西部最低，生态系统 OC(有机碳)密度低于 54 Mg/hm^2，在中间部位碳密度较高，超过 72 Mg/hm^2，大部分区域介于 60～62 Mg/hm^2。图 1-1(彩)反映了克拉玛依 CDRF 生态系统碳密度空间发布特征。

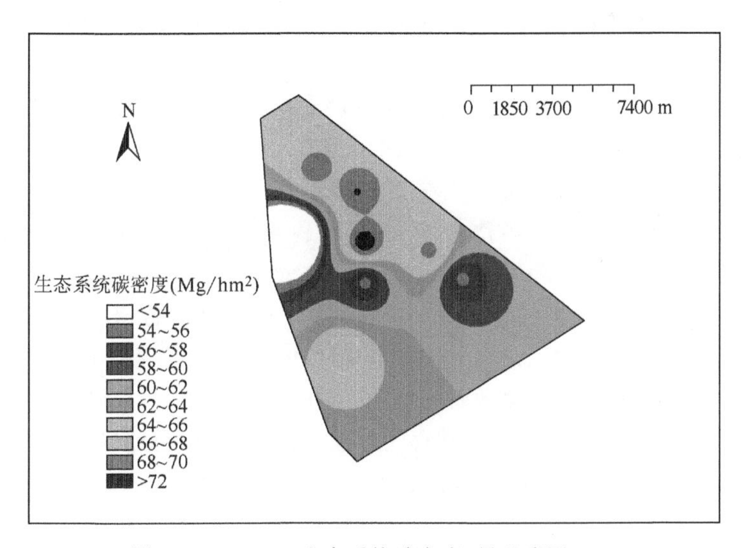

图 1-1　KCDRF 生态系统碳密度(另见彩图 1-1)

CDRFA 生态系统统计结果显示，KCDRF 生态系统总碳储量为 502849.8 Mg

(包括乔木层的碳储量为 246935.7 Mg,草本层碳储量为 3979.74 Mg,0～100 cm 标准剖面土壤层碳储量为 251934.4 Mg),在生态系统 OC 库储量中,植被层 OC 所占 TOC 的比例在 49.11%,草本层为 0.79%,土壤层为 50.10%。

1.2.3 二氧化碳减排林区生态安全及可持续发展

1.2.3.1 CDRFA 生态安全评价指标体系构建及特征

针对研究区域的生态环境特点,结合 CDRFA 的实际情况,在深入了解生态安全内涵及特点的基础上,构建 ESA 指标体系。

CDRFA 生态安全指标体系是基于 P-S-R 模型建立的。压力指标体系(P)指 CDRFA 所处的自然地理气候环境等能够影响 CDRF 可持续发展的主要自然条件;状态指标体系(S)表征 CDRFA 土壤、植被等生态环境现有状况;响应指标体系(R)表征 CDRF 项目实施到现在取得的成果,包括自然和社会经济等方面。这里将 CDRFA 气候、土壤、水文、植被及景观等各要素综合集成在一个体系中,主要分为 3 个层次,即准则层 A、准则层 B 和指标层 C。该指标体系中的数据主要来源于取样实验和 RSI 景观指数计算。通过研究从若干指标中筛选出 14 个指标,并通过权重赋值,最后构建一个生态安全度指数,结合其评价标准进行评价。同时利用 GIS 等软件结合研究区地形地貌状态及野外调查实验结果,将 CDRFA 进一步划分为若干区,分别评价其生态安全程度。

1.2.3.2 CDRFA 生态安全预警与风险分析

针对 CDRFA 的现实特点,在 ESA 指标框架下,建立 CDRFA ESA 的预警及风险分析的模式与框架,采用定性与定量相结合的方法,对生态安全度从时间变化和空间特征等方面进行判别。

预警指标体系应满足 CDRFA 可持续发展要求。影响 CDRFA 可持续发展的因素较多,是由林区生态条件、管理水平等诸多因素综合作用的结果。本研究主要从生态环境角度,通过对研究区的实地调查及取样分析,对土壤、地下水提取生态预警指标。在确定指标权重时,由于各种土壤、水文因素的复杂性,以及便于比较分析作如下假设:指标层 1 中假设土壤养分(soil nutrient,SN)和盐分指标(B_1)同地下水指标在 CDRFA 生态预警体系中的作用是相同的,即分别占权重的 50%;同样,在指标层 2 中假设 SN 指标即有机质(organic matter,OM)、总氮(total nitrogen,TN)、有效磷(available phosphorus,AP)、速效钾(available potassium,AK),以及土壤盐分指标即土壤 TS 和土壤 pH 值,在 B_1 中具有同等重要的作用,则它们的权重都为 1/12;地下水 pH 值、矿化度、氯化物含量及硫酸盐含量在地下水指标(B_2)中的权重相等,即都为 0.125。

SN 指标分级主要根据全疆各地大量肥料实验结果,特别是新疆农业科学院土壤肥料研究所提出的新疆主要 SN 含量评价指标,并根据推荐施肥需求进行调整得出克拉玛依市农业综合开发区农田养分分级指标。在此基础上根据实验测得数据做进一步适当调整,得出 CDRFA 土壤有机质(soil organic matter,SOM)、TN、AP 和 AK 指标的分级标准。土壤盐分指标分级:土壤 TS 和 pH 值采用国家标准 HJ 332—2006,该标准为食用农产品产地土壤质量标准,将其应用于 CDRFA,质量标准阈值可适当放宽。实验中采用 pHS-2C pH 计的电位测定法测定 pH 值。地下水指标采用《地下水质量标准》(GB/T 14848—2017),进行具体指标分级。

2009 年 8 月,对 KCDRFA 项目区进行了实地调查。按照已有地下水观测井空间位置以及 CDRF 分布状况,选取 8 个样地进行取样:在 20 cm 深处进行土壤剖面取样,并取所在样地的地下水水样。实验室分析 SN 和盐分状况和水样盐分状况。将实验分析结果对照生态预警指标分级表得出区间值,计算生态预警指数。CDRFA 各样地生态预警指数及生态预警结果。结果表明,CDRFA 共有 62.5%属于中等预警水平,相对应的风险等级较高,不利于 CDRFA 的可持续发展。

1.2.3.3　CDRFA 水土资源可持续利用策略

(1)一般模式

CDRF 建设以来,在改善区域环境,保障区域发展等方面发挥了重要作用,但通过风险评价等研究,目前的林分类型较为单一、林分结构不甚合理,同时,CDRF 生态系统所发挥功能在一定程度上受到了制约,为了保障 CDRF 生态系统的稳定性,必须合理有效地利用有限的水土资源。水土资源可持续利用是 CDRF 减排效应可持续发挥的重要基础。为此,基于对区域水资源配置状况及 GWD 与水化学特征的认识,保障生态用水(EWU);基于对 CDRF 土壤水分、土壤盐分等监测分析,实行不同灌溉量与灌溉时间的模式,以缓解及控制土壤盐分及 GWD 的特异性变化。

(2)主要途径

在综合分析以往水土资源开发中存在的问题基础上,针对 CDRFA 水土资源的特点,提出资源节约、环境友好、生态安全的水土资源可持续利用的途径。

事实上,CDRFA 多种经营的理念,包括林果、养殖、木材加工、油料种植以及未来的观光旅游等,从目前而言,也是在山水林田湖草系统生命体理念的指导下,维护水土资源高效及可持续利用的重要途径,而每一举措的实施则成为 CDRF 水土资源可持续利用的具体模式。

对 CDRFA 的 ESSV 进行估算可以比较全面系统地认识 CDRF 的生态效益。按照规划,中国石油将用近 10 a 时间开发建设 2.67 万 hm^2 减排造林基地,再沿准噶尔盆地西北缘的 15 个县市团场以"公司+基地+农户"的模式订单造林十多万公顷。因此,依据国内 ESSV 估算的模式与方法,围绕研究区特点和研究目的,选取 CDRFA 一期工程即现状(6667 hm^2)以及规划近期、规划远期以及最终规划不同时段计算 CDRFA 服务价值。

在干旱区,水资源紧缺,合理的利用水资源对社会经济、生态环境都具有重要意义,CDRF 水资源开发利用要适应社会经济持续发展,同时要保证环境与水资源的良性循环。基于以上对 CDRF 植被类型、植被需水量以及土壤水分含量(soil moisture content,SMC)和土壤最大持水量等的调查研究,应针对 CDRF 不同植被与土壤的特点,来确定植被的灌溉量。

1.3 未来的研究趋势

1.3.1 水-碳及水土耦合关系研究

随着全球气候变化和人们对生态环境的不断重视,生态系统碳、水、热通量的研究已经成为生态学、水文学和气象学等研究领域的重点和难点。近几十年来,生态系统碳、水、热通量的研究在全球各典型植被条件下开展了大量的研究,并取得了一系列的研究成果,然而大多数研究多以森林、农田、草地等为主,针对灌木林地的相关研究报道较少;并且大多数研究多针对单独的碳过程、水过程或热过程,对碳、水过程相互关系的研究却相对匮乏。现如今,生态系统水分利用率(ecosystem water use efficiency,EWUE)的研究尚处于起步阶段,EWUE 的研究在理论和技术方面仍然存在较大的不足。

全球变化背景下相关学科研究领域更具有一些新特征。水-碳(W-C)及水土耦合关系备受关注,而水资源的形成、转化与消耗规律,水资源合理利用以及水分利用率(water use efficiency,WUE)方面的研究更为全面与系统,丰富了人们对于耦合关系内涵特征及变化规律的认识。目前,区域尺度 WUE 的研究已呈现多元化的特点,但在生态系统尺度上的研究深度和广度仍需要进一步深入和扩展。此外,WUE 在环境梯度变化条件下的响应模式尚不清楚,因气候变化对 WUE 的演变过程以及 LUCC 对 WUE 的影响也不明确。目前,对 WUE 计算适应性的拓展及其受环境变化因子的影响和对其响应模式的研究,将有助于提高 W-C 耦合模型定量评价的精确度和有效性。ET 估算方法具有多样性特征,但是还未能实时、精确估算区域乃至全球尺度的测算方法。虽然 RS 为 ET 的估算提供了实时、大尺度的数据,但由于环境条件的限制,实际应用中并不一定能够获取实时、准确的数据。因此,基于遥感数据(RSD)的蒸散发模型对不同植被类型、不同环境条件的适用性将成为未来研究的方向。而土壤水动力学原理、土壤-植被-大气连续体(Soil-Plant-Atmosphere Continuum,SPAC)原理在农林复合生态系统研究中的应用,对水资源利用和生态环境保护与绿色低碳发展具有重要意义。

在 W-C 耦合模型研究方面,模型构建的过程中始终存在着数据的不确定性和模型的不确定性。这些数据的不确定性最终会体现在 W-C 通量的模拟上,并且不同程度地放大通量模拟结果的不确定性。因此,提高模型验证效率的新方法有待进一步摸索。ECWC 及水碳耦合是十分复杂的问题,只有了解彼此间的内在关系,才可以对资源利用和生态文明的建设方面提供科学支撑。

就 C 循环而言,目前国内外关于土壤碳库(soil carbon pool,SCP)的估算方法、过程及结果存在着诸多差异，对于SOC循环、生态系统碳循环(ecosystem carbon cycle,ECC)研究以及对气候变化的响应均有一定影响；目前，关于TES碳循环模型不少，但由于在参数选择、数据获取以及模型适用等原因，各种模型的估算结果难以达成共识；随着3S技术在生态系统研究中的广泛应用，结合3S技术来实现大范围和长期的调查并对模型进行优化，建立适用于模拟评估中国ECC过程的模型，有望提升结果的可靠性程度。土壤碳固定和损失是研究碳循环的重点之一，而农田SOC的固定又是土壤固碳(soil carbon sequestration,SCS)中十分重要且研究众多的方向，目前中国现有的采样数据大多反映的是十年前中国农耕区SCP状况，然而随着气候变化以及LUCC的改变，有必要选择一些重要区域开展持续性监测与分析，以获得SCP动态变化的连续数据；目前关于小流域尺度的碳循环研究和生态系统SCS的研究还不够充分；此外，有关农田SCS对作物产量的研究也不够充分，诸多研究只是表征了表层的SOC固定，还应当在此基础上进一步注重土壤深层碳固定对产量的影响，使研究更加系统与全面。人类活动引起的LUCC方式等是影响ECC和SCS的重要因素，未来应当注重LUCC方式以及管理方式对碳循环的影响，并采取合理措施进行生态恢复等工作来实现固碳减排。氮素对于植物生长发育是十分重要的，且在土壤中的生物地化反应十分复杂。虽然国内外已进行了大量关于土壤氮(N)循环(soil nitrogen cycle,SNC)的研究，但是目前土壤生态过程对N循环的具体影响机制仍不完全明确，无法精准地明确环境条件下土壤微生物的变化情况，相关SEA的变化规律认识不足，同时，对根系分泌物的检测以及对SNC的影响机制还有待深入探索。因此，在明确SNC过程的基础上，还需加强在分子等微观层面的研究以及在不同生态系统中SNC的研究。经过长期发展，ECC、N循环、水分利用的研究工作已经由各自独立的研究发展成为生态系统C-N-W(碳-氮-水)耦合研究，成为当前气候变化背景下研究的重要领域。深入研究和完善生态系统C-N-W耦合机制对于应对气候变化对生态系统的影响以及全球可持续发展均有着重要的意义。

1.3.2 生态系统稳定性研究

围绕着CO_2减排问题，不但涉及W-C耦合及水土耦合等理论问题，也涉及生态系统稳定性的机制等问题，同时，也伴随着环境效应等诸多复杂问题。就生态系统稳定性(ecosystem stability)而言，该概念来自于控制论(cybernetics)，常指系统受到外界干扰后，系统的偏差量过渡过程的收敛性。生态系统稳定性是生态系统的重要特征，众多学者们主要从理论基础和研究方法两方面来进行研究。理论基础研究方面，Macarthur(1955)首次给群落稳定性下的定义是一个群落内种类组成和种群大小保持恒定不变。此后各国学者从不同角度对生态系统稳定性进行概念化，但是不同学科领域专家对生态系统稳定性的定义不尽相同，有研究统计稳定性有163个相关定义和70个不同的概念(梁燕 等,2018)。群落或生态系统平衡状态很难确定是生态系统稳定性定义缺乏一致性的主要原因，此外还涉及生态系统的功能、组成和其他干扰因素，通常认为稳定性定义仅有在基于非平衡范式的初始态水平上的稳定才具有研究意义(柳新伟 等,2004)。经典的生态系统稳定性定义包括生态系统对外界干扰的抵抗力和干扰去除后生态系统恢复到初始状态的能力(韩兴国 等,1995)。还有学者根据系统数学模型将稳定性外延为局域稳定性、全局稳定性、轨道稳定性、相对稳定性和结构稳定性等，但这些并未反映出稳定性的生物组织层次(马风云,2002)。综合不同稳定性的定义，尽管都可归结为系统受干扰时抵抗偏离初始态的能力和系统受扰动后返回初始态的能力，即抵抗力(resistance)和恢复力(resilience)，但它们在出发点和一些细节上有相当大的差异。目前，稳定性一般归结为抵抗力、恢复力、持久性和变异性等方面的内涵。

生态系统稳定性的影响因子众多，非生物因子(abiotic factor)包括气候因子(温度、辐射、降水等)，营养物质的可获得性(N、P 的浓度等)以及人为干扰因子(施肥、火烧等)；生物因子(biotic factor)包括生物多样性，物种相互作用的强度，以及食物网的拓扑结构(topological structure，topology)，其中对生物多样性的关注和研究更多(张景慧 等,2016)。有关生态系统稳定性机制的研究提出了许多理论，如多样性和复杂性理论(complexity theory)、反馈控制理论(feedback control theory)、信息网络理论(information net theory)和冗余理论(redundancy theory)等，尤其是在物种多样性与稳定性的相关研究中，提出了多样性假说、关键种假说、物种冗余假说、不确定假说和铆钉假说等理论(高东 等,2010)。普遍认为物种多样性可以显著提高生态系统稳定性，但也有研究表明两者呈负相关关系或非线性关系，研究结果并不唯一。

研究生态系统稳定性的方法主要分为生物生态学方法和数学生态方法。前者依据野外采集的数据分析植被群落结构、判断群落的所处演替阶段和评估生态系统的稳定性；后者利用微分方程和食物网构建数学模型评估方法，分析寻求生态系统的平衡稳定点从而推导出植物群落的稳定性信息(张娜 等,2019)。此外，还有研究建立以生物功能群为单元，不同功能群为结构层，影响生态系统稳定性的因素及各功能群的数量为网络输入的复杂生态系统稳定性的 ANN 模型来快捷、准确地评价生态系统的稳定性(温芝元 等,2006)。

生态系统稳定性一直是理论生态学的焦点问题之一。自从 Macarthur(1955)提出生态系统稳定性的概念以来，众多研究者围绕着生态系统稳定性从各个方面展开了研究。经典的生态系统稳定性定义，包括生态系统对外界干扰的抵抗力和干扰去除后生态系统恢复到初始状态的能力(韩兴国 等, 1995)。也有学者将其定义为不超过生态阈值(ecological threshold)的生态系统的敏感性和恢复力(柳新伟 等, 2004)。尽管都可归结为抵抗力和恢复力，但这些定义在出发点和细节上都有着很多差异。目前，国内外学者主要从其内涵与外延、生物多样性与生态系统稳定性之间的关系、稳定性与生态系统管理与恢复等方面开展研究。

不同学者依据其对生态系统稳定性的认识采用了不同的方法，建立了不同的评价指标体系。生态稳定性评价一般分为定性的生态稳定性评价和定量的生态稳定性评价，现在大多是对稳定性指标进行量化处理，即定量评价。从文献来看，目前的评价方法主要包括综合指数评价方法(comprehensive index assessment)、灰色关联度评价法、模型预测法、灰色聚类分析法、生态模型方法、景观生态学方法、经济评价方法等。任平等(2013)采用的是景观生态学方法，使用“干扰-响应”(D-R)FES稳定性评价框架和模式，即围绕“干扰”对FES所带来的影响，对其做出的“响应”进行评价。“响应”主要体现地力条件、物种多样性、人类活动3个方面，以此作为评价指标设立的具体内容。梁变变等(2017)将生态系统稳定性作为生态系统质量综合评价的评价标准之一进行研究，将石羊河流域分为森林、草地、湿地、农田和城镇5种生态系统，依据生态系统生产能力的变异系数来构建生态系统稳定性指数，将指数与LUCC栅格数据进行叠加分析，得出该流域各生态系统类型等级面积百分比。李霞等(2018)则是采用生态模型方法，利用生态系统转移矩阵和正向逆向转换指数(PNTI)模型分析山西省自然保护区生态系统格局转换趋势，并运用Shannon-Wiener多样性指数和NPP分级标准分析生态系统稳定性变化特征。

1.3.3　生态安全及ESA研究

20世纪70年代，各国学者陆续就生态安全(ecological safety，ecological security)展开研究并提出自己的看法，但其对于生态安全的理解各不相同，对于其定义一直无法统一。目前对于生态安全的理解主要分为广义和狭义两种。广义的生态安全是指在人类的生活、健康、安乐、基本权利、生活保障来源、必要资源、社会秩序和人类适应环境变化的能力等方面不受威胁的状态，包括自然生态安全、经济生态安全和社会生态安全，三者组成一个复杂的人工生态安全系统。狭义的生态安全是指自然和半自然生态系统的安全，即生态系统敏感性和整体水平的反映(Geneletti et al.，2003)。ESA主要是针对一系列已知的相关指标，构建ESA的指标体系，进而对生态安全进行综合评价，评价结果可以为政府决策、城市规划、生态环境治理等方面提供科学依据，从而实现人与自然在一种平衡状态下的可持续发展(庞雅颂 等，2014)。

指标体系的构建能够将生态安全中抽象问题具体化，因此对于ESA具有极其重要的作用。近年来常用的评价体系包括PSR、DSR、DPSIR、DPSER等体系。PSR框架通过建立人类活动与生态系统的相互作用和相互影响关系，能够从环境压力来源的角度分析生态环境的现状，具有较强的系统性，适用于空间尺度较小、空间变异较小、影响因素较少的区域生态评价以及环境类指标的评价，但并不适用于经济和社会指标的评价。DSR框架使用驱动力指标替换PSR框架中的压力指标，其目的是为了适应社会、经济和制度等新指标的加入。谈迎新和於忠祥(2012)采用这种框架对淮河流域六安段的生态安全变化进行了研究。DPSER框架是从ESS功能与人类需求的角度出发，将污染物暴露单独列为一个模块，着重强调人类需求与生态环境压力的接触暴露关系。叶善椿和韩军(2018)即采用这种方法对目前的生态港口建设进行了评价。DPSIR框架是在PSR体系的基础上增加了驱动力和影响指标，是对

DSR框架的进一步细化。吴茂全等(2019)基于这种方法对深圳市的生态安全进行评估，对生态源地进行识别。

生态安全评价方法(ecological safety assessment method,ESAM)主要包括生态模型法、数学模型法、景观生态模型法、数字地面模型法和计算机模拟模型法5种方法。数学模型法包含综合指数法、AHP、灰色关联度法(grey relation degree,gray correlation degree,GRD)、物元评价法及模糊综合法等。生态模型法中最具代表性的即为EFP法，用于评价人类需求与生态承载力之间平衡关系。何东进和韩军(2012)依据景观模型的结构特征差异和对研究涉及生态学处理方式的不同，将景观空间模型分为空间概率模型、领域规则模型、景观机制模型和景观耦合模型4类。DTM法则是利用卫星光谱资料信息和数字化的环境资料，采用GIS、RS等技术，对区域尺度的社会、经济要素进行识别、分析和分类。计算机模拟模型法是新兴的方法，它改进了生态安全预警研究中以静态评价为主流方法的缺陷，动态模拟生态安全在时空中的变化过程。其中最具代表性的计算机模拟模型法是系统动力学法(张梦婕 等，2015)和径向基函数(RBF)神经网络模型法。

由于大规模的人类活动造成了全球生态环境的改变，导致环境污染和生态失衡等全球生态问题愈加严峻，因而“生态安全”被提出并逐渐成为研究热点。1989年国际应用系统分析研究所(IASA)提出了“生态安全”的概念，并指出生态安全是确保人类生活、健康、安乐的基本权利，确保人类适应环境变化的能力不受威胁的状态(Genxu,2003)。目前，国际上对于生态安全概念的概括可以分为狭义和广义两种。狭义的概念是指自然和半自然生态系统的安全，即生态系统完整性和健康的整体水平反映，主要研究生态系统的健康状况、景观安全格局以及生态风险程度等；而广义的概念则是在狭义基础上还应包括经济生态安全和社会生态安全，共同组成一个复杂的人工生态安全系统，即社会-经济-自然复合系统的安全(庞雅颂 等，2014)。尽管众多学者对生态安全的内涵和外延具有不同观点，当前生态安全的含义基本上可凝练为在全球变化背景下，生态系统能维持自身稳定持续发展以及在此基础上生态系统能满足人类生存发展需要为经济社会可持续发展提供良好的支撑能力。

生态安全评价(ecological safety assessment,ESA)是在某一时间范围或尺度内，根据自然生态因子与社会、经济因子的相互作用关系，按照一定的标准，对生态环境影响因子及生态系统整体进行的安全状况评估。生态安全评价是生态安全研究的基础与前提，也是生态安全体系的核心部分，国外的生态安全评价研究是由生态系统健康评价(ESHA)和生态风险评价(ERA)发展而来，其研究尺度主要在全球和国家层面(蔡懿苒，2018)。ESA的第一步首先是确定评价尺度，目前国内ESA主要以空间尺度为主，时间尺度为辅，以区域ESA为核心、国家ESA为补充，研究内容主要包括以行政区、流域等尺度下的城市、土地生态安全等(鲍文沁 等，2015)。构建指标体系是ESA中将抽象问题具体化的过程，目前大部分生态安全指标体系构建都是基于压力-状态-响应(PSR)模型，其普适性较高且应用广泛；此外，在PSR模型基础上考虑了驱动力因子和影响指标等衍生的DSR/DFSR模型、DPSIR模型以及DSPER模型等均有广泛的应用，在进行ESA时通过综合考虑各指标体系的适用范围和优缺点来选择以上模型来构建合理的评价指标体系（曹秉帅 等，2019）。ESAM大致可分为5类数学模型法，主要包括综合指数法、AHP、GRD、物元评价法和模糊综合法等（李昊等，2016）；以EFP法为代表的生态模型法；以空间模型为典型代表的景观生态模型法；以3S技术为基础的数字地面模型法（DTM）；以系统动力学法和RBF神经网络模型法为典型代表的计算机模拟模型法（陈哲 等，2017）。目前，国内外对ESA进行了大量研究并取得了较好的发展，但在建立科学、统一的标准，生态安全动态评价及生态安全预警等方面仍需加强。

第2章　水土耦合关系及其环境效应

2.1　植被水分利用及其固碳问题

在全球气候变暖和水资源短缺背景下，人类对土地、森林和水资源的适应性管理需求推动了生态系统W-C耦合关系及相关问题的研究。研究生态系统VWUE(植被水分利用率)及固碳问题，是科学认识全球变化背景下W-C循环过程及机制的重要环节，有助于模拟和预测生态系统W-C过程，深入理解生态系统的变化规律，从而为应对全球气候变化提供新的策略。为了更好地掌握EWUE研究现状及固碳机制等方面研究进展，从生态系统、ET、W-C耦合模型以及SPAC方面入手，梳理与分析WUE中GPP和NPP的研究进展及相关模型，分析ET的常用方法及相关模型，并探索W-C耦合模型及其分类以及基于SPAC系统的水分动态过程，在此基础上，开展对生态系统植被水分利用及固碳的分析，对于水文生态学、全球生态学及环境地理学等相关学科领域研究具有重要借鉴价值，也对于科学认识山水林田湖草生命共同体具有重要启示意义。

自然界中的水以不同的状态存在于水圈之中。水的自然循环对于生物的生存与演变具有重要意义。它是在太阳以及其他自然力的作用下，自然生态系统内的循环，主要是指在岩石圈、生物圈和大气圈之间的运动所构成的水圈内循环。地球表层的水循环与气候、地形、土壤、岩石和植被等自然因素有密切的关系，并受人类活动的影响。地球表层的水循环是自然界中最重要的物质循环之一，是水资源自然更新的基础物理学过程，是地球物质循环和能量输送的重要载体，也是海洋和陆地之间相互作用与联系的纽带。与此同时，自然界中的碳主要以有机碳(organic carbon，OC)的形式被储存在岩石圈、生物圈和水圈之中，或者以CO_2、CH_4等气体形式存在于大气圈内，或者被溶解于水圈之中。岩石圈、生物圈、大气圈和水圈之间碳的形态转化和转移构成了碳的自然循环。IPCC AR5指出，全球陆地和海洋表面温度在1880—2012年平均升高了0.85℃。在北半球，1983—2012年可能是过去1400年中最暖的30 a。自工业革命以来，大气CO_2浓度增加了40%(赵宗慈 等，2018)；目前研究认为，CO_2等GHG的增加是全球增暖最主要的驱动因子。人类对自然资源的过度开发和利用，导致全球的生态系统和环境发生了变化。气候变化导致水、热资源的时空分布格局发生改变，对生态系统的结构和功能产生重要影响。

在全球气候变暖的背景下，世界上许多地区也面临着水资源短缺的问题(于贵瑞等,2004)。EWUE 能够反映生态系统碳水循环(Ecosystem carbon and water cycle,ECWC)相关关系,是深入了解 ECWC 间相互耦合关系的重要指标,也越来越受到学者的广泛关注(Belinda et al.,2013)。蒸散发(evapotraspiration,ET)是 TES 水循环的重要过程,作为植被热量平衡及水量平衡中的一项重要分量,ET 在 SPAC 水热传输过程中占有极为重要的地位,是反映植被水分状况的重要指标,是影响区域和全球气候的重要因素(赵玲玲 等,2013)。ECWC 过程不是孤立的,两个过程密切相关,EWUE 更是直接反映了 W-C 循环之间的耦合关系。同时,W-C 循环也是物质和能量传输的载体,是地球生物圈与大气圈、水圈和岩石圈作用的纽带。研究水循环与 C 循环的关系,通过人类活动对 W-C 资源进行管理,对区域的物质循环、能量流动具有重大意义(宋春林 等,2015)。

2.1.1 生态系统水分利用率主要特点

2.1.1.1 水分利用率内涵及其特征

水分利用率是衡量生态系统水碳耦合的重要指标之一,反映了植物产量与蒸散发过程中耗水量之间的关系。水分利用率(WUE)是指损耗单位质量水分所固定的 CO_2,是衡量 ECWC 耦合关系的重要指标,也是揭示 TES 对全球变化响应和适应对策的重要手段。全球气候变化对生态系统的结构和功能产生影响,但气候变化与 ECWC 之间的反馈机制十分复杂,目前对生态系统水过程和碳过程的研究较多,但关于 ECWC 对气候变化的响应的研究还有待深入(张良侠 等,2014)。根据不同尺度的研究对象,W-C 交换存在着一定的差异性,WUE 大致可以分为叶片、个体、群体以及生态系统 4 个水平(胡化广 等,2013)。从生态系统尺度而言,WUE 指整个生态系统生产的干物质量与蒸散所消耗的水分(ET)之比(Lu et al.,2019);它实质上反映了植物耗水与其干物质生产之间的关系,是评价植物生长适宜程度的综合生理生态指标。而对于生态系统生产的干物质量,常用总初级生产力(Gross Primary Productivity,GPP)、净初级生产力(Net Primary Productivity,NPP)或是净生态系统碳交换(Net Ecosystem Carbon Exchange,NEE)来表示(胡中民 等,2009)。因此,生态系统 WUE 可以表示为 GPP、NPP 或是 NEE 与 ET 的比值。一般而言,在小尺度上可以通过实验观测获得 WUE。包括田间直接测定方法、气体交换效率法、稳定碳 ITM 等。但是由于水碳之间的相互作用和环境因子的复杂性,这些方法无法应用于大尺度的研究(Tian et al.,2010)。对于生态系统尺度的 WUE 研究,一般采用 RS 手段,并通过构建生态系统过程模型来实现对 WUE 估算。

随着 RS 的应用,能够进行水分监测与分析的遥感传感器及其产品层出不穷。目前,研究者普遍采用中分辨率成像光谱仪(MODIS)产品中的 GPP 和 ET 数据对 WUE 进行研究,并有一系列成果问世。李肖娟等(2017)使用了这种方式估算了中国黑河流域的 WUE,分析了 WUE 的时空变化及与气候因子的相关性。仇宽彪等(2015)采用这种方法研究了中国中东部地区 FLES WUE 的时空分布特征。李明旭等(2016)则是采用 PCMDI 数据库中的 GPP 资料,对 2006—2100 年秦岭地区的 WUE 进行预测和分析。相关研究丰富了 WUE 研究的内涵。

2.1.1.2 WUE 环境影响要素

作物的 WUE 与光合作用和呼吸作用息息相关,但凡影响作物这两个生理过程的环境因子都会影响到作物 WUE。包括大气 CO_2 浓度、温度、降水、光照、太阳辐射等气象因子都会间接调控作物的光合与蒸腾,并进一步引起 WUE 变化。

对于 CO_2 来说,CO_2 浓度升高会使各尺度的 WUE 均随之提高,其中以叶片水平提高最为明显。CO_2 对 WUE 影响主要体现在两方面:其一,是 CO_2 对光合作用的直接影响,CO_2 浓度升高会直接提高植物光合作用的速率进而导致 WUE 提高;其二,是 CO_2 浓度升高会致使植物气孔导度降低,气孔缩小,耗散水分减少,致使蒸散速率降低,从而导致 WUE 升高,两方面的影响使得 WUE 随 CO_2 浓度的升高而增加。王建林等(2012)研究了 CO_2 浓度增加对 8 种作物叶片 WUE 的影响,结果表明 CO_2 浓度倍增可以提高光合速率(photosynthetic rate),降低蒸腾速率,从而提高 WUE。Keenan 等(2013)研究也认为,北半球温带的森林 WUE 增加的主要原因是大气 CO_2 浓度的增加。然而,Tang 等(2014)在研究 2001—2010 年全球 WUE 变化时发现,在自然因素和人类活动作用下,尽管 CO_2 浓度上升,但是全球 WUE 有明显下降的趋势,持续的植被减少引起的 LUCC 可能是影响这 10 年全球 WUE 的主要因素之一。

温度对于 WUE 的影响较为复杂。相关研究表明,温度对 WUE 具有一定的促进或抑制影响。对于不同生态系统,温度对 WUE 的影响也不尽相同。Zhang 等(2012)利用 IBIS 模型估计未来中国 WUE 空间变化,结果表明在南方亚热带地区,WUE 与温度呈现负相关,而在青藏高原地区两者呈现正相关关系。温度一般同时作用于植物的光合作用和蒸腾作用,进而影响植物的 WUE。温度过高或者过低对植物 WUE 均有不利影响。仇宽彪和成军锋(2015)对陕西省 2002—2012 年的 WUE 研究时发现,在年平均气温低于 11℃的地区,WUE 和温度相关性显著,而高于 11℃的地区,两者之间没有显著关系。位贺杰等(2016)对渭河流域的研究表明,当气温处于 15～25℃时,VWUE 较高,温度过高或过低都会使得植物 WUE 下降。关于存在临界值(critical value,CV)的解释有很多,Zhou 等(2014)认为有关光合作用的酶活性受温度限制,而蒸散作用的增加一般不受温度的限制。因此,当高于理想温度时,光合作用受到抑制而蒸散作用仍在增加,使得植物 WUE 降低。也有学者认为,温度通过影响植物气孔导度(stomatal conductance)来影响蒸散过程(肖春旺, 2001)。起初阶段,温度升高对光合作用的促进效果高于蒸散作用,造成植物 WUE 升高;当温度高于 CV 时,温度升高对蒸散作用的影响比光合作用大,又在一定程度上导致 WUE 降低。

降水变化是全球气候变化的重要组成部分,对生态系统水分平衡和植被分布以及植物不同尺度上各种生理生态过程的影响显著(王云霓 等, 2012)。目前降水变化对植被 WUE 的影响的研究结论各异。通常降水量适当升高有利于植被 WUE，但降水量过高对植被 WUE 不利(杨利民 等,2007)。在中国,年降水量小于 627 mm 的地区,两者呈现显著正相关,年降水量大于 627 mm 的地区,两者呈现显著负相关;在全球范围,当年降水量低于 2352 mm 时,WUE 会随降水的增加而增加,当年降水量高于 4450 mm 时,WUE 会随降水的增加而减少(Xue et al.，2016)。降水量较少的地区，降水增加会促进植物光合作用,致使 GPP 大幅增加,而 ET 的增幅较小,使得降水量较少的地区 WUE 增加;而对于降水量较多的地区,相同增幅的降水量对 GPP 的促进作用较小,但大大增加了可用于蒸发的水量,使得该地区的 WUE 降低(Tian et al.，2010)。降水还可以通过调节土壤蒸发而影响 EWUE。倪盼盼等(2017)认为,在降水量较高的时期,土壤蒸发较小,而较低的土壤蒸发导致 WUE 值在降雨时呈现出较高水平。

辐射强度是植物光合作用的重要因素之一,同样对 VWUE 产生重要影响。徐晓桃(2008)对 2001—2005 年的黄河源区 VWUE 进行研究,发现该地区 VWUE 与太阳辐射的相关性较高。研究表明,天气状况会影响 VWUE。阴天植物辐射利用率有增大的趋势(Migliavacca et al.，2009),刘佳等(2014)通过对黄河地区 CO_2 和相关气象因子进行持续研究发现,当天空存在一定云量时,生态系统碳的净吸收量明显增多,原因是植物冠层接收到的太阳辐射得到了更为均匀的重新分配。阴天 WUE 有增大的趋势(李辉东 等，2015),这是因为多云的条件提高了光散射的能力,使冠层中有更多的面积进行了光合作用(陈丹丹 等，2016)。此外,太阳辐射强弱也会受到大气中的气溶胶含量的影响,进而影响生态系统生产力。气溶胶的存在增强了太阳光的散射,使得生态系统生产力增加,在一定程度上可以提高 WUE。多云条件会减弱气溶胶对光散射的贡献,从而使得 WUE 下降(Lu et al.，2017)。因此,WUE 对太阳辐射响应的原因具有复杂性。

2.1.1.3 生态系统水分利用

如前所述,WUE 是指损耗单位质量水分所固定的 CO_2,是衡量 ECWC 耦合关系的重要指标,也是揭示 TES 对全球变化响应和适应对策的重要手段。全球气候变化对生态系统的结构和功能产生影响,但气候变化与 ECWC 之间的反馈机制十分复杂,目前对生态系统水过程和碳过程的研究已有诸多成果问世,但关于 ECWC 对气候变化的响应的研究还有待深入(张良侠 等,2014)。

根据不同尺度的研究对象,WUE 大致可以分为叶片、个体、群体以及生态系统 4 个水平(胡化广 等,2013)。叶片水平的 WUE 是植物消耗水分形成干物质的基本效率,有瞬时水分利用效率(WUEt)和内在水分利用效率(WUEi)两种表达方式。个体 WUE 指植物在一段时期内形成的干物质和耗水量之比。群体水平 WUE 指植物群体 CO_2 通量和植物蒸腾的水汽通量之比。EWUE 通常是指整个生态系统消耗单位质量水分所固定的 CO_2 或生成的干物质。EWUE 的测定包括固碳(GPP、NPP、NEE)和耗水[植被蒸腾(T)、生态系统总蒸散(ET)]2 个内容的测定。在叶片水平

WUE测定中，光合速率和蒸腾速率可用Li-6400测定，进而计算出WUE；也有许多研究采用稳定ITM，利用植物 $\delta^{13}C$ 值来间接计算叶片的WUE（王建林 等，2008）。EWUE则是由整个系统的生产力（如GPP，NPP，NEE）和蒸散发（ET）的比值求得，而随着观测技术的突破，越来越多的研究将实测的生态系统总蒸散，即植被蒸腾与地表蒸发之和作为生态系统的水分损耗（杜晓铮 等，2018）。站点尺度上，生态系统生产力的测定大多是通过传统的生物量调查法和涡度相关观测法，ET的测定常常基于水分平衡、蒸渗仪法或涡度相关观测法。区域尺度上，WUE的估算则主要采用基于RSD的模型计算出GPP或NPP和ET，再由两者计算出WUE。估算WUE的模型可以是能够同时估算出生产力和ET的生态系统过程模型，如DLEM模型、VIP模型、AVIM-GOALS模型等；也可以是非生态系统过程模型的区域生产力模型和区域ET模型，分别计算出生产力和ET，并计算出区域尺度上的WUE。

EWUE不仅受系统内部植被的调控，同时也受外界环境条件的影响。在全球气候变化背景下，EWUE对其响应也成为研究重点。目前，气候变化对于EWUE影响的因子主要包括温度、大气 CO_2 浓度、水分以及太阳辐射等。

温度对WUE具有一定的促进或抑制影响。有研究利用树木年轮测定稳定碳同位素发现植物WUE与温度呈现正相关关系（仇宽彪 等，2015）。但也有研究表明，在相对湿热的亚马孙平原和东南亚地区，温度升高对ET的促进作用远高于GPP，使得WUE呈现降低趋势。温度对WUE的影响存在CV，温度过高或过低均不利于植物的WUE。温度低于CV时，WUE随温度升高而增大，而温度高于CV时，WUE与温度呈现负相关关系。这可能是由于温度同时作用于植物的光合作用和蒸腾作用，进而影响植物的WUE，由于不同区域生态系统的影响程度有差别，其临界温度的范围也有所不同。有研究认为，在CV时，因为光合作用的酶活性受温度限制而蒸散作用的增加却不受限制（Zhou et al.，2014）。但也有研究认为，温度通过影响植物气孔导度来影响蒸散过程，起初温度升高对光合作用的促进效果高于蒸散，WUE升高；当温度高于CV时，温度对蒸散作用的影响比光合作用大，进而WUE降低（夏磊，2015）。

大气 CO_2 浓度对WUE的作用表现为促进作用。CO_2 对WUE的影响主要表现在两个方面：一方面是 CO_2 对光合作用的直接影响，CO_2 浓度升高会直接提高植物的光合作用的速率进而导致WUE提高；另一方面，CO_2 浓度升高会导致植物气孔导度降低和气孔缩小，耗散水分减少，使得蒸散速率降低，从而导致WUE升高。但是这两方面的影响程度的比较，目前尚不统一（刘月岩 等，2013）。

可被植被利用的水分（包括降水、大气湿度、SMC等）也是影响EWUE的重要因素。研究表明，大气湿度会通过影响植物体内水分向外蒸腾，进而影响植物的蒸腾速率，但其对光合作用并无显著影响（王云霓 等，2012）。因此，大气湿度增加对植物WUE有促进作用，当空气中湿度高时，蒸散过程减缓，植物WUE进而增加。降水量的适当升高有利于VWUE，但降水量过高对VWUE不利。在降水量不同的地区，WUE 的表现各不相同。在降水量较少的地区，降水增加会促进植物光合作用，致使 GPP 大幅增加，而 ET 的增幅较小，使得降水量较少的地区 WUE 增加；而对于降水量较多的地区，相同增幅的降水量对 GPP 的促进作用较小，但大大增加了可用于蒸发的水量，使得该地区的 WUE 降低，降水量过高会使得 WUE 逐渐降低。降水除了可以直接影响 WUE，还可以通过调节土壤蒸发进而影响 EWUE。土壤蒸发量与降水之间存在一定的时间滞后性，降水期间土壤蒸发较小，而较低的土壤蒸发导致 WUE 在降雨时呈现出较高水平（倪盼盼 等，2017）。

辐射强度是植物光合作用的重要因素之一，同样对 VWUE 产生重要影响，例如，徐晓桃（2008）发现黄河源区 VWUE 与太阳辐射的相关性较高。诸多研究表明，天气状况能够影响 VWUE。阴天植物的辐射利用率会有增大的趋势，植被生态系统碳的净吸收量明显增加，这是因为植物冠层接收到的太阳辐射得到了更均匀的分配。阴天 EWUE 有增大趋势，这是由于多云条件提高了光的散射能力，使光植被冠层中有更多面积进行光合作用。此外，太阳辐射强弱也会受大气中气溶胶含量的影响，气溶胶增强了太阳光散射，使得生态系统生产力增加，进而提高 WUE。但是有研究表明，多云条件会减弱气溶胶对光散射的贡献，使得 WUE 下降（Lu et al.，2017）。因此，WUE 对太阳辐射响应的原因要从多方面考虑。

单因子对 VWUE 的影响只是理想状况，然而在气候变化的背景下，这些因子对 WUE 的影响是综合的，并表现出更为复杂的特征。目前，CO_2 浓度增加和气候变暖是全球气候变化的主要特征，这两者对 VWUE 有着重要影响（沈永平 等，2013）。CO_2 浓度升高能降低气孔导度和蒸散过程，提高植物光合作用，从而提高 WUE；而温度升高又会增大气孔导度及蒸散作用，在一定程度上又会抵消 CO_2 浓度对 VWUE 的影响，因此各因子间的协同作用对 VWUE 的影响十分复杂。

2.1.2　生态系统 NPP 与 GPP

2.1.2.1　研究 NPP/GPP 主要方法

NPP 可以看作是 GPP 减去自养呼吸后的剩余量，即总初级生产量中减去植物呼吸所消耗的能量（R）就是净初级生产力。它反映了植物固定和转化光合产物的效率，是表示植被净固碳能力的重要生态学指标（杜晓铮 等，2018）。GPP 又称作总第一性生产力，指在单位时间与单位面积上，绿色植物通过光合作用所固定的光合产物量或 OC 总量，也称为总生态系统生产力。GPP 是区域生态系统所能提供的各项生态服务功能的基础。植物生产力将太阳能固定为化学能，从而被次级的消费者所能利用，再由生产者、消费者组成整个食物链（food chain）。食物链的形成关系到区域生态系统生物多样性及稳定性（John et al.，2008），各生产者及消费者也为人类社会提供食物、林木产品及其他诸多生态系统服务。作为地-气气体交换的重要组成部分，TES 的 GPP 是全球碳循环中的关键环节。因此，陆地 GPP 也在区域社会经济自然可持续发展及区域生态安全的范畴之内。目前，针对 NPP/GPP 的研究方法主要有生物量调查、涡度相关通量观测和模型模拟3种。前两种方法主要适用于点尺度、短时间序列NPP/GPP的观测和调查，模型模拟主要用于大区域、长时间序列NPP/GPP估算。

生物量是生态系统最基本的数量特征之一，反映了生态系统结构与功能的特征。生物量的测定是研究TES生产力的经典方法之一。生物量与生产力不同，它没有时间概念，但可以用一段时间的生物量变化或生物量的累积速率来表征生产力的大小。生物量调查法的优点是直接、明确、技术简单，但是调查法的观测周期长，通常需要几年到数十年的数据积累，才可能观测到植被和土壤碳含量的变化（于贵瑞 等，2011）。李红琴等（2013）通过实地测量获取地上和地下净初级生产量，用两者之和表示总的净初级生产量，依此计算2000—2011年高寒草甸VWUE的变化。该观测方法需要耗费大量的人力、物力和财力，持续时间较长，且观测的仅是有限的稀疏站点数据，很难估算和分析全球或区域TE的时空分布格局和变化特征。

涡度相关技术（eddy covariance）通过测定植被冠层和大气层之间的交换通量直接观测了生态系统的碳通量。涡度相关技术不仅直接观测了净生态系统生产力，也为生态系统的估算提供了一种可行的方法。尽管该方法在观测生态系统碳通量和数据处理时存在一定程度的不确定性（Baldocchi，2003），但是其比生物量估算和模型模拟得更加准确，且更接近于生态系统的真实值，因此被广泛地应用于站点尺度的研究。但是该方法估算的只是通量塔周围一定范围内的交换量，受到空间的限制较大，很难应用于大区域TES的估算研究。

2.1.2.2 生态系统NPP/GPP模型

由于生物量调查和涡度相关通量观测方法无法在全球或区域尺度估算生态系统NPP/GPP，利用模型估算NPP/GPP成为目前被广泛接受的大尺度长时间序列研究NPP/GPP的可行方法。具有代表性的估算TES NPP/GPP的模型可分为统计模型、生理生态过程模型和光能利用率模型三大类。

统计模型又叫作气候相关模型，它以NPP/GPP与气候因子（温度、降水、蒸散量等）之间的统计关系为基础建立，模型假设植被的NPP/GPP主要受气候因子影响，基于气候因子（温度、降水、蒸散量等）对其进行估算。这类模型的代表包括Miami模型、Thornthwaite-Memorial模型、Chikugo模型、北京模型、综合模型和分类指数模型等（张美玲 等，2011）。这类模型具有结构简单、参数少和数据容易获得等优点，缺点是其考虑的因子简单，忽略了复杂的生态过程，缺乏严密的生态生理学依据，结果存在较大的不确定性（Wu et al.，2010）。中国学者运用各种气候生产力模型对植被NPP开展了大量研究，并结合全国和区域实际情况对模型不断改进，建立了一些适合全国或区域的模型。周广胜和张新时（1995）充分考虑植被的生理特性及水分和热量的关系，建立了NPP的综合模型，运用该模型计算了中国植被NPP，并分析了NPP的变化特征。高浩等（2009）基于Miami和Thornthwaite-Memorial气候模型，分析了区域不同草原类型草地生产潜力和影响气候生产潜力的气候驱动力。

生理生态过程模型同时也称为机理模型(mechanism model),是根据植物生长和发育的基本生理过程,通过模拟植被的光合作用、呼吸作用以及蒸腾蒸散等过程,结合气候及土壤数据估算 NPP/GPP。这类模型机理性强,将 ECC 过程、水循环过程、能量循环过程和养分循环过程相耦合,模拟植被的光合作用过程。该模型可以鉴别不同因子对 NPP/GPP 变化的贡献,预测其未来演变趋势。这一类模型主要包括 CARAIB 模型、CENTURY 模型、TEM 模型、BEPS 模型(boreal ecosystem productivity simulator)以及 BIOME-BGC 模型等。BEPS 模型涉及生化、生理及物理等机制,应用生态学、生物物理学、植物生理学、气象学、水文学等学科原理,模拟光合、呼吸、碳的分配、水分平衡和能量平衡的关系,模型由能量传输模块、水循环模块、C 循环模块和生理调节模块组成。BIOME-BGC 模型是由 FOREST-BGC 模型发展而来的生态过程模型,是用来模拟全球和区域生态系统 C-N-W 循环的生物地球化学(biogeochemistry)循环过程模型。该模型充分考虑了气候变化、大气氮(N)沉降、土壤及植被生理生态特征等多种影响因素。其基本原理是物质与能量达到守恒状态,进入生态系统中的物质和能量,与离开生态系统的物质与能量进行相减,相差的部分即为生态系统中物质与能量的累积量。周才平等(2004)利用 MODIS 数据与 TEM 模型相结合的方法估算青藏高原主要生态系统的 NPP。彭俊杰等(2012)运用 BIOME-BGC 模型估算了 1952—2008 年华北地区典型油松林 NPP,分析了 NPP 的动态变化及树木径向生长,并探讨了 NPP 对气候变暖的响应。由于生理生态过程模型估算结果较为准确,因而已在国内不同区域的植被 NPP 估算中有所应用。该类模型的局限性在于其复杂性,部分参数和数据的时间序列变化难以获得,如叶面积指数(LAI)随着季节而变化。另外,该类模型模拟的空间尺度较小,涉及参数较多,用于全球及区域估算时,参数的尺度转换相对困难。

光能利用率(efficiency for solar energy utilization,light energy utilization ratio,light utilization efficiency,LUE)模型是基于光能利用率原理和资源平衡基本观点的模型,它将 GPP 或 NPP 计算为吸收的光合有效辐射比例、入射的光合有效辐射、最大光能利用率和环境胁迫因子的乘积。光能利用率模型主要包括 CASA 模型、GLO-PEM 模型、C-Fix 模型和 MOD17 模型等,一般来估算 GPP 或 NPP,仅有少数估算 NEP,如 CASA 模型。LUE 模型的优点是简单,数据易获取精度较高,能够充分利用卫星遥感信息监测 GPP 变化,适合在大中尺度上应用。凭借这些优点,LUE 模型近年来得到迅速发展,广泛应用于区域和全球的模拟估算。位贺杰等(2016)使用 CASA 模型对渭河流域 VWUE 进行了估算,卢玲等(2007)曾使用 C-Fix 模型对中国西部 WUE 进行了时空特征分析。但是这类模型由于假设 GPP 随入射的太阳霜射线性增加,不考虑 LUE 随辐射强度的变化,在辐射较强时会高估 GPP,而在辐射较弱时会低估 GPP。此外,现有的 LUE 模型都假设最大光能利用率仅与植被类型有关,不考虑其季节性变化,在一定程度上导致了结果的不确定性。在不同时空尺度的相关实践中,NPP/GPP 模型的研究也得到了不断完善。

2.1.3 生态系统的蒸散发过程

2.1.3.1 ET一般测算方法

蒸散发(evapotranspiration,ET)包括植被蒸腾与土壤蒸发,是地表能量平衡与水量平衡的重要组成部分(Sharma et al.,2019;Ali et al.,2018)。降水落到地面,形成径流或渗入地下。陆面蒸散发又把大约60%的降水量送回大气,不但可以影响陆面降水,而且与之紧密联系的潜热通量保证了陆面气温的稳定(Vaughan et al.,2007)。但是,由于包括气象条件、土壤特征以及植被状况等因素均对ET有显著影响,而且在较大范围内TES地表特征以及水热特性都存在差异;因此,对区域TES ET进行准确估算对研究陆地-大气间相互作用以及研究全球气候变化和水资源评价与管理有着重要意义。随着对大气边界层(atmospheric boundary layer,ABL)结构及内部大气运动方式认识的不断加深,气象和水文等领域观测方法和仪器技术精度的不断提高,测定ET的仪器和方法也逐渐增多,包括土壤水量平衡法、蒸渗仪法、波文比能量平衡法(Bowen ratio energy balance method,BREB)、空气动力学法、涡度相关仪法和闪烁通量仪法等。

直接测量蒸散法一般由蒸发皿和蒸渗仪来进行直接测量。蒸渗仪是研究农田土壤和植被水分下渗、径流和蒸散发的一种主要仪器,一般分为非称重式和称重式。称重式的测量精度比非称重式略高,称重式蒸渗仪通过一段时期蒸渗仪内总重量的变化来确定土壤和植被的蒸散发量。由于其具有较高的灵敏度和精度,蒸渗仪法已成为直接测量土壤和植被ET的重要方法(李放 等,2014)。Bowen(1926)基于能量平衡方程提出了BREB用于计算蒸散发。地表能量平衡方程中显热通量与潜热通量之比即为波文比。BREB需要利用具有较高精度的温湿度测量装置测量地面上两个不同高度间的空气温湿度之差。BREB由于方法简单、精度较高,已成为微气象观测的日常观测项目,但如果观测下垫面复杂不均一且存在大气平流的影响,其观测结果将会有十分大的误差,导致BREB的使用具有一定的局限性(黄妙芬,2003)。Thornthwaite和Holzman(1939)根据近地面ABL相似理论,提出了运用空气动力学理论计算蒸散发的相应方法。该方法不需要空气湿度的测量,仅利用地面一定高度上的气温和风速即可计算显热通量和潜热通量,从而得到蒸散发量。基于利用涡度相关法(Eddy covariance method,Eddy covariance technique,Eddy correlation;ECM)来计算地表蒸散发的方法,Dyer在1961年根据涡度相关原理做出了第一台涡度相关通量仪。ECM能够不受大气平流条件的限制通过对湍流脉动的测量来直接确定各能量通量分量,涡度相关原理中没有太多的假设及经验参数,故常常将其作为准确的标准值来检验和比较其他方法的精度和准确性。闪烁通量仪则是由一对存在一定路径的发射器和接收器组成,接收器接收发射器发射出的辐射电磁波。目前闪烁通量仪是唯一可以测量区域尺度能量通量的仪器,在区域尺度的地表通量研究中得到了广泛应用,并且研究表明,闪烁通量仪受大气平流条件和下垫面均匀程度的影响较小，故该方法是 RS 能量通量反演结果验证最有效的方法（卢俐 等，2005）。上述方法一般都用于小范围的测量。

2.1.3.2 遥感估算 ET 方法

RS 的迅速发展，使得区域尺度 ET 的估算有了新的可能性。利用 RS 手段反演区域范围 ET 量比常规 ET 测量方法精度更高，具有明显的优越性。目前，利用 RS 方法估算区域 ET 已作为一个独立的研究方向，国内外不断涌现出一些新的遥感区域 ET 估算方法，提高了区域地表 ET 监测的精度（邓兴耀 等，2017）。基于 RSD 的区域 ET 研究方法主要分为陆面地表能量平衡方程、经验模型和彭曼模型等。

不同的方法具有不同的原理与使用条件，也有着不同的应用范围及其效果。以地表能量平衡方程为基础的遥感 ET 模型分为两类，一类是将能量界面当作组分（土壤和植被）均匀的单层“大叶”，即单层模型。单层模型的主要特点是不区分植被和土壤，并且忽略土壤与植被间的能量交换，将整个下垫面当作一个整体。模型中引入了空气动力学原理，由气象数据、RS 反演得出地表参数，如地表温度、地表反照率等计算地表净辐射量、土壤热通量、感热通量和潜热通量。单层模型的适用必须满足以下两个条件，一是下垫面需要较多植被覆盖，且覆盖的植被只能是低矮植株；二是研究区的 RSD 没有云覆盖，且研究区的下垫面较平坦最佳。较为典型单层模型有 CRAE 模型、SEBS 模型（Surface Energy Balance System，SEBS）、SEBAL 模型（Surface Energy Balance Algorithms for Land，SEBAL）等。近年来，SEBAL 模型及 SEBS 模型在世界各地都得到了广泛而成功的应用。李宝富等（2011）就基于 SEBAL 模型对中国新疆塔里木河干流区 1985—2010 年的 ET 进行了估算，王健美等（2016）则基于 SEBS 模型对凌河流域地表蒸散发量进行了反演。另一类是考虑土壤和植被水热传输特性差异及相互作用的多层模型。多层模型在理论上要优于单层模型。但是由于多层模型属于大气、土壤和植被完全耦合的冠层模型，每一层的估算误差都会影响到最终估算结果，所以应用多层模型的要点是保证 SPAC 每个部分的模拟精度，才能获得较好的模拟结果，因此，其适用范围有一定的局限性。常用的多层模型有 TSM 模型、ALEXL 模型、SEBI 模型和 TTME 模型。机理越复杂的模型，涉及的环境和结构特征变量越多，所需输入数据越多，在实际应用中不确定性可能越大（冯景泽等，2012）。不同模型之间各有其优点和适用性，很多模型都有待更为系统全面地评估、检验和改进。

经验模型是把实际观测数据和遥感反演数据相结合，利用已建立的观测拟合热通量与 RSD 之间的数学关系，估算出研究区的潜热通量。经验模型的优点在于简单易行，在进行小区域蒸散发估算时非常方便，但是其移植性较差，计算结果过度依赖站点的地表观测数据，因此很难适用于面积研究区的估算。对经验模型研究较为深入的有 Price 和 Stewart 等，Price（1990）使用经验模型研究得出在地表植被覆盖情况在一定范围变化时，地表温度和 NDVI 的散点图呈三角形，Stewart 等（1994）则提出利用植被覆盖度与地表温度分布规律，结合地表能量平衡原理计算蒸散发。

Penman(1948)在前人提出的热量平衡和湍流扩散理论基础上，提出了湿润条件下地表潜蒸散量的计算方法，并利用能量平衡原理和空气动力学理论建立了综合计算公式，具有明确的物理意义。目前，湿润下垫面和密闭植物的 ET 仍主要运用 Penman 法进行计算。但是彭曼(Penman)模型并没有考虑水体热量存贮对蒸发量计算的影响，辐射平衡值和干燥力均采用经验公式计算，推广应用有一定的限制。RS 可以计算地表净辐射量、潜热通量以及阻抗模型的相关参数，但无法提供 SMC 和植被特征，相比能量平衡方程模型来说，很难与 RS 有效结合。目前普遍采用的是 1998 年联合国粮食及农业组织(Food and Agriculture Organization，FAO)推荐 Penman-Monteith 公式作为计算 ET 的标准公式。

总之，双层模型、单层模型基于能量平衡方程，具有明确的物理意义，但它们应用起来具有一定的难度。单层模型要求下垫面比较均一，并且利用热红外数据(infrared data，IR Data，IRD)反演计算的地表温度需要采用地形和剩余阻抗进行订正。双层模型在计算不同土壤质地的表面温度是需要对温度进行不同入射角度的分析，因多角度数据缺乏而应用受限。经验模型以蒸发和地表温度之间的相关关系为基础理论进行研究，方法较为简洁，不过这种计算模式对大尺度上的地表蒸散发计算适用不是很好。彭曼模型由于 RS 无法提供相关植被特征信息和 SMC 信息，不能精确估算阻抗，导致它的蒸发量估算精度较低。

2.1.4 生态系统固碳及相关问题

2.1.4.1 植被固碳相关研究背景

目前，人类活动和化石燃料的过量使用导致大气中 CO_2 浓度不断上升，由此引发的全球变暖等一系列环境问题已成为当前生态环境领域以及全球关注的热点。在人类寻找到能够替代化石燃料的合适能源以前，发展固碳技术和制定相关的政策措施仍是减少人类 CO_2 排放的有效途径(李新宇 等，2006)。减缓和适应气候变化已成为当前国际社会的共识，其核心思路是减少人类活动所产生的 GHG 排放，同时增加陆地和海洋生态系统的碳贮量。生态系统固碳(ecosystems sequester carbon，ESC)主要指森林、草地、农田、湿地和海洋等生态系统在光合作用过程中自然捕获大气中 CO_2 的过程，所以不同生态系统有不同方式来固定和封存 CO_2。ESC 方式主要包括两种：一是自然固碳，即 ESC，包括光合作用固定在植被中，植被凋落物和根系分泌物残存在土壤中以及通过运移至水体或海洋 BCS；二是人为固碳，即通过 CO_2 捕获与封存方式使碳处于一种相对稳定状态。

目前，诸多专家的研究方向主要集中在 TES 方面，包括草地生态系统(grassland ecosystem，GLES)、森林生态系统(forest ecosystem，FES)、农田生态系统(farmland ecosystem，FLES)等，对海洋生态系统(marine ecosystem)的研究较少。据研究，TES 碳库约占全球二氧化碳库的一半，是导致全球 CO_2 吸收量年间变化和不确定性的主要原因，可以通过植被的修复或退化来增加或减少区域固碳(Anders et al.，

2015)。加强生态系统自然固碳主要通过保护森林和土壤，提高碳存储或采用合理的农业耕作制度和生物固碳(biological carbon sequestration，BCS)等方法减少 CO_2 排放量。冯源等(2020)基于县域造林统计数据核森林碳收支模型(CBM-CFS3)设置造林情景与未来造林情景(BS)，评估和预测了造林对区域 FES 碳储量和固碳速率的影响。

据估计，FES 每年可吸收固定全球大约 25%的化石燃料所排放的 CO_2，所吸收的 CO_2 主要以 OC 和无机碳的形式自然封存在土壤中(Yude et al.，2011)。FES 碳大多储存在树干、树枝和树叶，通常被称为生物量；另外，碳也直接储存在土壤中。对海洋与湿地而言，固碳不仅源于水生植物和藻类光合作用所固定转化的 CO_2，更重要的来源是通过河水输入有机质(organic matter，OM)的沉积。FES 与大气圈中的碳交换十分活跃，平均每 7 a 陆地植被就可消耗掉大气中全部的 CO_2，其中 70%的交换发生在 FES。FLES 是受人为扰动影响最大的 TES，在碳循环中具有重要地位，是人为可调控的碳循环系统。增强农田 SOC 的固定能力不仅有助于减缓大气 CO_2 浓度增加速率，而且对保障国家粮食安全具有重要意义(曹丽花 等，2016)。草地是 TES 的重要组成部分，是世界上分布最广的植被类型之一，草地植被的 NPP 约占全球陆地植被 NPP 的 1/3，活生物量的碳贮量占全球陆地植被碳贮量的 1/6 以上，SOC 贮量占 1/4 以上(Defries et al.，1999)。近年来，由于过度放牧、开垦等人类活动的干扰及气候变化等自然因素的影响，GLES 正面临严重的退化问题，造成了 SOC 的损失(赵威 等，2018)。人工种草、围封草场等固碳措施可以促进草地 SOC 的恢复和积累，具有固定大气 CO_2 能力，是一种低成本的固碳减排措施。

黄玫等(2016)通过大气-植被相互作用模式 AVIM2 模拟预测了 1981—2040 年中国成熟林植被和土壤固碳速率(rate of carbon sequestration，RCS)的时空变化特征及其对气候变化的响应，认为未来森林 RCS 变化区域差异明显。未来全国森林土壤 RCS 除藏南、华东和东北北部的部分森林以外，其余大部分森林土壤 RCS 均减少。未来中国森林植被和 SCS 变化主要由气温和降水量未来变化的空间差异引起，而气温的增加不利于森林植被和 SCS。张旭博等(2014)认为，气候变化将改变中国农田系统碳投入，温度升高对 SOCS 有一定的负面作用。SOCS 随温度的增长而降低，未来气温上升将极大地提高 SOC 的释放，SOCS 对降水的响应则表现为 SOCS 随降水的增减而增减。

2.1.4.2　干旱环境固碳研究

在全球碳(C)循环研究中，干旱荒漠区长期被忽视。但最新的研究结果表明，干旱荒漠以缓慢的速率大量吸收空气中的 CO_2，C 循环过程是 TES 碳循环的重要环节；全球荒漠面积约占陆地总面积的 25%，因此在延缓全球气候变化方面的重要作用是不可忽略的(Wang et al.，2014)。有研究表明，TES 固碳作用的大多数变异性和不确定性来自半干旱生态系统(Benjamin et al.，2014)。尽管干旱区生态系统降雨量、土壤肥力、产量较低，但干旱区生态系统约占陆地 NPP 总量的 20%和 SOC 总量的 15%(Lal,2004),因此其对全球碳收支(carbon budget)起着重要作用。

近年来,国内外学者对干旱半干旱地区 ESC 进行了诸多研究。Tagesson 等(2016)的研究表明,撒哈拉沙漠是一个面积巨大的碳汇(carbon sink),土壤水分和植被是影响 CO_2 吸收和释放的关键因素。Shao 等(2016)研究表明,不同沙层的 CO_2 浓度日变化呈先升高后减低的趋势,温度和含水量是引起浓度变化的主要因素。塔克拉玛干沙漠腹地 CO_2 通量表现为白昼地表吸收 CO_2,夜间地表排放 CO_2,且地表吸收强度明显大于地表排放。曲卫东等(2011)通过不同的 LUCC 对 OC 动态进行了研究,分析了不同粒径土壤碳含量的变化规律。在黄土丘陵地区,季志平等(2006)通过对小叶锦鸡儿人工林 SOC 动态和垂直分布特征的研究,得出根系生长有助于 SOC 积累的结论。随着土层深度的增加,土壤碳储量的变化可以用指数模型拟合。

目前,众多学者主要关注的是 SOC,而对于土壤无机碳(soil inorganic carbon, SIC)的研究相对较少。干旱荒漠有限的生产力和较低的 SMC 以及特殊的土壤理化性质(soil physicochemical properties,SPCP)(如较高的土壤 pH 值),使得土壤碳储量表现为 SOC 储量相对贫乏,而 SIC 储量比较丰富(杨黎芳 等, 2007)。在中国干旱半干旱地区,荒漠化土地分布较多,沙尘暴、旱灾等自然灾害时常发生。据相关学者估算,因沙漠化导致的碳排放量(carbon emission)总计为 18～28 Pg C(于洋, 2013)。人类不合理的利用会导致土地荒漠化。Li 等(2015)的研究表明,干旱荒漠区是一个巨大的无机碳汇,发挥着极其重要的固碳作用,如果能及时采取合理的防治措施,如植被恢复工程,全球生态系统的固碳潜力(carbon sequestration potential, CSP)将会大大提高。丁越岿等(2012) 对毛乌素沙漠的研究也表明,在毛乌素流动沙地上进行植被建设有助于 SCS,不同植被类型间的固碳效果差异较为明显,但应尽量减少和避免强烈的人为干扰,以维持 SCP 稳定。霍海霞等(2018)对干旱区土壤碳循环(soil carbon cycle,SCC)研究表明,需要改进与拓展现有荒漠生态系统动态模型,强化 RS 在 GLES 碳平衡研究中的应用,同时,在荒漠生态系统土壤碳转移和归宿等方面也需要进行深化的研究。

2.1.5 W-C 耦合模型

模型研究是提升人的认识能力的重要途径。最初人们采用地表植被调查资料推算生物量的年际变化,进而推算植被与大气间的碳交换量。国家尺度或区域尺度农林草生物量推算大多使用资源清查资料。由该资料来推算森林生物量时,首先需要建立生物量与木材蓄积量之间的换算关系,即生物量换算因子。方精云等(2007)利用森林和草场资源清查资料、统计资料等地面观测资料,并借鉴国内外研究成果,对 1981—2000 年中国森林、草地、灌丛以及农田等陆地植被碳汇进行了估算,结论认为,研究期间,中国陆地植被年均碳汇总量约为 0.096～0.106 Pg C/a,相当于同期中国年均工业 CO_2 排放量的 14.6%～16.1%。随着研究方法的深入,一批 ECC 模型被应用于生态系统碳收支的模拟。在 TES 碳循环模型中，从模型的构建方法看，TES 碳收支模型可分为经验模型、过程模型和遥感参数模型。经验模型包括生物量换算因子法、统计模型等，如 Miami 模型等（杨昕 等，2001）。近年来，人们发展了大量生理生态过程模型、生理生态大叶模型等，以提升估算的可靠性程度，有助于更详细地了解全球陆气间 CO_2 交换状况；其中，生理生态模型较典型的有 BIOM-BGC 模型、SiB 模型（刘凤山 等，2014）等。随着 RS 的广泛应用，以 RSD 作为输入参数成为新型遥感参数模型的基础。此类模型主要包括估算 NPP 和土壤呼吸两个模块组成，NPP 估算一般应用如 CASA 模型等 RS 参数模型（董丹 等，2011），土壤呼吸则利用土壤呼吸与土壤含碳量和土壤温度等参数建立的函数公式得到。RS 参数模型能够将样地尺度的生态系统观测数据与大尺度 RS 参数建立联系，从而获得大尺度的生态系统碳收支特征。

在全球气候变化的背景下，固碳与耗水的矛盾日益突出，对 W-C 耦合关系的研究成为生态水文学研究的热点。ECM 的出现为 W-C 耦合模型提供了连续、长期的生态系统尺度 W-C 通量观测数据（于贵瑞 等，2004）。但仅凭实测资料难以预测 W-C 通量在气候变化情景下的波动规律。模型作为一种基于现有理论构建的可控条件的研究手段，具有实地观测和其他试验方法无法比拟的优点，为此类研究提供了一种有效工具。因此，基于模拟方法构建 W-C 耦合模型，进而探索 W-C 循环之间耦合关系的研究，成为解决 W-C 资源矛盾的主要途径。

2.1.5.1　基于 PSTM 构建的机理模型

理论基础始终是模型构建的基础。一般的 W-C 耦合模型把生理生态作为主要的建模基础，特别是基于光合-气孔-蒸腾机理（Photosynthetic stomatal transpiration mechanism，PSTM）构建的 W-C 耦合模型，在构建之初就考虑了 W-C 之间的耦合关系，更多地体现了要素之间相互作用的机理；此类模型较为复杂，需要进行大量的辅助试验来确定经验常数（刘宁 等，2012）。其中，比较常用的模型有 CEVSA 模型、BEPS 模型、IBIS 模型等。CEVSA 模型是基于生理生态过程模拟 SPAC 能量交换和 C-N-W 耦合循环的生物地球化学模型。张远东等（2016）使用 CEVSA 模型估算了西南高山地区 WUE 的时空变化，认为 CEVSA 模型对水文状况的模拟能力还有待进一步的提高，需要进一步与水文模型相结合。BEPS 模型是将 RSD 与机理性生态模型有机结合，利用水分平衡和冠层气孔导度部分模拟生态系统的 W-C 循环过程，将生态系统的 W-C 循环过程耦合到一起。Xie 等（2018）则在研究中使用了 BEPS 模型，认为该方法的模拟结果较好。集成生物圈模型（IBIS）将地表水文过程、陆地生物地球化学循环和植被动态等整合为一种独立而连续的框架，形成了基于生物物理和植被动态的 W-C 耦合模型。IBIS 模型也是目前应用最广泛、模拟效果较好的 W-C 循环模型，运用 IBIS 模型能够较为准确地模拟中国潜在植被格局和潜在植被 NPP。

2.1.5.2 基于 HEM 构建的集成模型

模型构建的理论基础不同，参量与数学模型不同，最终形成的模型亦不同，估测结果也有所不同。基于水文与生态模型（hydrological and ecological models, HEM），通过集成现有 HEM 构建的模型，也在 W-C 模型研究中发挥着重要作用，这类模型大多通过模型之间 I/O 的对接实现 W-C 过程的耦合（刘宁 等，2012；赵荣钦 等，2016）。较为典型的模型有 DLEM 模型、WASSI-C 模型、RHESSys 模型等。DLEM 模型是高度集成的 TE 模型，可在日尺度上模拟多种大气化学过程变化对水、C、N 循环的影响，是为发展新一代生态系统机理模型而进行的有益尝试和积极探索（田汉勤 等，2010）。Tian 等（2010）采用 DLEM 模型对美国南部地区的 W-C 通量和 WUE 进行了模拟研究，发现 NPP、ET、WUE 在研究期内具有较大的空间和年际变异性，从而提出气候变化对 W-C 通量的模拟需加强对各植被类型 WUE 和控制因素之间的交互作用。WASSI-C 模型是一个集成水分供需计算模型和 W-C 经验模型的月尺度生态系统模型，可对区域包括径流、NEE、生态系统呼吸消耗量等在内的 W-C 通量进行模拟。刘宁等（2013）使用了 WASSI-C 模型，探讨了该模型对中国西南湿润地区的适用性，认为该模型在研究区内具有较好的适用性。RHESSys 模型是一个能够在流域尺度探讨生态过程和水文循环的相互反馈的模型。Son 等（2019）使用了 3 种不同的 RHESSys 模型对 Neversink 水库的森林水源集水区进行研究，认为将动态物候学引入该模型能够提高模型与四季的实测流量的一致性。

2.1.6 水-碳足迹研究

2.1.6.1 SPAC 水分动态

Philip（1966）提出了 SPAC 的概念，认为 SPAC 就是土壤、植物、大气以及三者之间的界面过程联系在一起而形成的连续的、系统的、动态的整体。在 SPAC 理论提出的基础上，国内外学者对其进行了大量的理论发展和科学实验。很多发达国家在 SPAC 系统领域开展了深入研究，对 SPAC 的研究已不只局限于 SPAC 本身的基本理论，而是将这一理论应用到生产实践中。如解决根层中氮预告的问题，模拟根系吸水速率和蒸腾速率，以及在模拟田间 SMC 和作物蒸腾变化基础上进行灌水预报等（Ouyang, 2002）。Gardner（1960）最早用数学物理法开创了根系吸水的定量研究。Molz（1981）提出的吸水函数具有广泛的代表性和重要的参考价值。Taylor 和 Klepper（1975）则强调了根系空间分布在根系吸水中的重要性。

中国不同学科领域的学者对 SPAC 系统过程进行了广泛深入的研究，包括干旱半干旱地区 SPAC 系统内部水热交换及能量平衡、SPAC 系统中水分传输阻力（包括土壤-根系水分传输阻力和植物-大气系统水分传输阻力）以及 SPAC 系统中的 TES 问题等（杨启良 等，2011）。康绍忠（1994）根据 10 年多的野外观测和实验室分析，从能量传输与转换、力能关系分析、植物根系吸水作用、SPAC 系统计算机仿真等方面叙述了 SPAC 系统水分传输问题，提出了根据土壤水分动态模拟、作物根系吸水蒸发蒸腾模拟 3 个子系统的 SPAC 水分传输模拟模型。吕爱锋等(2004)集成了 GIS 技术,应用松散耦合结构自主开发生态水文模拟系统,该系统以基本的生态水文过程为基础,实现了区域尺度的分布式生态水文模拟,为水资源的持续利用提供了新思路。在 SPAC 系统中,能量关系得到统一,分析和研究水分运移、能量转化的动态过程更加方便。因此,在当今全球变暖的背景下,SPAC 系统中的水分运动也是国际学术界研究的热点之一。

对 SPAC 系统的研究一部分集中在水分运转阻力和水势梯度方向(García-Tejera et al., 2017)。水势是研究农田 SPAC 系统水分运行的核心问题,从叶至大气的传输形式则转变为气态水分传输,无论液态还是气态水分传输过程均分别受到不同的传输阻力,降低水分传输的阻力可以维持作物较好的水分状态。研究 SPAC 系统中水分传输势能及其变化过程可为改善不同环节的势能分布及调控传输阻力提供依据,达到调控水分与节水的目的。桑永青等(2016)则采用了不同的灌溉方式对田间 SPAC 系统的水势变化进行研究。李惠等(2018)则对干旱区膜下滴灌棉田 SPAC 系统进行了水分通量模拟,认为一膜六行的滴灌方式能有效减少土壤蒸发量及深层渗漏量,同时提高了区域水资源的利用效率。杨晓光等(2003)通过测定华北平原夏玉米农田 SPAC 系统不同界面的水势并计算水流传输阻力,发现水流在 SPAC 系统传输过程中不同界面间存在明显的水势梯度和较大的阻力,并且证明了从叶片至大气阻力对限制与调节作物水分散失强度和数量具有关键作用。另一部分是对 SPAC 系统内部能量物质传输过程进行广泛而深入的研究,中国的研究主要集中在 FLES 能量平衡及实验研究、大范围陆面过程模式研究和遥感在地表能量平衡研究中的应用等方面。刘苏峡等(1999)研究了土壤水分和 LAI 对麦田波文比的影响因素,王会肖和刘昌明(1997)利用大型称重式蒸渗仪和颗间蒸发器对冬小麦生长期间颗间蒸发和植株蒸腾对总蒸散的贡献进行了研究,结果表明,越冬前植株蒸腾和棵间蒸发的贡献相差不大,越冬期以土壤蒸发耗水为主,返青期后则以作物蒸腾耗水为主。严菊芳等(2011)通过对相关气象要素和小麦生态指标的测定,研究了干旱胁迫条件下冷型小麦灌浆结实期的农田热量平衡,揭示了冷型小麦对干旱胁迫的适应机制。

在过去的几十年间,国内外研究者建立了大量的模拟土壤中水分和溶质运移行为的模型,如 WAVES、SWIM、SWAP、HYDRUS、Coup-Model、EcoHAT 模型等。其中由美国盐渍土实验室开发的 HYDRUS 系列模型,以其广泛的适用性和良好的图形化界面,能够较好地模拟水分、溶质与能量在土壤中的分布、时空变化和运移规律,分析人们普遍关注的农田灌溉、田间施肥和环境污染等实际问题(王鹏 等, 2011)。SWAP 模型主要用于田间尺度下 SPAC 中水分运动、溶质运移、热量传输及作物生长模拟,对于在农业灌溉水的管理以及生态环境保护等领域的实际问题具有更加广泛的实用性和有效性(何锦, 2006)。Coup-Model 模型最初应用于模拟森林土壤状况,现在可用来概括说明有植被覆盖的任何土壤类型的水分和热量过程,有相当大部分是由单个机理性模型构成的,具有较为广泛的适用性(张伟 等, 2012)。近年来，也有不少学者采用核磁共振技术(nuclear magnetic resonance，NMR)和稳定同位素技术对 SPAC 系统进行研究。要世瑾等(2016)采用了 NMR 对植物体内水分分布、传输以及含量测定等方面进行研究，指出 NMR 已逐渐发展成为 SPAC 系统研究的有力工具，将来可能在植物水分生理、植物与环境相互作用以及水分代谢等相关研究领域获得重要进展。徐晓梧等(2017)探讨了基于稳定同位素(stable isotope)光学技术的 SPAC 系统水碳交换研究进展，认为稳定同位素技术有助于解决全球 W-C 循环中的重要问题。

2.1.6.2 CFP 相关问题

足迹家族(footprint family，FPF)是由若干足迹类型整合而成的指标系统，目前对 FPF 的成员及其相关定义还未统一。有专家(Galli et al.，2011) 将其定义为由生态足迹(ecological footprint，EFP)、碳足迹(carbon footprint，CFP)和水足迹(water footprint，WFP)组成，用于评估人类对生物和水资源的需求以及 GHG 排放对环境的影响。EFP、CFP、WFP 以及氮足迹是足迹家族研究中较为常见的组合模式，目前备受人们关注。由于 FPF 的概念清晰，计算方便，分析结果直观且具有可比性，成为生态过程等领域研究中的热点方向。

CFP 概念来源于 EFP，目前对其概念也没有准确的定义。Wiedmann 和 Minx (2007) 认为 CFP 一方面是某一产品或服务系统在其全生命周期所排放的 CO_2 总量；另一方面是某一活动过程中所直接和间接排放的 CO_2 总量，活动的主体包括个人、组织、政府以及工业部门等。根据对 CFP 研究对象和研究尺度等的不同，CFP 的分类也不尽相同。如按照研究对象不同，CFP 可分为产品 CFP、企业 CFP 和个人 CFP；按照研究尺度不同，CFP 可分为国家 CFP、区域 CFP 和家庭 CFP；按照计算边界和范围不同，CFP 又可分为直接 CFP 和间接 CFP。在国际上，CFP 主要被运用来进行 3 个方面的研究：其一，研究某个产品或系统全生命周期的碳排放；其二，从消费者的 CFP 出发，研究消费 CFP 的构成及减少可能性；其三，研究以地区和国家为研究对象，分析地区和国家的 CFP。第一类的研究对象既包括了单个产品，又包括了一个行业。Weber 和 Clavin (2012)对页岩气和常规天然气生产过程中的 CFP 进行了分析，发现两者的上游产业 CFP 十分相似，且在总 CFP 中均少于 25%，据此认为生产过程中的热力、电力和运输效率将更为重要。Boguski(2010)对国家地理杂志的 CFP 进行了核算，发现一本地理杂志在整个生命周期生产过程中将产生 0.82 kg C 排放，也发现印刷阶段是碳排放最高的阶段，占据了总 CFP 的 26%。第二类则是从消费者的 CFP 出发，Christopher 和 Daniel(Jones et al.，2011)对美国 12 个收入阶层、6 种家庭大小和 28 个城市的居民进行了 CFP 调研，将交通、能源、水资源、污水、食物和服务中的 CFP 包含在内，发现全国不同地区和各阶层民众在 CFP 的组成上有很大的差异。Angela 和 Tim(Druckman et al.，2009)运用多区域投入产出分析的方法对 1990—2004 年英国家庭消费的 CFP 进行分析，发现英国 2004 年生活消费的 CFP 相较于 1990 年上升了 15%，其中生活需求的增加是主要原因之一，同时不可忽略为满足人类消费的基础设施建设的 CO_2 排放。第三类研究从国家尺度出发，研究各国 CFP 的异同。Hertwich 和 Peters(2009)计算了全球各国的 CFP，发现人均 CFP 差异巨大，从最低非洲的 1 t CFP 到最高美国的 30 t CFP 不等，在全球水平上，72%的 CFP 来自于居民消费，10%来自于政府消费，就行业来看，食品行业占据了 20%的 CFP，发展中国家中食品有更高的 CFP，而发达国家中，电子产品拥有更高的 CFP。

国内对于 CFP 的研究大部分主要是分析中国城市、省份、行业以及全国尺度的 CFP。赵先贵等(2013)通过构建模型的方法对北京市的 CFP 进行了动态研究，计算了北京市近 10 年的 CFP 及植被固碳(vegetation carbon sequestration，VCS)变化，并计算了人均 CFP、CFP 密度强度、碳赤字以及碳压力指数等指标，发现北京市存在着较大的碳赤字，碳生态压力有着持续增大的趋势。肖玲等(2013)则是从山东省的尺度进行了 CFP 和碳承载力的研究，采用了 IPCC 计算方法，发现化石燃料的消费是导致山东省 CFP 增加的主要原因。黄祖辉和米松华(2011)从农业的角度，采用分层投入产出—生命周期评估法(life cycle assessment，LCA)，核算了浙江省的农业净 CFP，认为化肥的生产、运输和施用造成碳排放在整个农业系统碳排放中所占比重最大。朱旻等(2014)则是基于 RS 与 GIS 技术，利用 RSD、气象数据等多元数据，对 2008 年艾比湖流域的能源消费 CFP 和植被碳承载力等进行了可视化处理，认为该区域的能源消费 CFP 并未超过流域的植被碳承载力。

计算 CFP 是评价 GHG 排放的重要而有效的途径之一。CFP 的计算方法多种多样，包括 IOM、LCA、《2006 年 IPCC 国家 GHG 清单指南》计算方法以及 CFP 计算器法等。投入产出法(input-output method，IOM)是一种自下而上的计算方法，计算过程缺少详细的细节，比较适合于宏观尺度上 GHG 排放的计算。IOM 利用投入产出表进行计算，通过平衡方程反映其中各个流量之间的来源与去向，也反映了各个生产活动、经济主体之间的相互依存关系。LCA 是评估一个产品、服务、过程或活动在其整个生命周期内所有 I/O 对环境造成的和潜在的影响的方法(Baldo et al.，2009)，又称过程分析法。LCA 法是一种自上而下的方法，计算过程比较详细和准确，适合于微观层面 CFP 的计算。IPCC 方法是指 IPCC 编写的国家 GHG 清单指南，提供了计算 GHG 排放的详细方法，并成为国际上公认和通用的碳排放评估方法。在 IPCC 方法中，针对不同的部门，CFP 的计算方法往往不完全相同，但最简单最常用的方法为碳排放量等于活动数据与排放因子的乘积。IPCC 方法的优点是全面地考虑了几乎所有的 GHG 排放源，并提供了具体的排放原理和计算方法；缺点是仅适用于研究封闭的孤岛系统的 CFP，是从生产角度计算研究区域内的直接 CFP，无法从消费角度计算隐含的碳排放。CFP 计算器是网络上很流行的 CFP 计算软件，通常用来计算个人和家庭每日消耗能源而产生的 CO_2 排放量(carbon dioxide emissions，CDE)。通常利用简单的排放因子公式将电、油、气和煤等消耗量转化为 CDE，或者根据运输工具的类型和运输距离来计算相应的 CDE。

2.1.6.3 WFP状况趋势

随着当今社会的快速发展，由于全球气候变化和人类活动的影响，水资源的可持续发展利用以及科学评估水资源已经成为全球化的问题。WFP是在“虚拟水”(virtual water)的基础上提出的；而虚拟水是由英国学者Allan提出(Allan，1998)，指的是生产服务或产品中所需要的水资源量。如前所述，而WFP的概念最初源于1992年加拿大经济学家Rees(1992)提出的EFP理论，基于EFP这一观点，2002年荷兰学者Chapagain和Hoekstra(2003)提出了WFP的概念，用来表达人类活动过程中对水资源的影响。

近年来，WFP理论被广泛应用于水资源利用的研究之中。在国外，Hoekstra(2009)在之后的研究中发起成立WFP网络，这标志着WFP研究与应用进入了一个新的研究阶段，在2012年编写了WFP评价手册，发表了关于人类WFP的文章，估算了全球和各个经济部门的WFP，从生产、消费和贸易3个方面对人类WFP进行了系统的核算，揭示了不同产品和各个国家对全球的水资源消耗和水污染的贡献(Hoekstra et al.，2012)。这种认识给予后来WFP的研究者提供了重要借鉴与启发。而在国内，对于WFP的研究时间相对较短；目前，已有的关于中国WFP研究主要涉及“全国范围”“省市或区域”等空间尺度。程国栋(2003)首次运用虚拟水理论对西北的WFP进行了计算，指出虚拟水的相关研究可为西北地区的缺水问题提供新的解决途径。盖力强等(2010)对华北平原小麦、玉米这两种农产品的产品WFP进行了计算。田园宏等(2013)计算了1978—2010年内的稻谷、大豆、小麦、玉米和高粱5种主要粮食作物的省际范围、国内生产、国际贸易以及国内消费4种WFP值。吴普特等(2017)主要对西北干旱地区的各种作物的生产WFP进行了计算并评价。余灏哲和韩美(2017)则是对山东省的WFP进行了时空分析。目前，基于WFP分析对中国水资源承载能力的评价多仅将水资源量与WFP相结合，而水资源承载能力、水资源消费状况均与社会、经济、环境等有关。因此，有必要结合这些因素来系统分析，从而得到从社会、经济、环境等多方面共同实现水资源可持续利用的方法途径。

在WFP的计算方面，目前国际上定量研究WFP的方法主要有“自下而上”法和“自上而下”法。“自下而上”法计算结果能体现居民消费结构对WFP的影响。一般采用“生产树”法(Chapagain et al.，2007)计算农产品的虚拟水含量，但该“生产树”法并不适用于工业和第三产业产品，需要详细的居民消费产品和服务的数量，存在数据不全的缺陷。“自上而下”法基于消费平衡理论，计算结果能体现研究区域对外部水资源的依赖程度，但需要详细贸易数据(吴兆丹 等，2013)。WFP包含了产品在生产和消费服务过程中的直接和间接的水资源消耗，根据产品生产和消费服务过程中水资源的来源可以将其分为绿水足迹、蓝水足迹和灰水足迹3部分。以农业为例，蓝水足迹主要指灌溉用水，绿水足迹主要指有效降水，灰水指为稀释农业生产过程中污染物(主要包括化肥和农药)使其达到标准浓度所需的水资源的量。

2.2 水土耦合关系研究主要问题

2.2.1 研究背景情况

工业革命以来，人类活动已显著改变了地球表层碳的循环过程，由于化石燃料的大量燃烧和土地利用变化影响，生物圈和土壤圈的 OC 大量释放，大气中 CO_2 等 GHG 的浓度不断升高，其产生的温室效应对全球系统的影响也日益加剧(Shakun et al.，2012)。全球气候变化已严重威胁人类的生存与发展，IPCC 预测，到 2100 年全球地表温度将上升 1.1～6.4℃，全球海平面不断上升，这种全球尺度的气候变化给陆地和海洋生态系统带来了深远的影响(Reinman，2013)。因此，切实减少 GHG 排放、增加碳汇已成为缓解气候变化的主要途径之一，CO_2 的减排增汇也成为当前国际地学和生态学等领域研究的热点和难点(潘根兴 等，2008)。

地球表层土壤圈是碳的重要储库，SOC 库是 TES 中最大的碳库，土壤中的碳储量占 TES 碳储量的 75%，其储量是大气圈碳库的 2 倍，陆地 PCL 的 2～4 倍。有研究表明，SOC 总量的 10% 排放到大气中相当于 30 a 内可能产生的 CDE，由此可见，SOC 库任何微小的变化都会对大气 CO_2 浓度及全球碳平衡产生重要的影响(Jose，2010)。

SCC 研究主要是对 SOC 行为的研究，其在全球气候变化中的作用实际上是 OC 的循环情况对气候变化的控制作用。因此，其不仅关系着土壤肥力还关系着对生态系统的服务功能。在此基础上，SCS 也作为 SOC 循环的新领域被众多科学研究所关注。研究 SOC 的固定、积累与周转及其对气候变化的反馈机制，对于正确评估 SCS 以及生态系统的物质循环过程在 GHG 减排和加强生态系统碳汇的研究具有重要意义(王树涛 等，2007)。

2.2.2 生态系统碳循环若干问题

全球碳循环是指碳元素在地球的各个圈层(岩石圈、大气圈、水圈、土壤圈、生物圈)之间进行转换迁移、循环往复的过程。在地球漫长的演化过程中，起初 C 循环是只发生在岩石圈、大气圈和水圈，随着生物的出现和活动，生物圈和土壤圈也开始形成，C 循环在地球的不同圈层中进行，而 C 循环方式也由简单的地球化学循环转变为复杂的生物地球化学循环，土壤圈和生物圈则在 C 循环中担任着越来越重要的角色(耿元波 等，2000)。大气中的碳主要以 CO_2 和 CH_4 等气体形式存在，在水圈中主要为 CO_3^{2-} 离子，在岩石圈中则是碳酸盐岩石和沉积物的主要成分，在生物圈和土壤圈中则以各种无机物和有机物的形式存在(陶波 等，2001)。简单来说，C 循环的主要途径为大气中的 CO_2 被陆地及海洋中的植物所固定吸收，然后通过生物过程、土壤活动以及人类活动干预等，又以 CO_2 的形式返回到大气中，从而形成循环周转，但具体到 ECC 的途径则是十分复杂。按 C 元素迁移的流量来说，全球 C 循环中最主要的是 CO_2 的循环，CH_4 和 CO 的循环则是次要的部分（宋冰 等，2016）。

在全球 C 循环中，大气圈与 TES 之间的 CO_2 的交换量最大，其次则是大气与海洋之间。很多研究表明，TES 碳循环对于大气中 CO_2 浓度上升有着重要影响（Post et al. ，1990）。因此，TES 的 C 循环研究是预测大气中 CO_2 含量以及气候变化的重要基础。据统计，土壤是 TES 中最大的碳库，其碳储量为 1500～2500 Pg C，是全球陆地 PCL（650 Pg C）的近 3 倍，是大气碳库（750 Pg C）的 2 倍多，是影响全球 C 循环的重要流通方式，也是用来应对全球气候变化的重要途径（袁红朝 等，2014）。

2.2.2.1　植被与 ECC

生态系统中的植物通过光合作用吸收大气中的 CO_2，将 C 元素以有机化合物的形式固定在植物体内，一部分有机物通过植物自身的呼吸作用（自养呼吸）和土壤及残枝落叶层中 OM 的腐烂（异养呼吸）转变成 CO_2 返回大气。这样就形成了 SPAC 整个 TES 的 C 循环。其中，植被通过光合作用同化 CO_2 形成 GPP，GPP 除去植物自养呼吸（RA）部分为 NPP，在此基础上减去有机物残体和土壤分解，即异养呼吸（RH）的损失，剩余部分称为净生态系统生产力（NEP），此外再减去由于自然灾害或人类活动等各种扰动造成的碳排放即可得到净生物群落生产力（NBP）。这一系列过程是在不同的时间和空间尺度上发生的，时间尺度上包括瞬时的 GPP 反应到 TES 的长期的碳平衡，空间上则是从生物体到生态系统甚至更大的尺度。由于 TES 的多样性，植被、土壤以及气候条件均存在时空上的巨大差异，各种不同的生态系统类型的过程、反应速度和分解速度等也存在较大差异，这些都增大了 TES 碳循环的不确定性（戴民汉 等，2004）。TES 碳循环过程主要分为 GLES、WLES、FES 和 FLES 等。

GLES 的碳循环是在大气、草地植被、土壤和草食动物之间进行的（于贵瑞，2003）。对于 GLES 而言，NPP 是向系统内部输入碳素的主要途径，草地植物通过光合作用吸收大气中的 CO_2，将其转化为有机物储存在植物体内。地下净初级生产力（BNPP）占 GLES 生产力的很大比例，例如中国内蒙古地区的羊草草原的 BNPP 占总生物量的 81%，大针茅草原的 BNPP 占总生物量的 73%（姜恕 等，1985）。降水、温度、大气 CO_2 浓度、土壤质地、群落结构等因素都会影响草地植被 NPP，此外，放牧、开垦等人为活动也会对草地 NPP 造成一定程度的干扰。草原植物固定的碳素一部分会被草食动物食用，另一部分以 OM 的形式储存在土壤中，其余的落叶残根被分解后向土壤输入碳素。研究表明，草食动物采食是影响 NPP 的重要因素，草原净初级生产力随放牧强度增加而降低（刘东伟 等，2013）。GLES 释放的碳元素主要源于植物根系的自养呼吸和微生物的异养呼吸。与森林等具有地上碳库的 TES 不同，GLES 中碳素主要集中在土壤中，草地植被中的碳储量是有限的，全球 GLES 中碳储量约为 308 Pg C，其中约 92%储存在土壤中，而生物量中则不到 10%（穆少杰 等，2014）。

湿地与森林、海洋为全球三大生态系统。湿地面积虽然仅占陆地面积 4%～6%，但却包含了全球大约 30% 的碳（杨永兴，2002）。WLES 碳循环主要体现在 CO_2、CH_4、SOC、可溶性有机碳（dissolved organic carbon，DOC）含量等方面。WLES 由于较低的 OM 分解速率和较高的生产力成了重要的碳汇，有着强大的碳库储存能力。除了植物及土壤呼吸产生的 CO_2，WLES 的碳素释放是通过产生 CH_4。由于不同地理位置和不同湿地类型对于 CH_4 的排放有着很大的影响，湿地 CH_4 排放量主要取决于湿地水体或土壤的溶氧量（dissolved oxygen，DO），含氧量越低，CH_4 释放的越多（刘春英 等，2012）。DOC 也是 WLES 碳循环的重要组成部分，湿地 SOC 含量较高，极大地影响了全球碳循环，同时巨大的有机碳汇量也会对 GHG 的排放产生影响。湿地生态系统（wetlands ecosystem，WLES）碳排放量存在显著的差异，这是由于湿地类型不同造成的。不同的湿地类型，其 C 循环过程也有所不同。按照国际上《湿地公约》分类的话，湿地一般分为海岸/海洋湿地、内陆湿地、人工湿地 3 大类，其 C 循环过程如表 2-1 所示（刘赵文，2017）。

表 2-1　不同类型湿地 C 循环

湿地类型	海岸/海洋湿地	内陆湿地（以湖泊湿地为例）	人工湿地（以池塘湿地为例）
C 循环过程	外部循环：OC、无机碳的输入输出和碳贮存；内部循环：氧矿化作用、厌氧矿化作用、碳酸盐的形成和储存	植物光合作用固定碳；动植物、微生物呼吸作用，土壤呼吸作用；微生物分解作用	水生植物光合作用；水生动植物呼吸作用，水生微生物呼吸作用；人工供给碳源

森林是 TES 的重要组成部分和功能因子，作为最主要的植被类型，森林生物量和净生产力约占整个 TES 的 86% 和 70%，FES 在调节全球碳平衡、减缓大气中 CO_2 等 GHG 浓度上升以及维持全球气候稳定等方面具有不可替代的作用，其生态学意义十分显著（王邵军 等，2011）。森林植被光合作用固定的 CO_2 被重新分配到植被碳库（plant carbon pool，PCP）、土壤有机碳库、动物碳库和枯落物碳库中。森林植被通过光合作用吸收 CO_2 并将碳最终固定在森林 PCP 和 SCP 中。由于不同地区自然地理条件、森林类型以及森林面积等大不相同，因此森林植被的 NPP 和碳贮量的贡献也各不相同（方精云 等，2007）。森林 SCP 占全球碳库的 73%，其内部反馈机制十分复杂，且易受到人类活动的影响（汪森，2013）。据统计，FES 碳库贮存的碳量为 854～1505 Gt，每年固定的碳约占全球 TES 的 2/3（Kramer，1981）。英国爱丁堡大学 Andrew 等（2020）发现热带森林土壤中的碳流失可能对气候变化产生重大影响。FES 的碳释放主要为森林植被碳释放和森林土壤碳释放，除此之外还有森林动物碳释放等。森林植被光合作用固定的 C 通过植被的呼吸作用（自养呼吸）和土壤的呼吸作用及枯枝落叶层中 OM 腐烂（异养呼吸）归还到大气中。但 FES 碳释放的过程由于受森林特征、气象因素、土壤性质和季节变化等的影响而存在明显的时空变异（赵海凤 等，2014）。森林通过由植被和土壤参与的 C 固定和 C 释放形成了大气-森

林植被-森林土壤-大气的整个 FES 的 C 循环。

与森林、草地等自然生态系统不同，FLES 是集约化的生产系统，有着固碳周期短、贮存量大、强度大等特点（张赛 等，2013）。FLES 的主要碳库包括 PCP 和 SCP，SCP 是土壤及 FLES 碳循环的核心。FLES 碳循环过程简单而言就是围绕农田作物和土壤两大碳库以及与大气等环境之间的 I/O 过程，以及碳库不同组分之间的转移过程。对 PCP 而言，光合作用是最重要的输入过程，作物的呼吸作用、收获以及生物能源利用是重要的输出过程；对 SCP 来说，C 输入来源于作物秸秆、家畜家禽粪便、绿肥等有机肥以及旱地对 CH_4 的吸收，碳的输出主要为土壤呼吸作用（刘昱 等，2015）。除了作物向土壤输入的 OC，土壤中另一部分 C 来源于化肥和有机肥中的肥料。同时，作物呼吸作用和土壤呼吸作用向大气释放碳。作物产品中的碳素沿着食物链向家畜和人类流动，然后随粪便及遗体重新进入系统（万盛 等，2017）。此外，还包括物质投入和农业管理等活动折合的碳量。FLES 碳循环是一个非常复杂的过程，不同因素均会影响 C 循环过程，影响因子包括气候因素、种植制度、土壤因素、田间管理措施等（Chery et al. ，2014）。任何一个因子的变化都会造成 FLES 内的 C 循环，从而产生 C 源汇的连锁反应。

2.2.2.2　SOC 循环机制

土壤碳是 TES 碳库的重要组成部分，包括 SOC 和 SIC。其中，SOC 则是全球 TES 中最重要、最活跃的碳库，SOC 循环在 TES 的 C 循环中起着极其重要的作用。

SOC 循环是 OC 进入土壤后，由土壤微生物和部分动物分解和转换，从而形成 C 循环。进入 SOC 主要为植物的枯枝落叶和残体以及动物的粪便和遗体，在农田等生态系统中还会有有机肥和化肥的投入，SOC 包括土壤腐殖质、土壤微生物及其各级代谢产物的总和。关于土壤有机物降解的研究，学者们提出了一些 OC 动态变化模型，Jenkinson 建立的模型将 OC 分为可降解植物（DPM）、抗分解植物（RPM）、生物有机碳（BIO）、物理稳定性有机物（POM）以及化学稳定性有机物（COM）5 类（张东辉 等，2000）。可降解植物和抗分解植物的比值（DPM/RPM）是土壤的一个重要参数，其比率随土壤类型而变化。易分解物质的快速分解过程主要物质是可溶性物质如简单的糖类、蛋白质及有机酸等，这一过程因土壤条件会有很大差异；难分解物质的缓慢分解过程主要物质有腐殖质及木质素等。

目前研究 OC 转化过程及转化速率的方法主要有：室内培养法、同位素示踪法（isotopic tracer method，ITM）和模型模拟法。室内培养法就是在室内模拟土壤水热状况来研究土壤有机物质的分解情况，包括实验室和盆钵培养法。通常认为 SOC 及其组分的分解遵循一级热力学方程，通过测定一定温度下各培养时间段的 SOC 含量，即可计算出 SOC 及其组分的周转速率（吴金水 等，2004）。通过这种方法，可以了解植物物质分解的规律以及土壤微生物与土壤有机质（SOM）周转的关系，缺点是室内试验条件与田间有差异，不能完全说明其分解转化过程。ITM 分为 RI 示踪法和稳定 ITM。自 20 世纪 50—60 年代的核试验以来，空气中的 ^{14}C 含量大大增加，随光合作用进入植物体并参与碳循环（熊晓虎，2016）。因此，放射性同位素（RI）成为研究土壤短期（约几年到几十年内）周转率的示踪剂。目前，SOM 周转率大多是通过时间模型模拟 SOM 核试验^{14}C 的摄取来计算 OM 的转化时间。稳定 ITM（^{13}C）是利用碳稳定同位素比值（$\delta^{13}C$）来研究 OC 来源以及测定 SOM 各组分的周转速率，可以有效阐明碳动态变化以及土壤碳量的变动，是研究 SCC 最为科学有效的方法之一（金鑫鑫 等，2017）。C 循环模型也是研究 SOC 循环的重要方法。由于 C 循环过程及各碳库之间转化的复杂性，C 循环模型是定量实现 SCC 模拟和预测的必要手段，利用 C 循环模型可以模拟 C 循环的动态变化，可以估计土壤的 C 贮藏量以及预测其未来潜力（耿元波 等，2000）。

2.2.2.3　碳通量测定方法

ECC 的不确定性主要是因为对 C 通量估算的不确定性造成的。目前，用于估算 TES 中 CO_2 交换量的方法主要为清单方法、生态呼吸测量、ECM 以及 TES 碳循环模型等。

清单方法就是在不同的 TES 地区选取比较典型的样本点或代表点对不同时间 C 循环过程的基本量进行观测和调查，如光合作用、自养呼吸、异养呼吸、凋落物量等，然后以清单的方法来研究不同类型 TES 的碳过程（陶波 等，2001）。通过这种方法可以得到对森林、草地等植被类型中各种情况下 OC 和 CO_2 贮藏量的估算，这些情况包括气候变化、氮沉积以及草原过度放牧破坏等的影响。这种方法的局限性是它不能区分年际间气候变化和大气中 CO_2 浓度增加等对净碳通量的影响作用，同时还需要耗费大量的人力和财力成本。

生态系统呼吸的测定主要采取静态箱法和动态箱法来进行。静态箱法的原理是利用容积和底面积都已知的化学性质稳定的箱体，通过其浓度随时间的变化率来计算被覆盖地面的待测气体通量（万运帆 等，2006）。利用静态箱法的优点是可以保证在采样时不破坏土壤的原生结构和有效避免其他气体的混入，此外，采样装置灵活性好，操作简便，能够实现随时随地采集不同深度土壤中的气体；但是这种方法会改变被测表面空气的自然湍流状态，并影响地面与大气之间的气体交换，导致测得的排放通量值有一定误差；另外，关闭盖子后可能使箱内的温度和湿度都发生变化（石书静 等，2012）。静态箱法一般应用在旱地农田 GHG 和地表 N_2O 排放的测定，测量 CO_2 通量主要是采取静态箱法。动态箱法的原理是大气从一侧的进气口吸入箱中，然后流经密封的地表后从另一侧流出，通过气流进出口处的浓度差、流速和覆盖面积等参数即可估算出土壤表面的气体通量。动态箱法原则上可以测量所有土壤表面的实际排放量，但在实际应用中还是存在许多困难。用动态箱法测量时，需要注意的是应将箱内外的气压差控制到最小，否则很小的气压差就会使气体通过土壤流入或流出箱体进而造成测量误差（朱先进 等，2017）。

ECM 提供了一种直接测定植被与大气间 CO_2、水、热通量的方法。这种方法是根据某种物质的浓度与其垂直速度的协方差来获得其通量，即用精密的涡度相关观测仪器来监测不同生态系统、不同时间段的 CO_2 通量变化，研究土壤或植被与大气之间的 CO_2 交换过程等。ECM 是一种平衡方法，适用于大面积的均匀的下垫面，要求被测气体的浓度水平梯度可以忽略不计等。ECM 的优点在于不会对观测环境产生扰动，能够观测到连续长期的通量纪录，能测得较大尺度的下垫面通量。ECM 缺点是对于缺失数据插补方法的选择会造成一些不确定性；气体平流问题、地形起伏不平、测定仪器下方存在点源等因素都可以造成 ECM 测定精确的降低；环境的空间异质性也使得通过被测地区推算区域尺度的碳交换量结果存在较大差异。ECM 主要应用于对痕量气体通量的测定，如净生态系统碳交换量（NEE）、CO_2、CH_4 等，推算某一地区的 NPP 和蒸发量（王兴昌 等，2015）。

2.2.2.4 TES 碳循环模型

TES 碳循环模型在 20 世纪中期开始出现，在此基础上国内外学者开始建立了各种模型来模拟不同尺度的 ECC 过程，其发展经历大概分为碳平衡模型、植被-气候关系模型、生物地球化学模型 3 个阶段（刘昱 等，2015）。

碳平衡模型：一般为静态模型，这类模型是根据 TES 的分类和响应实测，利用不同生态系统的 C 密度和分布面积来计算各生态系统的 NPP，以分析不同尺度上的 C 循环。最早的 C 平衡模型是 1968 年开发的 PSIAC 模型，20 世纪 80 年代又有许多 C 平衡模型出现：OBM 模型、CANDY 模型、SPAC 模型，在这之后开发的 C 平衡模型较少，代表性模型有 ICBM 模型和 C-Farm 模型。这类模型的局限性在于仅考虑了 SOC 的变化，没有综合考虑 SPAC 中的 C 联系，也无法分析生态系统对全球变化的反馈效应。

植被-气候关系模型：20 世纪 80 年代出现的植被-气候关系模型是简单的动态模型，它是基于地理空间数据库，通过模拟生态系统的植被分布来预测气候变化对 ECC 的影响。主要包括 EPIC 模型，CERES-EGC 模型和 CARAIB 模型。这类模型的缺点是无法对不同生态系统的 C 密度进行机理性解释，同时也无法考虑 LUCC 对潜在碳贮藏量的影响。

BGC 模型：BGC 模型是比较全面的碳收支模型，它有着比较统一的结构框架和内部过程，能够描述植被与环境之间的动态过程。BGC 模型比较典型的有 RothC 模型、CENTURY 模型、CLASS 模型、DAISY 模型、DNDC 模型和 APSIM 模型。这些模型都描述了 C 在土壤、植物及大气之间迁移转化的动态变化过程，可以模拟 TES 碳循环对气候变化的响应与反馈过程，以及 LUCC 对其的影响。但是，这类模型不能模拟长期气候变化导致的植被组成和结构的变化（邓超楠，2019）。

目前，国际上比较关注的 ECC 模型有 APSIM 模型、DNDC 模型、CENTURY 模型、RothC 模型、EPIC 模型和 DAISY 等，在中国也均有应用。这些模型可以模拟特定气候条件下的土壤类型碳过程，但在某些特殊地域极端土壤类型的生态系统中，这些模型对碳库（carbon pool）演变趋势分析存在较大的差异。此外，在应用实践中，C 循环模型不断完善并开发出了不同的子模型，Manure-DNDC 就是以成熟的生态地球化学模型 DNDC 为基础加入新的子模块开发研制的子模型，可以模拟畜禽养殖中氮素的迁移转化（高懋芳 等，2012）。DNDC 模型的应用范围也不断扩大，除了对 GHG、SMC、氮素淋失等进行模拟外，在 SOC 循环的模拟方面也有所应用。例如，利用模型分析了黄土丘陵沟壑区坡地 SOC 储量及变化（陈晨 等，2010），也有学者用模型估算了中国东北 3 省 0～30 cm 耕地土壤的 C 储量和 C 平衡状况（邱建军 等，2004）。国内 TES 碳循环模型的研究源于 20 世纪 80 年代，目前开发的模型以静态模型为主，动态模型大多是在国外模型上根据中国生态系统的特点而改进的。中国较常见的模型有 Agro-C 模型、SCNC 模型、EPPML 模型、AVIM 模型、EALCO 模型和 SMPT-SB 模型等。目前，国内开发的 C 循环模型经验性参数较多，具有一定的地域性和局限性。未来模型的研究，应将其与 3S 技术相结合，进一步扩大应用范围，以提高其适用性。

2.2.2.5 碳循环与环境因子

气候因素主要是通过对生态系统内植物光合作用、呼吸作用以及 SOC 分解的影响来对生态新系统的 C 循环造成影响，这些气候因素包括降水、温度和大气 CO_2 浓度。降水和温度及其季节的配置模式的改变会对生态系统的初级生产力以及碳素输入量有直接影响。此外，降水和温度也会影响土壤温度、湿度、土壤结构和土壤微生物活性等，进而影响生态系统的碳素释放量及其碳储量（穆少杰 等，2014）。例如在 GLES 中，基于全球范围内 118 个 GLES 定位观测站的观测资料，研究地面生产力相对变化与降水量相对变化之间的关系，结果表明地上生产力变化幅度随年降水量变化的增加而显著增加，其生产力变异与降水变异呈正相关，这说明降水改变会影响 GLES 生产力的变化（Yang et al.，2008）。此外，降水可以影响土壤呼吸作用，与降水密切相关的土壤水分可以通过改变透气性、pH 值以及土壤微生物活性来影响土壤呼吸强度。陆地土壤碳密度一般随降水增加而增加，根据 Brown 等研究结果显示，在 FES 中，降水在 400～3200 mm 范围内，降水量与植被碳密度（vegetation carbon density，VCD）之间呈正相关关系，超过 3200 mm 后，降水与 VCD 则表现为负相关关系（叶菁 等，2018）。当降雨量相同时，温度和碳密度成负相关关系。此外，土壤温度通过影响植物根系呼吸和土壤微生物活动间接影响土壤碳排放。土壤温度升高可以加速 SOM 分解和土壤微生物活性，从而增加土壤中 GHG 的排放和碳素的流失。在一定范围内，土壤呼吸与土壤温度之间具有明显的正相关性。气温高的地区土壤微生物的活动相对较强，土壤温度每升高 10℃，SOC 的分解速率会快 2～3 倍。温度在 30℃时每升高 1℃对 SOC 损失 3%。温度每升高 1℃，全球将分解 11～34 Pg C 的 SOC，产生 GHG 排向大气（张治国 等，2016）。土壤温度接近最适温度时（约为 30～40℃），温度变动对分解作用很小；在低于最适温度范围时（一般为 5～30℃），微生物活性及其对有机物分解速率随温度升高而增强（陈龙飞 等，2015）。大气 CO_2 浓度的提高一方面可加强植物生物的产出量，另一方面也加快了土壤的 C 循环速率，同时还使植物组织结构发生变化，影响植物残体的分解速率，从而对 ECC 产生影响。

在浓度较高的 CO_2 环境中，野生植物光合速率(photosynthetic rate)增加并不显著，而农作物在正常 CO_2 浓度的大气中的光合速率却显著增加。

土壤是生态系统进行C循环的重要场所和重要碳库，SPCP、土壤质地以及土壤微生物活性均是影响ECC的因素。SMC对SCC的影响主要是通过对植物和微生物的生理活动、微生物的活性、土壤氧化电位、通透性以及土壤中GHG向大气扩散速率等方面的调节和控制来实现的。土壤的Eh(氧化还原电位)与 CH_4 的排放呈显著相关性，土壤pH值主要是通过影响微生物的活动及根系的生长发育等来影响SCC的过程。土壤pH值在5.5～8.0，SOC的分解相对缓慢，GHG的排放也会大幅减少。在强碱条件下，SOM的溶解、分散和水解作用增加，增大了土壤 CO_2 的排放，反之强酸条件下则减少(许文强 等，2011)。土壤质地越细，OC的分解越慢，相反土壤质地越粗，OC的分解越快，黏粒能够有效地与OC结合，保护OC使其免受分解。土壤质地通过改变土壤通透性和OM的分解速率来影响SCC的过程。研究表明，一般情况下，砂质土壤GHG的排放最大，黏土的排放量最小(穆少杰 等，2014)。土壤微生物活性是评价土壤呼吸的主要指标，土壤微生物与 CO_2、CH_4 的产生和排放以及OM转化密切相关。目前，与OM分解相关的土壤微生物主要包括细菌、真菌等大类植食性类群，此外还有线虫、螨类、跳虫等土壤细小动物(杨钙仁 等，2005)。研究表明，土壤微生物呼吸约占土壤呼吸的50%左右，80%以上的 CH_4 是通过微生物活动产生的(徐淑新 等，2010)。

不同类型植被导致其光合作用强度和有机物进入土壤的方式不同，影响OC输入量，使SOC分布也存在差异。研究表明，灌木、草原和森林土壤表层20 cm OC占1 m深度土层中OC的百分比分别为33%、42%和50%。还有研究表明，植被类型的转变也会很大程度影响C循环过程，SOC在森林转变为农田中损失率为25%～40%，其中耕作层的损失量最大，而森林转变为草地导致的损失要比转变为耕地的损失少，约为20%(叶菁 等，2018)。

水文条件也是影响WLES碳循环的重要因素之一。气候变化会导致降水量、蒸发量及植物蒸腾量发生改变，从而使得水文环境发生变化。湿地植物对水文条件的变化反应非常迅速，水位变化及季节性的干湿变化都会使湿地 CO_2 及 CH_4 的排放量发生变化。湿地水位及水流速率主要受水文条件的影响，从而使得湿地DOC的输出也受水文条件的控制。同时，水位的变动直接影响了土壤的氧化还原电位(redox potential)，从而影响植物的光合作用，进而影响湿地的碳输入(栾军伟 等，2012)。此外，水文条件还会影响WLES的物种变化、有机物积累以及物质循环与生产量。

目前，TES的C平衡受到越来越多的人为干扰，如耕作措施、轮作制度、施肥方式、土壤类型、土壤结构、土地利用方式等过程都对SCC造成较大的影响。由人类活动引起的LUCC，如草原的过度放牧、草原开垦为农田、森林砍伐后变成农田等行为，导致SOC大幅下降，是SCP和C循环最直接的影响因子。例如，在内蒙古温带草原的放牧结果试验显示，随着放牧强度的增加，草地地上和地下生物量均呈下降趋势，过度放牧导致草地地下生物量降低30%～50%（程迁 等，2010）。另外，施肥、灌溉、耕作等人为活动能够改变SPCP，改变土壤的微环境，进而影响土壤GHG排放量。施肥是田间管理中最常规的措施，许多研究认为，施肥对SOC影响显著，一方面通过改变地上植被的生物量、直接增加OC源来影响土壤碳源的供应量；另一方面对土壤微生物活性及呼吸强度具有重要的影响。姜培坤和徐秋芳（2005）研究施肥对雷竹林土壤活性OC影响结果表明，各有机肥、化肥混合处理雷竹林土壤总有机碳（TOC）、水溶性碳、微生物量碳、矿化态碳均显著或极显著高于单施化肥的各种处理模式。

2.2.3 土壤固碳相关问题

2.2.3.1 土壤固碳内涵特征

土壤固碳（SCS）是指植物通过光合作用可以将大气中的CO_2转化为碳水化合物，并以OC的形势固定在植物体内，进而保存在土壤中，增加了SCP容量。同时，还要减少土壤异氧呼吸作用，降低土壤CO_2净释放量。关于SCS的研究最早起源于美国，20世纪90年代美国能源部（DOE）便已研究将大气中的CO_2固定在土壤中，以降低温室效应的影响。随后，各国政府和研究机构也相继加强了对SCS的关注和研究，例如，1992年联合国发展大会通过了《联合国气候变化框架公约》（UN-FCCC），这是世界上第一个关于控制GHG排放、遏制全球变暖的国际公约；美国的众多学者还成立了一个SCS政策论坛，以推动广大学者对SCS的关注（潘根兴 等，2002）。国内外许多学者也针对SCS进行了多尺度和多因素的研究分析。例如，Ogle等（2005）利用Meta Analysis方法分析了全球不同气候带100多个土壤与农业管理实验点的数据，评价了不同农业管理措施对SCS的影响强度以及气候变化造成的影响。还有美国学者在此基础上分析了美国农田土壤的RCS和饱和容量等问题（West et al.，2007）。中国学者黄耀和孙文娟（2006）利用统计分析方法对中国农田土壤近20年的固碳趋势进行了分析评价，定量地估计了中国SCP的增长。

自20世纪80年代以来，国际上先后开发出了CENTURY、DNDC、RothC等SOC动力学模型和过程模型，这些模型侧重于机理特征方面，运用于空间尺度评估时具有很大的不确定性。为此，在固碳潜力（carbon sequestration potential，CSP）模型研究上，模型开发的方法学、模型模拟OC变化以及模型的影响因素和适应性等问题，都是长期以来CSP宏观研究的主要方向（郑聚锋 等，2011）。另一方面，应用Meta Analysis方法评估不同国家和地区、不同因素影响下CSP变化也成为该领域研究的代表方向。由于欧美国家拥有丰富的长期实验和野外观测资料，对资料进行归一化分析统计可分析SCS的主导因素及CSP的主要途径。近年来，利用全球资料来探索LUCC情景和气候变化对未来演变趋势的分析研究十分活跃。Sperow等（2003）对未来气候变化条件下CSP进行了估算。黄玫等（2016）基于B2气候变化情景数据，模拟预测了1981—2040年中国成熟植被和土壤RCS的时空变化特征及其对气候变化的响应。这些围绕SCS的研究在未来仍将是土壤循环研究的重要内容。

2.2.3.2 SCS影响因素

气候因素是SCS的主要驱动因子，气候因素对于SCS的影响主要表现在温度和水分两方面，土壤水热条件变化会影响土壤微生物种群的数量和多样性，进而改变土壤中有机物的分解速率和SOC的矿化速率。具体而言，温度对SCS的影响机制主要是由于土壤微生物的活性会随着温度的升高而增加，进而土壤微生物对SOM的分解速度便会提高。大量研究表明，OC的分解以及植物残骸中OC融入土壤的速度都受温度影响。SOC分解速率会在一定温度范围内随着温度的增加而增加，有研究表明温度上升10℃会使得植物残渣分解速度成倍增加，使得SOC的含量下降(Lad et al.,1981)。同时，也有研究指出，在平均温度为10～20℃的地区，温度会引起SOC储量增加(周涛 等,2003)。可见，温度和SCS之间的定性关系还有待进一步研究。Zhu等(2011)通过^{13}C标记的方法发现植物根系和土壤的相互作用在SOM分解对温度的敏感性上起关键作用，其对温度的敏感性和根系的活性升高保持一致。此外，温度对于SCS的影响程度会随着地域变化而不同，在低温高纬度地区，如中国北部黑龙江、吉林等地区，SOC对于温度的变化相对比较敏感，而在南方地区其受温度影响的变化幅度则较小(贺美 等,2017)。另一方面，水分则是通过改变土壤的透气性来影响SCS，在不同水分条件下，土壤透气性不同，SOC的矿化和分解速度也不尽相同(姜勇 等,2007)。有研究指出，SMC保持在最大田间持水量70%以上的黑土地区的CO_2释放量最高，导致土壤活性炭和OC含量迅速下降(何婷婷 等,2007)。黄东迈等(1998)的研究结果也证明了水分会影响SCS效果，北方旱地因其水分少、透气性强，使得大量SOC被分解，进而导致SOC储量下降；南方水田则与之相反，土壤对OC的固存效果就较好。温度和水分对SCS的影响是相互关联的，气候变化也不断地造成降雨和温度的变化，但目前关于水分和温度两者对SCS共同作用的研究还不够系统全面，应当在研究FLES、FES的SCS时重点分析其综合影响。

SPCP也是影响SCS的重要因素。土壤为一些动物微生物提供了生存环境，SPCP直接影响到了其种群的数量，进而影响土壤生物对进入土壤的有机物的分解和转化过程。此外，SPCP也决定了土壤的最大CSP，在一定程度上限制外界C投入引起的SCP增加程度。土壤的物理性质主要是指土壤的结构特性，土壤结构能影响水SMC、热量、通气性等方面，进而影响SCS。Six等(2000)将SCP分为微团聚体的物理保护碳库、黏粒和砂粒紧密结合的碳库以及生成稳定土壤有机化合物的碳库。不同的土壤结构和土壤颗粒的分布会影响到SCS的效果。有研究指出，将土壤分散为砂粒、粉粒、黏粒后，不同土壤颗粒的SOC的分布出现了明显的差异。砂粒土壤中与有机物结合的SOC含量低于粉粒和黏粒土壤，砂质土壤对SOC的固存能力也更低(王娜 等,2018)。此外，许多研究结果表明，不同的土壤颗粒对OC活性的影响不同。土壤中与黏粒相结合的SOC比与粉粒结合的SOC更加稳定，且随着土壤颗粒粒子的减小，其矿化程度会降低(马建业 等,2016)。土壤团聚体是由矿物颗粒和有机物等土壤成分参与下，在众多自然过程的作用下形成的聚合体，是土壤的基本结构。土壤团聚体对 SCS 过程也是有影响的，由于土壤团聚体内部孔隙减小，使得 OC 和土壤颗粒接触更加紧密，OC 被团聚体包裹在内，减少了和土壤微生物等的接触，从而防止了碳物理方式的分解（史奕 等，2003）。有学者指出，农业活动中的耕作措施会影响土壤团聚体的形成，进而影响 SCS 效果，影响了农田土壤结构的稳定程度（王峻 等，2018）。土壤的化学性质，则是指土壤本身的 OC 含量或其他物质含量，这些都会在不同程度上影响 OC 的固定和周转过程。例如，在 C/N 高的土壤中，SOC 不容易被固定；土壤中 P 含量多少也会在一定程度上影响 SCS 效果（陶宝先 等，2016）。此外，土壤 pH 值可以通过影响土壤微生物的活性进而影响 SCS 效果，例如，有研究指出在湖南红壤过低的 pH 值不仅降低了作物产量而使得 C 的投入量减少，而且还降低了土壤微生物活性，使得 OC 的分解减少（盛雅琪，2017）。

施肥是作物增产必不可少的步骤，也是保障土壤的物理性质，改善其化学性质和土壤微生物数量的重要人为因素之一（梁二 等，2010）。中国大部分地区土壤肥力较弱，通过施肥可以直接提高其土壤肥力，达到增收的目的。曹志洪（2003）的研究认为，在不施肥的情况下，土地连续耕作会导致 SOC 分解速率加快，土壤碳损失增加，施用肥料可以有效缓解土壤性质变差等情况。大量研究结果还表明，化肥和有机肥对 SCS 效果也不同，与化肥相比，在农田土壤中施用有机肥更有利于土壤碳的固定。有学者研究指出，使用有机肥后，在全世界范围内可提升 33.3%的 SOC 含量（Xia et al.，2017）。SOCS 还受到其他土壤元素的影响，孟磊等（2005）的研究结果表明，施用一定比例的肥料，可以显著提高土壤中 OC 含量，从而提高 SCS 效率。然而，也有研究认为施氮肥等可能会破坏土壤团聚体并造成土壤活性 OC 的溶出，从而降低 SCS 效果。此外，还有研究表明，使用肥料可以使土壤中微生物数量明显增加，进而显著增加土壤微生物碳量（郭振 等，2017）。综合性地来讲，施肥对 SCS 的影响也是十分明显的，但其中施肥导致的土壤性质和元素改变对 SOC 固定的影响还存在一定的不确定性，也并未得到专家的共识。

此外，农业耕作也是引起 SOC 含量下降的主要原因之一，传统的耕作方式能够加快土壤氧化和矿化，破坏土壤的团聚体结构，使得 SCS 能力减弱（陈升龙，2015）。轮作方式通常被认为可以提高土壤 CSP 效率，随着轮作时间的延长，地下部生态系统的相互作用得以逐渐加强，进而改变 SOC 含量。Potter 等（1998）通过长期农业措施对 SOC 含量的影响研究发现，作物轮作对 SOC 含量影响很大。中国的研究结果也表明，在中国典型旱地土壤中，轮作制度的改变可以显著影响 SOC 含量。另外，不同的耕作制度通过影响 N 的有效性来影响 C 的固定。保护性耕作例如免耕、少耕、垄作或者免耕播种，均能够减少 C 和 N 的分解进而提高 CSC 效果（巫芯宇 等，2013）。徐胜祥等（2012）对不同耕作方式下 SCS 潜力的研究发现，改变传统耕作方式并结合秸秆还田可以有效提高 SCS 潜力。

2.2.4 土壤氮循环一般问题

2.2.4.1 土壤氮循环基本过程

氮素在土壤中的转化主要包括BNF作用(azotification;nitrogen fixation)、氨化作用(ammonification)、硝化作用(nitrification)和反硝化作用(denitrification)等,这些过程均是在各种土壤蛋白酶的催化下由土壤微生物驱动来进行的。由于SNC的过程主要靠生物因子来驱动,所以能够影响这些生物因子的各种环境因素都可以改变土壤氮循环(SNC)过程的速率和方向(蔡瑜如 等,2014)。

土壤中的固氮微生物(nitrogen-fixing microorganism,NFM)体内含有固氮酶,这种固氮酶可以将大气中的稳定性高的分子态氮转化成植物可以利用的铵态氮(ammonium nitrogen),这种氮素转化方式就是生物固氮(biological nitrogen fixation,BNF),BNF是生态系统中土壤氮素的主要来源。由于土壤微生物和植物之间相互固氮的方式有多种,可以将其分为自生NFM、共生NFM和联合NFM 3种类型(周艳松 等,2011)。生态系统中存在大量的兼性类型和需氧类型的NFM,其种类广泛的包括了各类细菌、真菌、放线菌以及少量的古菌。这些微生物主要通过不同基因编码的固氮酶来催化完成对大气中氮素的直接吸收(贺纪正,2013)。此外,土壤中的一些固氮细菌还可以分泌生长激素、赤霉素等生长激素,以促进植物能够更好地吸收土壤环境中的水分和养分,从而调控植物生长发育。同时,通过影响植物根系生长以及生理特性等行为,NFM可以间接地扩大根系分布范围,从而提高植物从土壤中吸收有效氮(available nitrogen,AN)的能力,加快氮素在土壤中的转化进程。另外,NFM与土壤中的生物及非生物因素还有着密切的联系,NFM不仅会受到生态系统中植被差异的影响,还与其生态系统的土壤条件、气候条件以及人为管理措施有关(呼和 等,2016)。

氨化作用是SNC过程中氮素矿化的第一步,同时也是给植物提供可利用AN素的关键步骤。根据分子量的大小,可以将可溶性有机氮(organic nitrogen,ON)分为高分子量ON和低分子ON两种,低分子量ON很容易被微生物吸收转化。而高分子量ON需要被胞外酶分解成小分子量ON,才能够被土壤微生物有效吸收利用(徐清平,2005)。土壤微生物在氨化过程中起着重要的推动作用,一方面是因为ON物质经过微生物体内代谢过程后能够形成铵态氮,另一方面是因为微生物分泌的各种蛋白酶是氨化作用过程的主要介导者。其中,真菌不仅能在土壤中相对较大的区域内活动,同时还可以分泌对高分子氨化化合物分解有重要推动作用的胞外酶。研究表明,土壤微生物和胞外酶的活性以及氨化速率呈现明显的正相关关系,在氨化过程中蛋白酶有着十分重要的作用,其中有一部分氨基酸脱氨酶可以在细胞外对低分子量ON进行分解并释放铵态氮(孟庆功 等,2010)。此外,也有研究发现,长期使用有机肥能够提高土壤中氮素矿化的速率,但是其与相关的转移酶没有明显的相关性,这可能是与生态系统的土地利用状况和养分水平等因素有关。

硝化作用是土壤氮素转化过程中的中心环节，硝化作用过程主要分为两部分，一是氨氧化过程，二是亚硝酸盐氧化过程，其中第一部分是整个过程的限速步骤（贺纪正，2013）。氨氧化过程是由微生物的氨单加氧酶（AMO）来完成的，氨氧化细菌（AOA）和氨氧化古菌（AOB）是催化氮素进行硝化作用的主要微生物。土壤性质和质地以及土地利用方式都会对主导硝化作用的生物类群产生影响，例如 pH 降低，土壤中的 AOA 的数量会明显高于 AOB，而 pH 的升高与硝化速率的升高存在明显的线性关系（刘晶静 等，2010）。这可能是因为 AOA 和 AOB 对氨氧化过程的途径和过程有差异，在这个过程中由于 AOA 更有利于减少能量消耗，从而使得 AOA 在恶劣条件下依旧能发挥作用。此外，土壤中不同的氮素浓度、人工施肥以及田间耕作方式均会对氨氧化微生物特征造成影响。

反硝化作用就是在 NO_3^- 在经过一系列化学反应后由 NO^{2-} 转化成 NO 再转化成 N_2O 最后生成 N_2 的过程，主要有生物反硝化和化学反硝化两种形式。目前众多研究的重点主要集中在生物反硝化。目前已经发现的参与生物反硝化过程的微生物有 80 多个属的细菌、部分古菌、真菌以及放线菌等（贺纪正 等，2008）。这些土壤微生物可以分泌不同类型的酶来逐步催化反硝化反应。土壤环境因子对反硝化过程的影响很大。例如中性土壤与碱性土壤中的反硝化速率明显比酸性土壤高 2.6～16.6 倍。此外，不同种类的反硝化微生物对环境变化的响应也有所不同（呼和 等，2016）。

目前的研究对生态系统中参与 SNC 的各微生物类群、相关酶类以及转化过程均有较为清晰的认识和研究。但是，参与此过程的生物种类和反应步骤极其复杂，各环境因子对其影响仍不够明确，且对引起变化的内在机理认识更存在严重不足。在当前全球气候变化影响下，应当增强对这一机理的研究。

2.2.4.2　SNC 影响因素

气候变化对 SNC 的影响主要表现在温度、降水等方面，这些因子会作用土壤的温湿度条件并影响土壤微生物和微型动物以及它们释放的酶活性。当土壤温度过高时，会不利于微生物的生存以及增加铵态氮的累积，进而导致硝化作用降低（吴建国等，2008）。土壤湿度的适度增加会促进氮素矿化，同时可以降低土壤的 pH 来促进植物对氮素的吸收。当生态系统有极端降水导致 SMC 过高时，会增加土壤淋溶作用和反硝化作用，从而使得氮素流失。有研究指出，在高海拔或者高纬度地区，季节性的土壤冻融交替会引起 SNC 过程的显著变化（王丽芹 等，2015）。冰冻土壤的低温会使得植物及微生物死亡从而产生大量有机物质，然后当气温回升后，土壤微生物利用这些物质迅速生长繁殖，进而加快了土壤中的氮素矿化作用的速率。同时，也有研究表明，土壤冻融交替会使得氮素的矿化速率减慢（陈哲 等，2016）。这可能是与土壤微生物的种类差异或者温度的不适当有关。此外，温度还能通过影响植物根系分泌物的分泌速率来影响土壤微生物的增长速度，从而间接影响 N 循环的速率。

土壤因素也是影响 SNC 的重要因素，主要从土壤类型、土壤 pH 和 SOMC 几个方面来影响。不同的土壤类型其水分、温度、养分状况等均会有所不同，这些均会影响 SNC 过程。土壤容重(volume weight of soil，soil bulk density；SBD)过大会降低氮素矿化速率，且影响程度随水分含量增加而增加。一方面，SBD 偏大会使得土壤中 O_2 含量减少；另一方面，会使得土壤间隙减小，微生物活动及进食空间减小，进而影响微生物固定的氮素在 SNC 中的流动。不同土壤类型的土壤颗粒也会不同，这会影响土壤酶活性(soil enzyme activity，SEA)(李贵才 等，2001)。还有研究指出，与 SNC 密切相关的丛枝菌根真菌在不同类型的土壤中其群落结构和特点均有明显差异，这也能够间接影响 SNC(李侠 等，2008)。土壤 pH 值会影响土壤微生物和 SEA，进而影响 SNC 过程。不同的酶都有其最适 pH 值，过酸和过碱性的土壤环境均会限制 SEA，例如在珠江三角洲的酸性土壤中施加石灰提高 pH 值会影响 SEA。反硝化酶最适土壤条件是偏碱性的，最适 pH 值约为 8.4，且土壤 pH 值是影响其反硝化产物产生的最主要因素。土壤 pH 值还会影响 SOM 的可溶性，这会直接影响到微生物的生长速度以及分泌酶的能力，从而影响 SNC 过程。此外，土壤 pH 值还会影响某些与 SNC 有关的微生物群落结构，例如在极端酸性条件的土壤中基本检测不到 AOB 的存在(顾艳 等，2018)。SOM 不仅会影响土壤团聚体的形成和增加土壤保水保肥能力，还能够调节土壤水、气的量和结构，从而影响 SCC 的整个过程。SOM 能够促进土壤微生物及微型动物发育，增加土壤中酶的数量和活性，间接地加快突然氮素矿化速率。在各种土壤环境中，土层深度造成的微生物数量与种类的差异，常常也是由于不同土层 OM 含量不同引起的，所以可以通过施用生物炭和凋落物来提高 SOM 含量，从而有效提升与 SNC 有关的微生物数量以及细菌和真菌的比例(李海波 等，2007)。此外，OM 中也有大量氮素，通过一些氧化酶的催化，可以将其从中释放出来，参与到 SNC 中。

植物因子也是影响 SNC 的因素之一。植物根系是 TES 中矿质元素的重要储库，联通了植被与土壤之间的氮素交换(胡雷 等，2015)。植物根系从土壤中吸收的氮素，在植物体内经过一系列的转化，成为各种复杂的大分子物质以供养植物生长发育，在经过死根或凋落物的分解重新进入土壤。有研究表明，欧洲山毛榉根系在土壤中凋落能显著提高土壤 AN 含量，且微生物对根系氮源的利用效率要明显高于叶片(宋成军 等，2009)。但也有研究发现，在植物根系周转过程中释放的一些物质对氮素转化会表现出有较强的负面效应(negative effects)。由于植物凋落物的分解与其自身性质也有较大关系，所以植物根系对 SNC 的影响会因其植被类型不同而有明显差异。植物分析分泌物对 SNC 的影响也是当前研究的重点，植物根系会向周围释放大量的低分子有机物、高分子聚合糖以及有机酸等物质，这些分泌物会影响到 SPCP，进而影响到 SNC(朱静平 等，2011)；此外，根系分泌物还能通过供给养分促进微生物生长，还能选择性增加与 N 循环相关微生物的增长速度，从而影响 SNC 过程(罗永清 等，2012)。然而根系分泌物对 SNC 的影响与其种类也有着显著关系，需要对不同植被根系的分泌物成分以及对其环境产生的生态效应进行进一步研究。此外，植物根系和土壤真菌形成菌根不仅能够增加植物根系干重、根瘤数量以及微生物活性，还能有效提高植物氮素的吸收效率，因此，也是影响 SNC 的重要因素，其作用与真菌种类和组合方式有关（郭良栋 等，2013）。菌根主要通过以下几方面来影响 SNC 过程：一是菌根产生的菌丝能够扩大植物根系吸收土壤氮素的范围；二是通过改变微生物的生物量和群落结构间接影响 SNC；三是菌根自身对氮素也能吸收和转化；研究表明，从土壤中吸收到的部分氮素会留在菌根的菌丝中（Tanaka et al.，2005），这也说明了菌根真菌在 SNC 中的重要性。

在 TES 中，土壤微型动物数量庞大且分布十分广泛，生态功能十分重要，最典型的两类是原生动物和线虫。原生动物具有快速分布的能力，有时甚至风吹也能促进其传播。线虫的世代周期较短，不易受外界影响，并且还可以通过脱水和禁食等方式来避免遭遇逆境时的外界伤害（陈小云 等，2007）。土壤微型动物对氮素矿化会有影响。原生动物和线虫等微型动物可以提高土壤氮素矿化速率，增加其氮素的生物固定；同时，还能有效提高植被对土壤氮素的吸收效率，增加地上植被的初级生产力。此外，植物寄生性线虫会破坏一些植物根系并释放更多的营养物质，有利于提高微生物活性和氮素矿化速率，但破坏过度又会对微生物有负面影响（王邵军 等，2007）。不同种类和体型的微型动物在土壤氮素矿化中的作用并不相同，例如，线虫对氮素矿化速率的影响不仅与物种差异有关，还和其体型大小密切相关（陈小云 等，2007）。另外，蚯蚓对 SNC 的影响不仅与土壤环境条件有关，还与其自身的生物活性有关（贺慧 等，2014）。

2.2.5 碳-氮-水耦合问题

TES 碳循环是与全球气候变化紧密相关的研究热点，C、N 循环有时密切相关的，全球 C、N 循环通过陆地与海洋生态系统生物量的累积、分解和贮存来耦合循环。有研究早就表明，在海洋浮游植物及细菌中，碳同养分元素的比例是一个常数，而这些生物地球化学元素的变动是相互影响的。众多研究也表明，氮素对 TES NPP 的影响十分明显，光合作用对 N 的需求和生态系统 N 的有效性水平密切相关，TES 碳通量受氮循环的密切影响（游成铭 等，2016）。随着大气 CO_2 浓度升高以及淡水资源短缺的问题出现，ECWC 研究也被世界诸多国家所重视。TES 的 C 循环和水循环是密切联系且相互耦合的生态学过程，两者间的耦合关系也是 ECWC 的研究重点，目前诸多研究关注生态系统尺度的 W-C 耦合关系的分析。

2.2.5.1 生态系统 C-N 耦合

生态系统 C-N 耦合过程是多个尺度的耦合，包括了细胞尺度（cell scale）的光合作用反应，个体尺度（individual scale，species scale）上植物内的 C 分配，种群尺（population scale）上植物与微生物的养分竞争，生态系统尺度（ecosystem scale）上 N 平衡对 GPP 和 C 储存的影响。植物通过光合作用固碳，而光合作用受 N 元素的限制十分明显。有研究表明，植物叶氮含量与光合速率以及电子传递速率存在明显的正相关关系。还有研究指出，叶氮浓度对光能利用效率的影响达 70%，对 GPP 影响达到 62%，而当可利用氮不足时，植物生长速率、光合速率以及叶面积速率均会明显下降(张远 等，2017)。在植物个体水平上，植物的 C、N 代谢密不可分，光合碳代谢与 NO^{2-} 同化都发生在叶绿体内；无机氮素被吸收还原后，在植物体内经运输、合成、转化及再循环等各种生理活动过程后，与蛋白质代谢共同构成其生命活动的基本过程。C、N 在植物体内分配处于动态变化中，相互促进又相互制约。例如，植物的光合作用与其器官(如绿叶)中的含氮量密切相关，而光合器官中的氮素又依赖于植物根系对氮素的吸收和氮素向叶片的运输，这些过程都需要植物的光合作用提供能量(陶爽 等，2017)。氮素供应不足则会引起光和能力下降、养分分配比例改变、由于 N 吸收而消耗的碳增加等。这些过程的研究已经在众多施氮试验和梯度观测实验中得到了验证，但是仍然缺乏标准框架来检测这些过程的发生(程淑兰 等，2018)。群落尺度(community scale)上，目前研究大多为种群控制氮素平衡及周转时间来影响氮素的限制效应。其中，土壤中 OC 分解就受土壤微生物 C、N 平衡的影响，土壤 C/N 很大程度上影响其分解速率。如果 C/N 过高，微生物的分解作用就慢，而且要消耗土壤中的有效态氮素。有研究对极地、温带和热带 20 个地点的森林群落的研究表明，氮含量高会降低木质素分解速率(姜林林，2012)。在生态系统尺度水平上，即 SPAC 中，植物和土壤通过植物光合作用和呼吸作用、植物氮的吸收、土壤中凋落 C 和 N 的输入与分解以及氮矿化和氮沉降等一系列过程相互作用。在 TES 中，C、N 新陈代谢一个微小的变化都会对碳贮量和碳通量产生深远的影响。Rastetter 等的研究表明，由于北半球温带阔叶林生态系统和寒带苔原生态系统中植被和土壤 C/N 不同，植被从土壤同样吸收 1 g N，导致的阔叶林生态系统的净碳贮藏是苔原生态系统的 3 倍。

2.2.5.2 SPAC 的 W-C 耦合

ECC 和水循环过程及其相互关系也是近年来研究重点，C 循环和水循环之间存在一种强烈的耦合关系，在全球碳收支研究中，应同时考虑水循环的变化。TES 碳循环和水循环是受植被、土壤、大气多种生物与环境因子共同控制的生态学过程。根据 C 和水在 SPAC 中的运动过程，可以将两者间的耦合作用划分为 4 个基本过程(于贵瑞 等，2013)。在土壤-植被节点上，W-C 耦合主要表现为根系对土壤水分的吸收与根系呼吸的同时发生、根系和土壤间 HCO_3^- 等含碳素离子交换对水分环境的要求、根系和地上凋落物对 SCP 的补充及其分解过程对水分条件的依赖等。植被和大气间的 W-C 耦合则是以气孔为主要耦合节点，主要表现为植被-大气间 CO_2 和水汽的交换过程，即光合和蒸腾作用之间的密切联系和气孔主导下的耦合作用。土壤和大气间 W-C 耦合则是土壤-大气界面为耦合节点，主要表现为土壤的水分蒸发与土壤的 CO_2 排放的同时发生、土壤水分条件对土壤蒸发和土壤呼吸的共同控制，还有降水引起的土壤中 CO_2 气体的排出效应等。此外，在植物体内则是以 W-C 间的生化反应为耦合节点，主要表现为 W-C 间的化合反应和植物体内水分循环对碳水化合物的运输作用。在SPAC系统中，由于植被和大气间的CO_2和水汽交换是TES中W-C通量的主要组分，而且两者都受到气孔的控制，因此，气孔是TES的W-C耦合的主要节点。

在SPAC系统中，W-C在冠层尺度上有着明显的耦合作用，冠层W-C耦合关系的作用机制一方面来自叶片光合和蒸腾间的耦合作用，另一方面则是生态系统对W-C循环的同向驱动作用（于贵瑞 等，2014）。首先，生态系统W-C通量都表现出与太阳辐射相似的正相关关系，这是由于驱动冠层碳同化过程的冠层截获光合有效辐射与驱动生态系统蒸散的太阳辐射有较为稳定的比例关系，因而W-C通量的日变化有同步的特征（曹元元 等，2016）。叶片作为光合和蒸腾作用的共同发生器官，叶片的生长活动对冠层的W-C通量的影响是同步的。因此，由于受到叶面积大小的限制，SPAC中植被冠层W-C通量表现出与叶面积一致的季节变化特征。此外，冠层W-C通量还对风速、温度等环境因子具有相似的响应情况（李玉 等，2014）。在区域尺度上，生态系统W-C耦合作用也比较明显；从全球尺度而言，TES的生产力与蒸散量有着一致的分布特征。研究表明，在大陆尺度上，生态系统的GPP与蒸散量之间有显著的线性正相关关系，同种植被类型的GPP与蒸散量的比值趋于稳定的数值（莫兴国 等，2011）。许多植被生产力模型，如Miami模型和Chikugo模型等，都认为生产力与水汽通量间存在某种经验性函数关系，将降水量、蒸散量等水汽通量作为主要变量（朱文泉 等，2005）。

2.3 二氧化碳减排林自然地理及环境背景

中国西部干旱区是“一带一路”(B&R)重要区域，也是生态环境比较脆弱及敏感区域，在全球变化背景下，生态环境出现了一系列变化。如何系统认识该区域的自然地理状况，科学评价区域生态环境质量，合理开发区域资源，对于实现绿色发展与低碳发展，促进区域可持续发展具有重要的现实意义。

2.3.1 地理位置及地形地貌

克拉玛依市位于中国新疆准噶尔盆地西北缘，加依尔山东麓。东北与和布克赛尔蒙古自治县相邻；东南与沙湾县相接，西部与托里县和乌苏市毗连；南边奎屯市把独山子区与市区隔开。市区距新疆维吾尔自治区首府乌鲁木齐市公路里程312 km，直线距离280 km；距北京公路里程4086 km，直线距离2600 km，在中国第二大沙漠——古尔班通古特沙漠西北部。距克拉玛依市东南约30 km处，就是研究区域KCDFA，为中国石油新疆油田规模化CO_2植树减排项目一期工程，面积约6667 hm^2。

克拉玛依市区呈斜条状，南北长，东西窄，市域东西最宽距离110.3 km，南北最长距离240.3 km，总面积9500 km^2，市区面积16 km^2，独山子距市区150 km。市区西北有加依尔山，中部、东部地势开阔平坦，向准噶尔盆地中心倾斜，海拔高度为250～500 m，境内最高峰为独山子山，海拔1283 m。地貌大部分为荒原戈壁。KCDRFA位于准噶尔盆地西北边缘的湖积平原，最低海拔258 m，最高海拔276 m，高差为18 m，自然坡度为0.26%，部分地区分布有沙丘。

2.3.2 气候特征与水文情势

克拉玛依市位于中纬度内陆地区，属于典型的大陆性干旱沙漠气候。气候特点是寒暑差异悬殊，干燥少雨，积雪薄，降水量少，蒸发量大，冻土深，春秋时间短，冬夏温差大，日照时间长。克拉玛依市年平均日照时数为2705.6 h；累年平均气温8.3℃，春季平均气温－13.5℃，夏季平均温度10.8℃，秋季平均温度11.3℃，7月为最热月，历年平均气温均在24.9℃以上，1月为最冷月，累年月平均气温为－16℃；年均降水量109.5 mm，年均蒸发量3345.2 mm；累年平均风速3.4 m/s，大多为西北风，春节多大风，风沙灾害严重；无霜期长，年平均为225 d。

境内地表水主要有白杨河、克拉苏河、达尔布河，均为季节性河流，年平均径流量总计约1.63亿 m^3，地下水总储量约17.2亿 m^3，允许开采量约1762.3万 m^3/a。白杨河发源于额敏县境内的乌肯拉嘎尔山，由北向南流入艾里克湖，全长160 km，年径流量1.4亿 m^3 以上，最大流量100 m^3/s。湖泊有艾里克湖，水面约10 km^2。独山子东有安集海，西有奎屯河，年径流量达9.64亿 m^3，地下水总储量为151亿 m^3。本区以硫酸盐为主的盐类沉积规模大，部分地区地下水位和矿化度(degree of mineralization，MDG)偏高，土壤盐渍化(soil salinization)现象较为普遍。

2.3.3 土壤类型及生物特征

克拉玛依市全境大部分地区为戈壁荒漠，从南到北土壤分布依次为棕钙土、荒漠灰钙土和灰棕色荒漠土。土质低劣，遍地砂砾，不少地方土壤含盐量(soil salt content，SSC；soil salinity)高。因缺雨水冲刷，盐分板结在土壤表层，形成严重的土壤盐碱化现象。

克拉玛依市域内植被生长较好的地区是白杨河流域，河流两岸的河滩地带生长着大片胡杨林和柽柳灌丛。在小拐、大拐、乌尔禾等地区，因地势低，土质细，经常积水，生长着大片芦苇、芨芨草、狗尾草等。独山子地区由于地处天山北麓，降水较多，气候较湿润，从山上到山下，植被呈垂直分布景象。山地的最下部为荒漠植被类型，山地上部生长着阔叶树，海拔1500 m处有高大挺拔的云杉林。研究区内主要人工植被以俄罗斯杨(*Populus russkii Jabi.*)、新疆杨(*Populus alba var. pyramidalis Bge.*)、白蜡(*Fraxinus chinensis Roxb.*)、榆树(*Ulmus pumila L.*)为主。原生植被主要有柽柳(*Tamarix spp.*)、梭梭(*Haloxylon ammodendron* (*C. A. Mey.*) *Bunge.*)、骆驼刺(*Alhagi sparsifolia Shap.*)和芦苇(*Phragmites australis* (*Cav.*) *Trin. ex Steud.*)等。KCDRFA的主要植被如前所述，主要野生动物有鹅喉羚

(*Gazalla subgutturosa*,是国家二级重点保护动物)、狼(*Canis lupus*)、大耳猬(*Hemiechinus auritus*)、沙狐(*Vulpes corsac*)、苍鹰(*Accipiter gentilis*)、家燕(*Hirundo rustica*)等。2010 年初,普查结果共统计出杨盾蚧、杨十斑吉丁虫、白杨透翅蛾、腐烂病、破腹病和老鼠啃噬 6 种 PDIP 类型。不同区域受危害程度差异很大,危害最小的地区植被存活率可高达 100%,但是受危害严重的地区植被存活率还不到 1%。

2.3.4　CDRFA 的基本情况

CDRFA 位于克拉玛依市市区东南约 20 km 处,201 省道东边,面积约 6667 hm^2,地理坐标为 84°58′—85°40′E,45°22′—45°31′N。CDRFA 由生态林区、苗圃区、林农复合经营区、中心管理区、荒漠植物保育区构成(图 2-1)。CDRFA 分十支渠,分别由不同的公司企业或者政府机构、科研教育机构等单位承包管理,将 CDRFA 分成若干小块进行日常维护以及林地普查等工作。正及维护常林地普查主要包括 PDIP、动植物、抚育间伐以及森防情况等。表 2-2 为 CDRF 样地特征信息表。

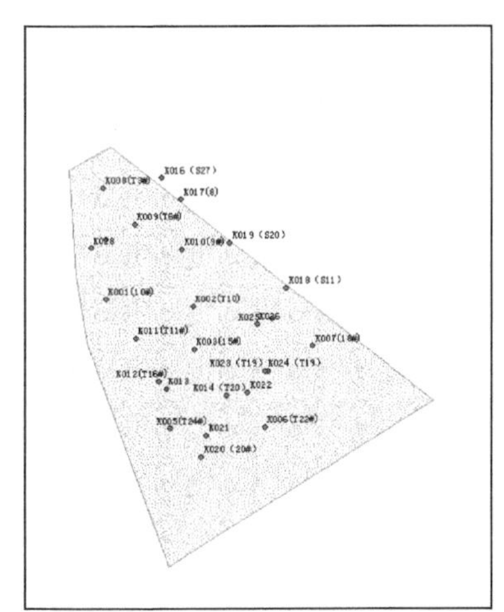

图 2-1　CDRFA 空间结构图

表 2-2　CDRF 样地特征信息表

样地号	井号	经纬度(°)	树种	郁闭度	长势
K001	10#	84.98339 45.46492	a	0.3	Ⅳ
K002	—	—	a+b	0.75	Ⅲ
K003	15#	85.01361 45.44678	a	0.4	Ⅳ PDIP 严重
K004	T15#	85.04031 45.45783	a+h+c	0.45	Ⅳ PDIP 严重

续表

样地号	井号	经纬度(°)	树种	郁闭度	长势
K005	T24#	85.00544 45.41836	g+d	0.4	Ⅱ
K006	T22#	85.03806 45.41875			
K007	18#	85.05417 45.44797	c+d+f	0.2	Ⅲ
K008	T3#	84.98236 45.50508	a+c	0.45	Ⅲ50%虫害
K009	T6#	84.99308 45.49186	a+c	0.45	Ⅱ10%虫害
K010	9#	85.00944 45.48275	a+c+e	0.5	Ⅲ
K011	T11#	84.99358 45.45089	a+c+e	0.39	Ⅲ50%虫害
K012	T16#	85.00117 45.43525	a+c	0.21	Ⅲ50%虫害
K013		85.00406 45.43275			
KO14	T20	85.02478 45.43039			
K015	—	—			
K016	S27	85.00244 45.50864			
K017	8	85.00919 45.50086			
K018	S11	85.04519 45.46906			
K019	S20	85.02589 45.48517			
K020	20#	85.01614 45.40803	a+c	0.35	Ⅲ50%虫害
K021		85.01789 45.41586	b	0.9	Ⅰ

续表

样地号	井号	经纬度(°)	树种	郁闭度	长势
K022		85.03211 45.43139	i+c+d+j	0.85	Ⅰ
K023	T19	85.03903 45.43908	b+c	0.8	Ⅰ
K024	T19	85.03803 45.43900			
K025		85.03542 45.45569			
K026		85.03533 45.45586	f	0.7	Ⅱ
K027		84.98347 45.48661	a	0.8	Ⅱ
K028		84.97844 45.48331			

注：(1)a. 俄罗斯杨；b. 新疆杨；c. 柽柳；d. 白蜡；e. 沙枣；f. 榆树；g. 银新杨；h. 枸杞；i. 胡杨；j. 紫穗槐；
(2)Ⅰ. 长势良好；Ⅱ：长势较好；Ⅲ. 长势一般；Ⅳ. 长势差；
(3)表中空白为缺少数据信息。

第3章 基于信息图谱分析的二氧化碳减排林特征

3.1 研究背景及目的意义

绿色植被光合作用是固定大气 CO_2 的重要途径。作为绿色植物的 PF(planted forest,artificial forest,man-made forest,PF)是增加陆地碳汇的主要途径之一,科学管理 PF 是增加碳汇和减缓全球气候变暖的有效手段。在全球变化日益明显,人类关注碳减排的背景下,将多维动态可视化(Multidimensional dynamic visualization,MDDV)技术与地学信息图谱(Geographical information TUPU,GITP)的理论和方法和相结合,运用到 CO_2 减排林(CDRF)进行特征分析及生态信息表达,可为碳减排的管理工作提供新视野。基于 GITP 分析 CDRF 特征的研究,符合国际科学研究的发展趋势,同时也响应了中国的碳减排机制。

按照《联合国气候变化框架公约》(UNFCCC)的要求,为了应对气候变化,各国都有共同的责任,统一行动,减少 CO_2 等 GHG 排放,维护人类赖以生存的地球环境。根据植物光合作用原理推算,一般意义上而言,1 亩* 树林每天能吸收 67 kg CO_2,释放 49 kg O_2,足够 65 人呼吸之用。1 年吸收 2.4455 t CO_2,减排 10000 t CO_2 相当于 4089 亩森林 1 年的减排量。为此,针对减排目标,开展植树造林工程,以绿色植被吸收大气二氧化碳成为减排的重要途径,而专门发挥二氧化碳减排的林分则称之为二氧化碳减排林(CDRF)。基于 CDRF 的一系列生态效应,本研究利用多源数据在 ENVI、ArcGIS、AutoCAD 等制图软件平台下生成 CDRF 信息图谱,并在此基础上分析 CDRF 特征;在 MDDV 技术支持下,利用 3dmax、Speedtree 及 Forest Pack Pro 等软件进行 CDRF 特征虚拟建模和可视化表达,直观地表达 CDRF 的特征,对于提升 CDRF 的生产力具有重要意义。

3dmax 是目前相关领域实用的 3D 设计软件之一,在研究过程中发现 3dmax 软件具有很强大的兼容性,再配合其丰富的插件完全可以满足生态学信息图谱的表达需求,可充分表现森林系统尤其是展示 PF,满足虚拟表达,为研究人工 CDRF 提供新途径。

---

* 1 亩 $=1/15$ hm^2,下同。

3.1.1　研究背景

全球变化背景下，生态环境日益严峻。目前，全球减排的路线框架已逐步明确；到 2020 年，CO_2 当量应达到峰值；到 2030 年，年排放量应低于 350 亿 t；到 2050 年，年排放量应低于 200 亿 t，从一定意义上而言，气候变化对中国发展形成一系列不确定性（王红丽 等，2008）。目前，国际上高度关注森林 VCS 能力，植树减排被认为最直接、最经济、最有效的吸收 CO_2 和减轻温室效应的途径（于贵瑞，2003）。通过科学的管理手段提高人工植林覆盖率以及扩大成活面积，对 FES 碳源碳汇特征和 CSP 有积极影响；因此，及时掌握 CRDF 现状并通过信息图谱方式进行表达，可为政府部门提供科学管理及高效决策的平台。

随着 RS、地理信息系统（Geographical information system，GIS）技术的不断进步，人们对数据的需求量不断增加，在大数据（big data，BD）日益发展的背景下，缺乏有效的数据分析手段，人们很难透过复杂且抽象的数据看到事物的本质和规律，而要深入认识和理解其动态变化则愈加困难。为了直观地表达数据的内在联系与规律，GITP 作为一种有效的分析手段被广泛应用。可视化技术将数据转换成图形图像，使科研人员容易把握数据的内在联系，极大地提高了研发效率。GITP 直观的数据分析方式给人们的想象力留出了更多空间，同时也促进了研究理念的创新。

20 世纪 80 年代后期，美国提出了可视化的概念，并逐渐发展为科学计算可视化（visualization in scientific computing，VSC）。VSC 本质是将计算数据转换为图形图像并进行交互式显示的理论、方法与技术，其主要内容是几何数据特征提取、图形生成及图形图像处理等，目前，VSC 的核心研究内容是 3D 数据场可视化（唐泽圣，1999）。1998 年年初，美国副总统 A. Gore 提出“数字地球”（digital earth，DE）的概念，并把 DE 看成是“地球的 3D 多分辨率表示、它能够放入大量的地理数据”。DE 是在计算机技术、GIS 技术、可视化技术（visualization technology）、虚拟现实技术（virtual reality，VR）的支持下，经过深加工的以地球坐标为基准的高层次地学信息产品，它是一个具有多维、多分辨率、动态的地球虚拟系统。DE 是全球信息化的必然产物，加快了全球信息化的步伐，改变着人们的生活方式。响应 DE 建设，作为数字区域及数字城市，2008 年初期，克拉玛依市政府提出了建设数字克拉玛依的总体规划，进入全面部署及实施阶段，2008 年成为数字克拉玛依建设基础年，值此 KCDRF 作为数字克拉玛依建设的一部分也加快了 CDRF 数字建设的步伐。

通过开展 GITP 的理论与应用研究，将 GITP 的理论与方法充分运用到 CDRF 生态信息表达，并在 KCDRF 这一特定地区形成了比较完整图谱可供政府管理与科研机构使用的技术体系。

1989—2009 年，CDRFA 固碳能力逐步提高；俄罗斯杨＋柽柳配置种植模式，有利于 SOM 含量的提高；2009 年 CDRFA 人工林种植面积为 1049.22 hm^2，占总景观面积的 16.72％，盐碱地（saline-alkali land）最大斑块面积百分比为 2.51％，盐渍化现象较严重；部分区域由于灌溉量较大及该区域地下水 HCO^{3-} 及 CO_3^{2-} 含量较高，导致土壤 HCO^{3-} 及 CO_3^{2-} 含量较高；地下水具有空间上的规律性梯度变化，从西部到东部 GWD 呈加深趋势，盐分分布严重不均匀，Mg^{2+} 在空间上梯度最大最不均衡；2010 年光谱分析发现研究区 SOM 与反射率正相关，Ca^{2+} 含量与反射率反相关。建立 NDVI 指数与碳密度数据关系模型，通过相关性检验及线性回归分析得出相关系数为 0.87，相关性较高，模型可行。研究表明，通过碳密度分布图谱可以分析种植模式及灌溉的合理性，把握减排成果，提高减排效率，CDRF 所有树种中新疆杨树种的抗 PDIP 能力较高，其所在样方长势较好，固碳能力较强。3dsmax 是在建筑设计中制作建筑效果图时实用的 3D 设计软件之一，在研究过程中发现 3dsmax 软件具有很强大的兼容性，再配合其丰富的插件完全可以满足生态学信息图谱的表达需求，可充分表现森林系统尤其是展示 PF，满足虚拟表达，为研究人工林碳减排提供新途径。MDDV 技术的运用，将 CDRF 特征信息图谱结合认知空间和虚拟空间表达生成 MDDV 图谱，直观地展现研究区样地特征，实现 CDRF 的 MDDV 仿真。

利用基本特征信息图谱为基础生成多维动态图谱，随着时间的推移，RSI 的来源更加多源化，技术平台更丰富，MDDV 信息制图学成果也将不断刷新。多维动态图谱在未来的研究中可不断丰富形成大尺度的时间序列的图谱，根据不同的主题设定情景，形成多时相多情景的动态图谱。利用多种软件集成生成 CDRF 多种信息图谱，未来研究可在此基础上创建更多领域的信息图谱，扩大了图谱的应用范围，也为进一步分析多个图谱的关系提供了可能，为交叉学科研究提供更为可靠的平台。同时，可定期形成时间序列的场景模拟 MDDV 图谱，回顾过去预测未来形成对比，直观地明确区域管理成果及变化趋势。因此，进行数字 KCDRF 的建设，利用多源数据(muti-source data)形成 GITP 并开展植被碳储量及其特征研究，已经成为产业转型、低碳发展迫切需要解决的问题。

3.1.2 研究进展

DE 既是一种网络界面体系和超媒体模拟环境的集成体，也是一种利用地球数据对真实地球所做的 3D 的、多分辨率的、数字化的、虚拟的整体表达(徐冠华 等，1999；王让会 等，1999)。DE 数据包括多尺度的空间数据、多时相多波段高分辨率(high resolution)的对地观测影像、多比例尺的数字专题制图以及与之相应的文本形式表现的不同类别的数据，如生态、气候、资源环境、灾害、全球变化、地理、可持续发展、水文循环等(承继成 等，2004)。依据研究对象的大小，DE 的研究尺度可分为全球尺度(global scale)、国家尺度(national scale)和区域尺度(regional scale)。随着 DE 研究的不断深入，与之相关的数字中国、数字区域、数字城市、数字环境、数字生态、数字农业、数字资源、数字减灾、数字海洋、数字能源、数字城市、数字水文、数字健康、数字遗产、数字旅游等方面均取得了积极的成果(李德仁 等，2002；陈述彭，2002；李超岭 等，2002；张晶 等，2001；吴险峰 等，2002；张欧阳 等，2002；郭华东，2009)。

目前，数字化的发展已拓展到资源、环境、社会、经济诸多领域，成为现阶段及未来人类社会发展的重要基础与技术支撑。

3.1.2.1　GITP 学科创新及其现状

20 世纪 90 年代，陈述彭（1998）提出 GITP 概念，推动了地理信息科学、遥感信息科学以及生态信息科学及环境信息科学的快速发展；随后 GITP 的理论和方法得到不断完善与发展。理论研究主要集中在不断完善自身定义、内涵与分类，以及 GITP 与其他学科的关系问题的讨论，如与地理信息系统、地图学、数字地球科学等（陈述彭，1998；陈述彭，2001；岳天祥，1999；Sui，1998；陈述彭 等，2000；励惠国 等，2000；廖克，2001）。与此同时，应用研究主要包括 GITP 在各类规划及专题评价上的运用（如灾害评价、资源调查与评价、环境评价等）、图谱自身信息提炼、模型参数设置、区域 3D 表达和情景模拟等问题的探索上（田永中 等，2003；张百平 等，2003；陈菁 等，2004；任春颖 等，2004；周俊 等，2002）。

GITP 作为了解各时空尺度的生态环境动态变化特征、演变规律的重要手段，在生态学、资源环境学、地理学等许多领域得以广泛运用（廖克，2002）。从 GITP 提出到现在，经过大量地图科学工作者的努力，在理论体系、技术体系和应用领域都取得了各自发展。刘纪远认为"GITP 是对复杂地学现象的物理结构、能量特征及其变化的描述"（陈述彭，2001），廖克（2002）将 GITP 定义为由 RS、地图数据库、GIS 与 DE 的大量数字信息，经过图形思维与抽象思维概括，并以计算机多维与动态可视化技术，显示地球系统及各要素和现象空间形态结构与时空变化规律的一种手段和方法。同时这种空间图形谱系经过空间模型与地学认知的深入分析，可进行推理、反演与预测，形成对事物和现象更深层次的认识，有可能凝练出重要的科学规律，在此基础上为经济与社会可持续发展的规划决策与环境治理、防灾减灾对策的制定，提供科学依据和明确的具体结论。在分类方面，GITP 的对象非常广泛，目前还没有形成系统研究定论，针对不同的分类依据有分类结果（陈述彭，2001）。

在基础理论研究方面，陈述彭院士强调了经典地图学理论中的地图投影、地图概括、地图符号、多维可视化、地图尺度效应（scale effect）等基础理论在 GITP 中的重要作用，以及地球系统科学理论，是 GITP 研究必不可少的理论基础。齐清文和池天河（2001）提出地球系统科学和地球信息科学是地学信息图谱的理论基础，并具体细化为地学专业的基础理论、地学认知理论和地学信息机理。关于 GITP 基础理论的研究，由于受实践范围和应用深度的影响，其理论体系的研究还有待于不断深化。GITP 的建立过程涉及一系列步骤（齐清文 等，2001）。确定图谱研究对象，掌握时空格局和规律；从研究对象中抽象分离出组成要素，逐个描绘其不同形态，并形成系列；对系列图形进行归类和提炼出图谱的抽象映象图、标准类型和等级；对系列图形进行量化和形式化；图谱建模，使其具有计算机识别和 VR 功能；针对实际应用目标进行要素重组和虚拟，提供资源环境问题调控方案并预测调控结果。

GITP 从最初的对形成与发展（陈燕 等，2006；陈毓芬 等，2003）、基本理论以及设计和构建方面的探索(励惠国 等,2000;任春颖 等,2004;Ursula et al.,2004),逐步发展到多方面的应用研究。目前已涉及的应用研究有城市发展规划(廖克,2001;Kraak,2004),时间序列的水动态表达(Haas et al.,2009),生物量估算(Feldman et al.,2010),生态信息表达(张慧芝 等,2009),森林覆盖情况监测(武永利 等,2011)、生态景观分析(芮建勋,2007;李锦 等,2008)、土地利用分类(叶庆华 等,2007;赵静,2011)、黄土地貌分析(万江波 等,2005)、滑坡灾害评估(刘文玉 等,2010)及植物分类(张超 等,2011)等方面。无论哪个专业领域或行业研究,都为 GITP 的发展提供了重要的支撑,也为人们认识相关学科研究规律提供了新的途径。

3.1.2.2 MDDV 特征及其表达方式

近年来,国内外对可视化研究的关注度不断提高,在该研究领域人力物力的投入也不断增多。美国最先设立了专业的可视化研究实验室,日本、德国等国家也成立了研究中心及国家实验室,开展了大量可视化研究工作。随着研究工作的进行,VSC 在巨量数据处理、交互式图形图像处理技术方面取得了一定成就。VSC 与计算机技术、IOT、GPU 可编程技术及 VR 相互融合与促进,成为信息科学与信息技术领域的一系列重要发展方向。

随着计算机技术的发展,在某种程度上 VSC 技术渗透在各个科学技术领域,且在流体力学模拟、生命科学、地震灾害、气象预报等行业成熟应用。VSC 两大步骤为构建数据模型与可视化渲染,构建数据模型是将内存数据映射为几何图元的过程,而渲染是由几何图元处理成图形图像的过程。将复杂抽象的数据信息转化为研究者易于掌握的图形图像,可视化技术提供了一种可以直观、形象地发现数据内在规律的途径。因此,可视化技术逐渐成为科学研究、工程应用领域的重要的支持与辅助分析手段。多维动态可视化是基于可视化技术、VR 情景模拟、GIS 等技术,以真实表达为主要目的,并能够直观表达地理或生态信息的技术和方法(廖朵朵 等,1996)。MDDV 技术的发展离不开动画技术、3D 显示技术、VR 等高级的计算机技术的支持,同时也与交叉学科建设中对可视化研究的需求密切相关。

对于同一生态系统,不同的研究尺度具有不同的生态信息表达方式,在不同表达基础上会得到不同的尺度效应。在相同尺度为同质,到不同尺度就可能成为异质,所以在生态信息表达的时候改变尺度的影响是显著的,生态问题的尺度在很大程度上可以影响或者决定结果,选择不同的尺度能得出不同的结论(张娜,2006;Schneider,2001;张彤 等,2004)。随着生态信息表达方式日益多元化且生态研究问题日益复杂,对小尺度的生态信息表达需求日益增加,利用 3D 技术进行小尺度的更为准确的、动态的、可视化的生态信息表达是目前制图学的新领域。

MDDV 技术的基本方法包括点数据场的可视化、标量场数据的可视化、矢量场数据的可视化、张量场数据的可视化以及其他相关数据的可视化(王建华,2002)。多维动态地学可视化主要研究方向涉及多维动态的地学数据模型理论研究、空间框架数据建设,应用领域的开拓等(陈军,2002);以 3D 球体为基础平台,实现海洋仿真与可视化研究是当前VR及VSC的研究热点(徐敏 等,2009;董文 等,2010;肖如林 等,2010)。

MDDV表达实际上是对认知空间中的信息进行表达,而不是对地理空间中的直接描绘。虽然现代计算机图形学技术及可视化系统可以逼真地模拟现实世界,但依然是对现实世界经过认知后的信息表达,要概念化表达地理空间、认知空间及虚拟空间必须分析3种空间信息特征。在地理空间中,空间信息是由位置信息、属性信息和时间信息3种基本信息构成的;认知空间的表达机制是极其复杂的;虚拟空间中的信息表达是人类认知空间中信息的图形化或数字化的表达,即对认知空间中的信息进行抽象综合,将可以用几何方法表达部分空间信息输出或投影到虚拟空间中。

虚拟空间信息表达是一个复杂的心理过程,人们利用一些其他技术手段或方法来辅助完成该过程,如计算机图形学、计算机软硬件等。认知空间中不是所有信息都可以进行几何表达的,为了将大尺度地理空间投影到虚拟空间中,必须采用新的观测手段加强对地理空间的认知,或者多人多单位合作,徒步考察的方法可以增强对局部空间中的认知,但对大尺度空间中的时空现象则不可能得到全面综合的认识。虚拟空间的信息是认知空间中地图功能的发挥,可以分为局部空间表达和全局空间表达,具有一系列不同的特征。局部虚拟空间的表达主要是将空间信息的位置、属性和时间采用相应的方法进行表达,其中位置信息采用空间3D坐标(x,y,z)来表达,距离和方向等可以由系统环境提示;属性信息如颜色、形状、尺寸等采用相应的空间数据模型、计算机图形学以及地图视觉变量等结合起来表达;对于时间信息的表达,采用动态地图变量形成的地图动画可能是最直观有效的方法。全局虚拟空间表达则是整个网络化信息空间的表达(王英杰 等,2003)。

MDDV是虚拟重组的表达方式,而地学对象的虚拟重组是GITP的主要目标之一,任务是以地物时空分布格局识别和以GITP为基础,采用先空间建模后虚拟重组的方法,将地学对象的最基本组成单元以不同的方案进行虚拟重组。GITP具有演示说明、分类定位及规划指导等功能,其中"演示说明"是直接演示,是最基础的功能;"分类定位"是中等层面的功能,即利用信息图谱查找研究对象并予以定位,对比分析现象甚至过程的研究卓有成效;"规划指导"是高层次功能,即抽取GITP中最基本的地学对象要素,以虚拟的方式在空间上进行重组,该项功能具有较强的预测能力和宏观调控性。

基于对地观测系统的建立,3S技术与AI的发展、图形图像技术的改进以及DE的建设,各种数字化的信息源呈现多样化特征,为MDDV表达提供了坚实的数据平台。MDDV的主要功能是信息交互性,指动态图谱中对象具有与参与者的互动能力;可进入性,指由计算机生成的虚拟场景,参与者进入体验真实;实时浏览,指多维动态图谱能够实时响应参与者的输入并立即改变虚拟场景的状态;景观显示,指通过虚拟技术达到3D景观的模拟现实输出,并提供不同角度的区域浏览;时空信息动态表示,指将时间序列的卫星影像作为背景,可进行随机查询,也可顺序显示。

3.1.2.3 CDRF相关方面研究进展

目前，关于CDRF方面的研究方向主要集中在种植模式及结构功能，可视化虚拟模拟PF以及PF碳储量方面。

在种植模式及结构功能方面，获取不同种植代次的杨树PF营养元素含量的变化特征，分析随栽植代数增加，树高、胸径、材积生长量受连栽的影响（房莉 等，2007）；利用多样性指数及其均匀度、群落系数和相似度系数等指标为判别尺度，分析天然林与PF之间的群落学差异（卢琦 等，1996）；分析PF的林分生长结构及生长，探讨林分与地下水、水盐、SN和生物因素对CDRF生长状况的影响（孔维财 等，2010）；利用现场采样及实验室数据对造纸废水灌溉不同年限和不同土壤深度的土壤化学性质进行研究，分析灌溉对PF的影响。在可视化虚拟模拟PF方面，PF经营流程式可视化模拟方法研究，根据经营过程措施方式不同，将林分经营过程进行流程组件式拆分，抽象经营措施为独立的流程模块，对应的经营措施指标抽象为具体的指标参数，通过解析和执行经营流程过程，得出经营可视化模拟结果，为森林经营决策提供一定的依据（吴学明 等，2012）。树木模拟可视化软件可模拟树木的生长发育状况，目前已涉及辅助景观设计、科研教育和林业生产等方面的应用，但在数据的采集和管理、结构功能模型的建立等方面仍需加强（雷相东 等，2006）。在PF碳储量方面，国内外许多学者对FES的碳储量进行了调查研究（Dixon et al.，1994；方精云 等，1996；王效科 等，2000），徐新良等（2007）的研究结果显示，中国森林植被的碳汇功能主要来自于PF的贡献。近年来的主要方向是研究植树造林和农田节能管理在中国碳汇中的减排潜力（冯瑞芳 等，2006）以及计算森林或草地的碳储量，并分析碳汇能力作为全球碳减排交易依据（胡会峰 等，2006）。前期PF研究树种主要集中在对马尾松、杉木、毛竹等PF的碳储量（carbon stock，above-ground carbon，AGC）的研究（康冰 等，2006；张林 等，2005；张国庆 等，2007；黄宇 等，2005；张小全 等，2003；田大伦 等，2004；肖复明 等，2009；唐罗忠 等，2004），近期对杨树PF的研究增多，研究不同林龄杨树林林木和土壤碳储量变化规律，利用不同年限杨树PF的林木生物量和碳储量、土壤碳质量分数和碳储量测定，分析杨树林总有机碳（total organic carbon，TOC）储量变化范围及土壤有机碳储量（soil organic carbon stock，SOCS）的团聚体质量分数的相关性（崔鸿侠 等，2012），研究施肥对PF碳密度及休眠期土壤呼吸的影响（葛乐 等，2012）。

总之，利用GITP及MDDV技术开展CDRF特征方面的研究将DE建设、PF建设、可视化技术研究相结合，对多源数据整理成图基础上，分析CDRF特征，结合MDDV技术进行CDRFMDDV化的仿真表达，具有重要的理论价值和应用价值。

3.1.3 研究目的及意义

全球气候变化背景下，生态环境问题备受关注。森林VCS能力备受关注，植树减排被认为是最直接、最经济、最有效地吸收CO_2和减轻温室效应的途径，即PF是增加陆地碳汇的主要途径之一，科学管理 PF 可成为增加碳汇和减缓全球气候变暖的有效手段。

KCDRF 是克拉玛依市社会经济可持续发展的基础，是人为经营和自然环境相互耦合作用而生的一种独特生态景观。对该研究区的各种数据收集、表达并进行特征分析，在干旱区及全球加强碳减排的新环境下显得格外重要。GITP 作为了解各时空尺度的生态环境动态变化特征、演变规律的重要手段，在生态学运用中可展现景观类型、景观要素间的定量定性关系，反映区域环境变化特征与生态过程。

MDDV 仿真信息图谱是 GITP 的一部分，它能将大数据及复杂的科学表达简明直观化。GITP 及 MDDV 技术的运用为交叉学科研究及政府管理决策提供了快速新通道。以基本特征信息图谱为基础并结合智能化、统计分析等技术可对景观格局进行深入研究，对生态影响评价及格局影响因子分析具有重大意义（Jerry，2004；王素敏 等，2004；傅肃性，2002；潘竟虎 等，2004；吴世新 等，2005）。在全球气候变化背景下，要求对 CDRF 的特征要素进行长时间序列研究，这需要特征数据具有动态连续性，能够动态反应固碳过程。随着 GITP 的不断深化及发展，各种 3D 可视化技术逐渐成熟，CDRF 信息可视化的实现已具备可能性。基于以上背景，CDRF 可视化表达正逐步从 2D 图像向基于 3D 动态可视化过渡。与此同时，各种与低碳减排相关的环境问题越发受到关注，CDRF 信息可视化技术的需求也逐步增加，CDRF MDDV 的目的就是要通过可视化图像的实时动态展示来体现 CDRF 实时情况，并为长时间序列的变化分析打下基础。将野外观测数据、RSD、矢量数据等多种数据处理后，以多维的动态的方式直观形象予以表达，使科研工作者和政府管理者能够从不同层次、不同视角把握 CDRF 特点，易于监控和分析 CDRF 资源环境状况及动态变化。

KCDRF 信息图谱的形成及特征分析与建设数字城市克拉玛依主题相协调，有利于反映干旱研究区生态系统的时空变化，为对比分析自然因素及人为作用对 FES 的影响程度提供重要的科学依据。本研究以 KCDRF 为研究区，采用 GITP 技术、空间分析技术和模拟技术建立 KCDRF 信息图谱并分析 CDRF 特征。在倡导人类命运共同体，应对气候变化及全球加强碳减排的新环境下，该研究方向符合国际科学研究的发展趋势，同时也紧扣中国碳减排机制，具有重要的现实意义。

3.1.4　技术路线与方法

3.1.4.1　技术路线

围绕着重点需要解决的科学问题，首先确定研究尺度，以 KCDRF 为研究区进行数据收集整理，包括野外数据、实验数据、RSD 及矢量数据，利用 ENVI、ArcGIS、AutoCAD 等软件，结合收集数据生成 CDRF 基本特征信息图谱，在此基础上分析 CDRF 基本特征，进一步在时空序列上把握 CDRF 特征，为 CDRF 的可视化表达提供可能性,最终利用 Speedtrees、Forest Pack Pro 插件及 3dsmax 建立研究区仿真信息图谱,从多维动态角度表达 CDRF 的叠加信息,强化数字城市建设。具体的技术路线见图 3-1。

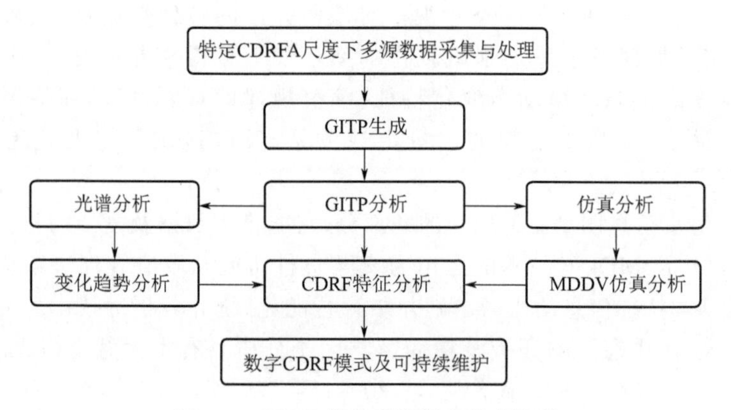

图 3-1 CDRF 信息图谱研究技术流程

3.1.4.2 研究方法

主要通过如下方法,实现对 CDRF 的表达与分析。①野外调查获取郁闭度、乔木的胸径、树高等生长指标;使用环刀法获取 SBD,取样实验室分析 SPCP;测量监测井 GWD,取样实验室分析地下水理化性质(Physicochemical properties of groundwater,PCPGW)。②利用该区域的矢量数据、RSD、野外观测数据及实验获取数据,进行数据统计分析及图像预处理。③利用 ENVI 生成减排区(1989—2009 年)时间序列遥感信息图谱,采用 2009 年数据利用 ENVI 3D Surferview 生成多维动态遥感信息图谱,基于该信息图谱分析 CDRF 3D 地形变化特征,为实现 CDRF 多维动态仿真表达提供地形平台。④采用非监督分类(unsupervised classification)的 K 平均分类算法(K-means),选择二级分类,利用 Arcmap 及 Envi 软件形成 NDVI 图及土地利用分类图谱,基于该信息图谱分析 CDRF 土地利用变化特征,为细化 CDRF 多维动态仿真表达提供通道。⑤利用 ArcGIS 软件 IDW 插值法,结合实验室获取土壤及地下水的理化性质数据分别生成多元素土壤特征、地下水特征信息图谱,基于该信息图谱分析 CDRF 土壤、PCPGW 分布特征,为实现 CDRF 多维动态仿真表达地面材质提供分析基础。⑥利用 Matlab 反演碳密度与 NDVI 关系,并验证模型相关性,生成碳密度模型,结合已形成的碳密度模型及土地利用分类图利用 Arcmap 得出 CDRF 碳密度分布图谱,基于碳密度分布图谱结合种植模式图进一步分析 CDRF 林分特征,为建立 CDRF 仿真图谱提供树型分类及布局提供途径。⑦利用 Speedtrees 生成各种长势模型树、利用 Forest Pack Pro 造林,在 3dsmax 的平台下将模型树、地形、地面材质统一融合,实现研究区多维可视化仿真表达。

3.2 KCDRF概况及数据来源

3.2.1 二氧化碳减排林地域范围

如前所述，二氧化碳减排林区（CDRFA）位于中国西部干旱区新疆克拉玛依市区的东南部约15 km处，具体地理位置见图3-2。

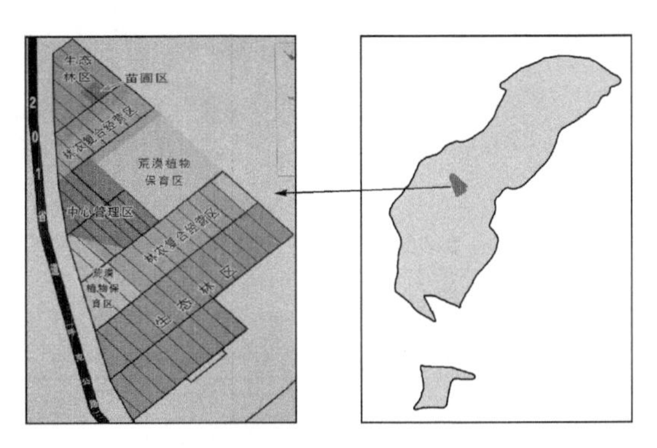

图3-2 CDRFA地理区位示意图

实际调查时，采用原CDRF地下水勘探井位编号；K代表本研究野外调查时设置编号，按样地调查时的顺序设置命名为K001、K002……

3.2.2 二氧化碳减排林数据来源

主要数据包括CDRF矢量数据、时间序列的RSI数据、野外调查数据及实验室数据。

3.2.2.1 矢量数据来源

KCDRFA没有既定矢量数据，研究选取数据格式为“*.shp”的全国基础地理矢量数据，为平台获取后面的CDRF不规则矢量做准备，全国基础地理矢量数据坐标系统为World Geodetic System 1984（WGS84），网址为http://westdc.westgis.ac.cn（中国西部环境与生态环境科学数据中心）。

3.2.2.2 RSI数据来源

美国Landsat4，5 TM所获取的多波段扫描影像，共7个波段。可见光波段：TM1为0.45～0.52 μm，TM2为0.52～0.60 μm，TM3为0.63～0.69 μm；近红外波段：TM4为0.76～0.90 μm；中红外波段：TM5为1.55～1.75 μm，TM7为2.08～2.35 μm；热红外波段：TM6为10.40～12.50 μm。TM影像空间分辨率除热红外波段（TM6）为120 m外，其余均为30 m，像幅185×185 km^2。

使用Landsat5 TM影像，其中购买2009年8月24日04时51分，行列号为144/28

下移45°的TM RSI,另外下载1989年9月10日、2006年7月31日和2007年8月19日TM RSI,下载网址为:http://datamirror.csdb.cn(国际科学数据服务平台)。RSI的通道特征表如表3-1所示。

表3-1 Landsat5特征信息表

序号	波段	主要作用
1	B	用于水体穿透,分辨土壤植被
2	G	分辨植被
3	R	用于观测道路、裸露土壤、植被种类,效果很好
4	NIR	用于估算生物量,该波段可从植被中区分出水体,分辨潮湿土壤,但对于道路辨认效果不如TM3
5	MIR	用于分辨道路/裸露土壤/水,在不同植被之间有良好对比度,并有较好穿透大气、云雾的能力
6	TIR	感应发出热辐射的目标
7	MIR	对岩石/矿物分辨敏感,也可辨识植被覆盖和湿润土壤

3.2.2.3 野外数据来源

(1)研究区划分及样地设置

根据前期调查获取的CDRF植被组成及分布特点,结合RSI,选择有地下监测水井或植被生长较为特殊的地区作为典型研究区域,采用典型和随机抽样法将KCDRF分为2个大研究区(CDRFA和PF预留地区)和28个小研究区,预留地区域目前仍属自然地貌,基本未受人为活动干扰,呈原始自然地貌状态。选择有地下探测水井附近,设置10 m×10 m的样地,样地调查主要包括样地概况、乔木层组成种生物量测定、土壤剖面调查、PDIP受损程度调查等。

(2)主要生态因子观测

郁闭度(canopy density,crown density)是林分密度的指标,是森林中乔木树冠遮蔽地面的程度。它以林地树冠垂直投影面积与林地面积之比,以十分数表示,完全覆盖地面为1。在KCDRF 10 m×10 m样方内,沿样方对角线行走垂直仰视的方法,判断该样点树冠覆盖情况并统计被覆盖的样点数,郁闭度公式(3-1)为:

$$郁闭度=被树冠覆盖的样点数/样点总数 \quad (3\text{-}1)$$

统计样方内乔木所有树木数量,调查所有乔木的胸径(采用胸径尺,1.3 m起测)、树高等生长指标。

(3)实验数据获取

在CDRFA样地内使用环刀法测量标准土壤剖面各个层次SBD,分别取样放入自封袋中,自然风干后进行土壤化学分析;测量监测井GWD,取水样储存,分析地下水化学性质。

3.2.3　数据预处理步骤

3.2.3.1　CDRF 矢量数据获取

矢量数据的 3 种方式：一种是人机交互（man-machine interaction，human-computer interaction，HCI）方式；一种是批量处理方式；另外一种则是将前两种结合起来的处理方式。研究以全国基础地理矢量数据的 WGS84 坐标系统为背景数据，结合 KCDRF 规划图（*.dwg 格式），利用 ArcGIS 9.2 对全国基础地理矢量数据进行 CDRFA 的边界裁剪，获取 CDRF 的矢量数据。

CDRF 域内生态调查样地的经纬度，采用手持式 GPS(eTrex Venture)现场测量并录入坐标的方式获取，在 CDRF 的矢量数据里利用 ArcGIS 9.2 中插入样地点位，生成带样地位置的 CDRF 矢量数据。

3.2.3.2　CDRF RSI 数据处理

RSI 需要进行预处理，以提高 RSI 最后的成图效果，包括以下 3 个步骤。其一，辐射定标，传感器在获取地表信息的过程中由于受到大气成分吸收与散射的影响，使获取的遥感信息不纯粹，影响后期分析（亓雪勇 等，2005）。所以传感器输出的电信号的数字量或模拟量需要转换为探测器所对应的目标像元的绝对物理量，才能对不同传感器、不同时间获得的数据进行定量比较和分析（张广顺 等，1996）。辐射定标正是实现这一目的的过程。其二，大气纠正，遥感影像辐射信号与大气辐射传输模型结合，可获得真实地表反射率。FLAASH 模块融合了大气辐射传输编码，标准 MODTRAN 大气模型和气溶胶类型都可以直接选用计算 RSI 地表反射率（宋晓宇 等，2005）。其三，几何校正，遥感图像在成像过程中由于受地球的自转、卫星位置和运动状态的变化、地形的起伏、地球的表面曲率以及大气的折射等的影响容易几何畸变，在进行遥感图像后期成图前，一般还需要进行几何校正处理以消除上述因素的影响。

研究区 TM 影像经过前面的预处理后，再对其进行深度加工。

统一波段：本研究使用的 TM 影像为多个波段独立文件，需要进行波段统一处理。Open Image File 打开的图像，band1-7 文件位于可利用波段列表中，File→Save File As→ENVI Standard 加载，出现 New File Builder 对话框，点击 Import File，添加的波段文件，Reorder Files 改变文件顺序，键入输出文件名，完成波段统一处理。

设置矢量数据感兴趣区：主菜单 file→open vector file，打开裁剪图像所在区域的 shapefile 矢量文件，投影参数不变，导入的 memory；available vector list 对话框中，选择 file→export layer to ROI，在弹出的对话框中选择裁剪图像；在 export EVF layer to ROI 选择对话框中，选择 convert all record of an EVF layer to one ROI；主菜单 basic tools→subset data via ROIs 选择裁剪图像，在 spatial subset via ROIs parameters 中，设置参数；在 ROIs 列表中（select input ROIs），选择绘制的 ROIS；在“mask pixels outside of ROI”项中选择“Yes”，并设置裁剪背景值（mask background value)为0,完成矢量数据感兴趣区设置。

掩膜处理:主菜单open vector file,打开裁剪图像所在区域的shapefile矢量文件,投影参数不变,选择导入的memory,open image file,打开一个裁剪图像,并在display中显示,主菜单→basic tool→masking→build mask,在select input display中选择被裁剪图像文件所在的display窗口,自动读取图像的尺寸大小作为掩膜图像的大小,在mask definition对话中,单击options→import EVFS,选择导入的shapefile矢量文件,完成掩模文件生成。

利用掩模计算进行剪裁:主菜单basic tool→masking→apply mask;在select input file中,选择裁剪图像文件;在select mask band中,使用已生成的掩模文件;确认输出裁剪结果。

图件输出:采用比例尺为1∶50000。在ENVI中选取波段5、4、3进行RGB合成,生成CDRFTM彩色合成图。File→QuickMap→New QuickMap,设置图像尺寸和比例尺。

3.3 KCDRF基本信息图谱

3.3.1 时序遥感信息图谱

信息图谱是一个既互相联系又具有独特性的系列,具有成分的灵活性,可以进行时空尺度的补充增加,是一个不断完善的整体和系列。利用前面已处理好的各时期RSD生成1989年9月10日(1997年种植植被前)、2006年7月31日、2007年8月19日及2009年8月24日遥感图像分析可知,1989年研究区为裸地,基本无植被;从1997年到2006年7月31日,研究区开始进行种植管理,植被覆盖率显著提高;随后的2007年到2009年,原本中间部分的预留区域也存在植被覆盖率不断提高的现象。可以确定CDRF在科学经营的前提下,CSP逐步提高。

3.3.2 多维RSI信息图谱

3.3.2.1 地形实现3D表达

利用ENVI软件,运用CDRF RSI创建CDRF RSI 3D表达图。利用2009年TM影像生成CDRF地形3D表达图。操作步骤为:在ENVI主图像窗口的菜单选择Tools→3D Surferview。由于CDRF研究范围较小,为了突出立体效果,将Vertical Exaggertion设为5,Resampling选择Nearest Neighbor。

3D遥感景观图在视觉效果上比2D地图更加形象逼真,在生态信息的表达上能够更为准确地反映地表情况,可视性获得突破,并且可以通过不同位置的选取得到不同角度的目标区立体效果,为政府决策部门及科研机构提供一种全新的视觉体验,提升对目标区的认识。

在进行目视非监督分类调整时可借助 3D 线性纹理图细化分类，同时 3D 网格图及线条图可以为 3dsmax 情景再现提供场景模型，为进一步了解 CDRF 结构提供科学基础（吴玮 等，2002）。

3.3.2.2　CDRF 3D 漫游实现

在表达地物特征时，静态显示 3D 场景是不够的，往往还需要显示交互式实时动态观察效果。3D 漫游就是对 3D 场景进行实时的浏览，即在 3D 场景中进行 HCI。它能够交互式地从各个不同的角度形象直观地展示 3D 场景，可以沿设定的路线从空中或地面动态地、多方位地展示地段的功能，使观察者具有亲临其境的逼真感觉。利用 ENVI 软件所具有的平移、旋转、缩放等功能为实现 3D 场景的实时动态漫游提供了保证。确定飞行路线是进行 3D 漫游的前提。

根据 3D 环境中 3D 地面坐标的获取方法，在正射投影（orthographic projection）模式或透视投影（perspective projection）模式下直接通过鼠标在 3D 地形上选取一系列地面点，连接这些 3D 地面点并经过插值后即构成飞行漫游路径。沿此飞行路径可直接观察设计的线路方案 3D 效果，以及线路周围的地理环境。在 ENVI 中通过设置飞行速度与飞行路径可以实现 3D 漫游，但利用 ENVI 设置实现 3D 漫游受到尺度限制，漫游视觉效果较为模糊，而 3dsmax 可实现高清晰的仿真再现，为 3D 漫游另辟新径。空间多维信息可视化对空间信息数据挖掘（data mining，DM）、虚拟空间乃至 DE 的构建都有着重要的现实意义。

3.3.3　二氧化碳减排林土地利用变化特征

3.3.3.1　RSI 分类原理及标准

RSI 分类的方法主要包括监督分类和非监督分类两种。监督分类（supervised classification）即用感兴趣区样本像元去识别其他未知类别像元的过程（杨鑫，2008）。在监督分类中，分析者需要在图像上对每一种类别选取一定数量的训练区，与每个感兴趣区样本作比较，按照不同规则划分同类样本。非监督分类（unsupervised classification）不需要人工选择训练样本，仅需极少的人工初始输入，计算机按照一定规则自动地根据像元光谱或空间等特征组成集群组，然后分析者将每个组和参考数据比较，将其划分到某一类别中去。主要有 *K* 平均分类（*K*-means）和迭代自组织数据分析技术算法（ISODATA 算法）。

RSD 分类常用二级分类系统，第一级依据国民经济主要用地构成、土地属性和利用方向进行分类；第二级是依据土地资源主要利用方式和条件进行分类 。

3.3.3.2　LUCC 信息图谱建立

研究中采用二级分类及非监督分类的 *K*-means 算法，处理精度较高。利用 Arcmap 及 ENVI 实现 1989 年、2006 年、2007 年及 2009 年 NDVI 图像图形表达。利用 *K*-means 算法实现非监督分类的 KCDRFRSI 该区域的 LUCC 特征信息图谱由于 1989 年土地覆盖单一为沙地及裸地，无分类意义，且本研究团队已对时间序列研究进行对比分析，故此次研究仅对 2006 年、2007 年、2009 年 3 年的 TMRSI 进行分类。

进行时间序列的图谱分析有利于准确把握 CDRF 管理效果，2006—2009 年间，PF 种植取得了巨大的效果，林地覆盖率逐步增高，本研究基于 2009 年的 NDVI 图及土地利用分类图与 CDRF 样地调查情况进行对比分析。

从图表对比分析得出，图表林分生长情况具有一致性，表上显示长势好的区域，图上林地分布广。如 K021、K022 及 K023 样地附近林地分布较广，生长状况较好；K001、K003 及 K004 等样地附近植被长势差，则图上林地分布少，由此可知，利用图谱可以节省很多现场调查时间，可以迅速把握调查重点。宏观上即成了土地利用分类图和 NDVI 图，微观上可利用现场调查数据进一步调整辨识分类，为后面利用 3dsmax 进行仿真信息表达、情景再现提供研究基础。

3.3.3.3 景观格局时空分析

目前，在景观生态的研究中最常用的景观指数计算软件是 Fragstats 3.3，其中计算指数有：斑块指数 19 个，斑块类型指数 121 个，景观指数 130 个，还有增加新指数，如线性指数（Linearity Index）、穿越能力指数（Traversing ability Index）等，并对部分指数的计算方法进行了修改。本研究利用 Fragstats 3.3 进行景观指数计算。鉴于已有 1989—2009 年景观指数变化信息，本次研究仅以 2009 年为例进行景观指数计算，为后续仿真效果图提供定量指标基础，Fragstats 运行截图，见图 3-3。

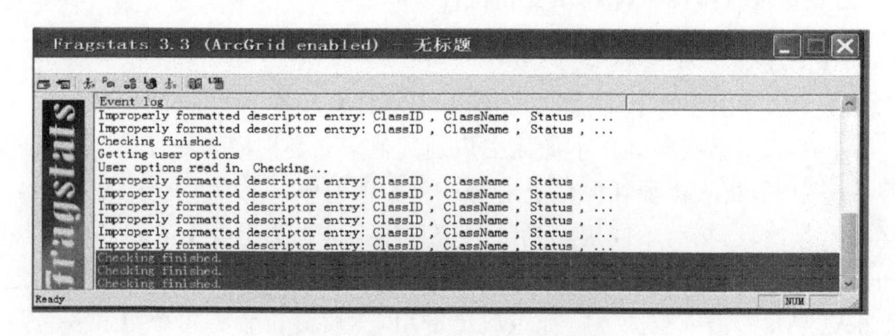

图 3-3 Fragstats 运行结果截图

设置软件参数属性，新建变量名为 path，变量值选 d；Fragstats 3.3 支持 . grid 格式数据，需将 . shape 文件转换为 . grid 格式的文件以便运算；在 Arcmap 中 tools→Extensions→Spatial Analyst，转换为 grid：feature to raster；制定属性文件，新建 txt 文件，设置输出格式后保存为 * . fdc 格式。参数设定 fragstats\set run parameters 打开 Run parameters 对话框。Grid name→Output File→Is properties file 找到 * . fdc 文件→ Output Statistics：选择计算的指数；点击 Fragstats/execute 执行。计算结果如表 3-2 所示。

表 3-2　CDRF 景观指数计算结果(2009 年)

类别	盐碱地	沙地	草地	林地
NP	473	928	375	723
CA	1712.16	2279.97	2902.14	1049.22
PD	2.9460	5.7798	2.3356	4.5030
LPI	2.5101	5.4631	15.0596	0.3094

利用 Fragstats 3.3 软件计算 CDRF 的景观指数，分析其景观格局，并在斑块类型水平和景观水平上选取代表指标进行计算(表 3-2)。由表 3-2 可知，2009 年 KCDRF 项目基地 PF 种植面积为 1049.22 hm^2，占总景观面积的 16.72%、斑块个数为 723 个，与裸地个数 928 个接近，景观斑块密度为 4.50；CDRF 最大斑块面积为草地，百分比约为 15.06%，沙地最大斑块面积百分比为 5.46%，盐碱地最大斑块面积百分比为 2.51%，该区域盐渍化现象较严重。

需要提及的是，表 3-2 中各景观指数具有特定的内涵，反映了 CDRF 时空特征及要素之间的内在联系。斑块类型面积(CA)：CA 是某一斑块类型中所有斑块的面积之和，即某斑块类型的总面积。斑块所占景观面积的比例(PLAND)：PLAND 度量的是景观的组分，即某一斑块类型的总面积占整个景观面积的百分比。其值趋于 0 时，说明景观中此斑块类型变得十分稀少；其值等于 100 时，说明整个景观只由一类斑块组成。此外 PLAND 是确定景观中优势景观元素的依据之一；也是决定景观中的生物多样性、优势种和数量等生态系统指标的重要因素。景观斑块密度(PD)：亦称孔隙度，是某一斑块类型的斑块总个数与整个景观面积之比，表示景观基质被该类型斑块分割的程度，用来反映景观的空间格局，经常被用来描述整个景观的异质性，在总景观面积一定时，斑块密度和斑块数传达同样的信息。PD 的大小与景观的破碎度有很好的正相关性，一般规律是 PD 大，破碎度高；PD 小，破碎度低。破碎度对许多生态过程都有影响，可以决定景观中各种物种及其次生种的空间分布特征；改变物种间相互作用和协同共生的稳定性，而且对景观中各种干扰的蔓延程度有重要的影响，如某类斑块数目多且比较分散时，则对某些干扰的蔓延(虫灾、火灾等)有抑制作用。最大斑块所占景观面积的比例(LPI)：LPI 是某一斑块类型中的最大斑块占据整个景观面积的比例。有助于确定景观的优势类型。其值的大小决定着景观中的优势种、内部种的丰度等生态特征；其值的变化可以改变干扰的强度和频率，反映人类活动的方向和强弱。

3.3.4　二氧化碳减排林土壤特征

3.3.4.1　SN 信息图谱构建及特征

SN 是度量土壤肥力的重要指标，在认识 CDRF 物质循环过程中具有重要的地位与作用。通过对 2009 年 CDRF 各样地 SN 测定结果进行统计分析，得出了 CDRF SN 特征值，见表 3-3。

表 3-3 CDRF SN 特征值

特征参数	范围	平均值	标准差	变异系数(%)
SOM(g/kg)	0.867～1.742	1.205	0.267	22.16
TN(g/kg)	0.038～0.134	0.081	0.029	35.80
TP(g/kg)	0.514～0.618	0.553	0.036	6.51
TK(g/kg)	18.701～22.473	20.762	1.285	6.19
AN(mg/kg)	0.96～29.66	9.70	10.53	108.56
AP(mg/kg)	0.59～1.76	0.96	0.35	36.46
AK(mg/kg)	36～266	129.73	69.92	53.90

SN 特征值数据随 SN 情况变化而波动，从表 3-3 可看出，土壤中 AN 的变异系数数值最高，表明土壤中 AN 的空间变化很明显；SOM(soil organic matter，SOM)、TN、AP、AK 的变异系数数值相对较高，表明它们的空间变化较为明显；土壤中 TP、TK 的变异系数数值较小，表明其空间变化不明显。

研究区 SOM 平均值为 1.205 g/kg。土壤中 N、P 含量平均值分别为 0.081 g/kg、0.553 g/kg。土壤中 K 含量相对丰富，平均值为 20.762 g/kg。以上分析可以看出，研究区土壤普遍缺少 N 和 P，K 含量丰富，因此，在对 CDRF 人工施肥时，应因地制宜合理实施。

基于样地 SN 的测定结果，采用反距离权重法(IDW)进行插值，生成 CDRF SN 分布，图 3-4(彩)反映了 CDRF SN 分布信息图谱。从图谱中可以看出，K007、K010 样地中 SOM 相对较高，SOM 与其他 SN 分布具有一致性。

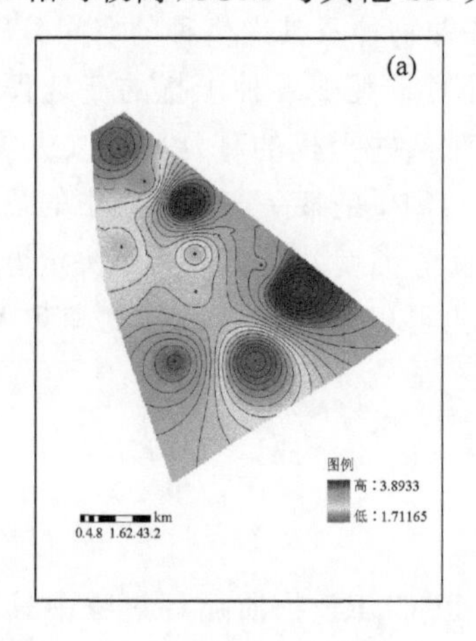

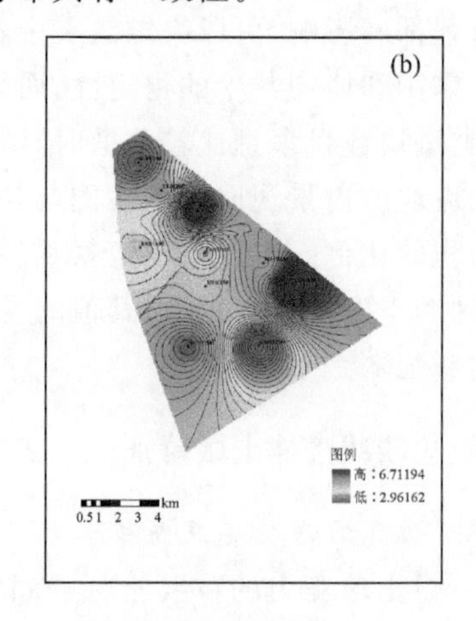

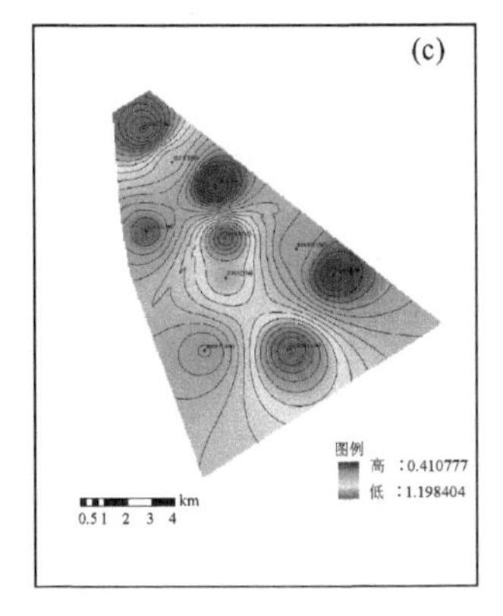

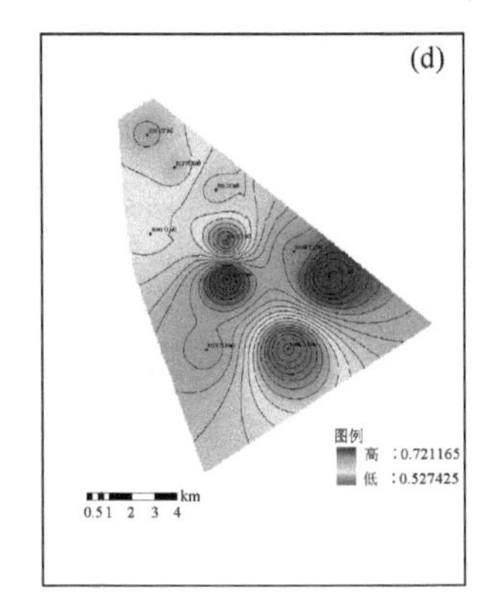

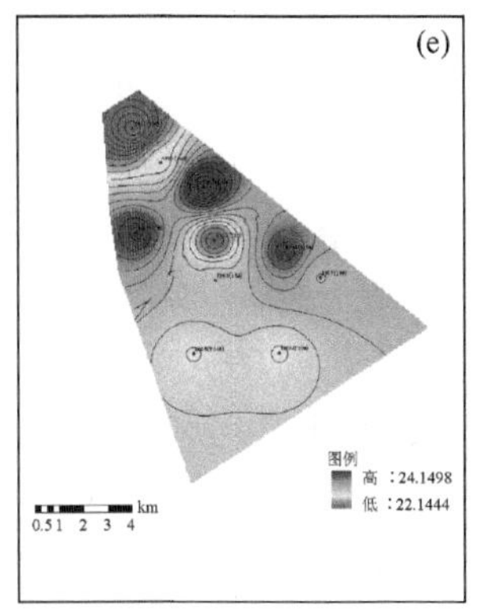

图 3-4　CDRF SN 分布信息图谱(a、b、c、d、e 分别为 OC、OM、TN、TP 及 TK)(另见彩图 3-4)

图谱特征体现了 SN 的变化，从图可知，CDRF 九支渠及一支渠 SOM 含量较高，通过现场调查得知由于九支渠和一支渠种植区引水灌溉量较大，从而导致土壤相对含水率变大，此外还跟样地树种的栽种模式有关，九支渠及一支渠都以俄罗斯杨＋柽柳为主，反映了在此配置模式下，有利于 SOM 含量的提高。相对一支渠，由于九支渠土壤盐分 HCO_3^- 浓度较高，导致九支渠植被长势相对一般。

3.3.4.2　SWS 盐分信息图谱及特征

基于对 2009 年样地土壤的实验测定结果，进行统计分析后得出该区域土壤水溶性(soil water solubility，SWS)盐分的特征值，见表 3-4。从该表中可以看出，土壤中 TS、Cl^-、Mg^{2+}、Na^+ 的变异系数分别为 107.33%、169.46%、104.29%、154.15%，变异系数(variable coefficient)数值较大，表明其空间变化很明显；HCO_3^-、SO_4^{2-}、Ca^{2+}、K^+ 的变异系数分别为 29.91%、92.04%、92.48%、97.65%，变异系数相对较大，表明其空间变化比较明显；pH 值的变异系数为 6.22%，变异系数数值较小，表明其空间变化不明显。CDRF 内土壤 pH 值范围为 7.06～8.79，平均值为 8.09，表明该区域土壤碱性特征明显。

表 3-4　SWS 盐分的基本特征

特征参数	取值范围	平均值	标准差	变异系数(%)
pH(1∶5)	7.06～8.79	8.091	0.503	6.22
TS(g/kg)	0.280～36.448	10.401	11.163	107.33
HCO_3^-(g/kg)	0.075～0.183	0.117	0.035	29.91
Cl^-(g/kg)	0.009～14.910	2.747	4.655	169.46
SO_4^{2-}(g/kg)	0.050～7.675	3.970	3.654	92.04
Ca^{2+}(g/kg)	0.033～2.680	1.356	1.254	92.48
Mg^{2+}(g/kg)	0.014～0.244	0.070	0.073	104.29
Na^+(g/kg)	0.016～9.750	1.987	3.063	154.15
K^+(g/kg)	0.011～0.275	0.085	0.083	97.65

根据2009年研究区样地SMC、总盐的测定结果及分析统计，可以获得土壤TS随SMC的变化特征。当土壤相对含水率小于0.65%时，土壤总盐含量为26.413 g/kg；当土壤相对含水率在0.65%～1.30%时，土壤总盐含量为7.240 g/kg；当土壤相对含水率大于1.30%时，土壤总盐含量为6.346 g/kg。可见，随着土壤相对含水率有梯度的增大时，土壤全盐(total salt，TS)含量呈变小趋势。由于在不同模式下植被积盐强度不同，SSC的差异，由于样地位置的不同，CDRF西南部分靠近荒漠区，其蒸发量较大，土壤相对含水率较小，其积盐速率大，导致其样地含盐量较高。因此，土壤相对含水率与土壤TS含量成反比关系。

基于2009年8月研究区样地土壤水盐的测定结果，通过IDW，生成CDRFA土壤水盐分分布，详见图3-5(彩)CDRFA土壤盐分及含水率分布信息图谱。由图3-5可知，十支渠及未开发区域土壤盐分较高，而HCO^{3-}及CO_3^{2-}含量九支渠及二支渠比较高，主要是该区域灌溉量较大造成地下水位上升，水分蒸发，同时该区域地下水HCO^{3-}浓度也较高，导致九支渠及二支渠土壤HCO^{3-}及CO_3^{2-}含量较高。

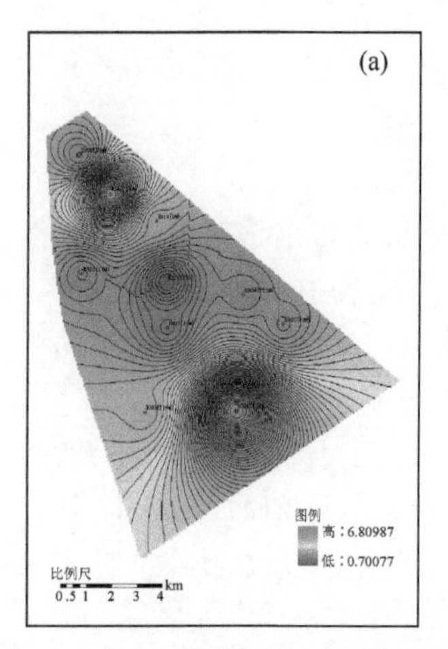

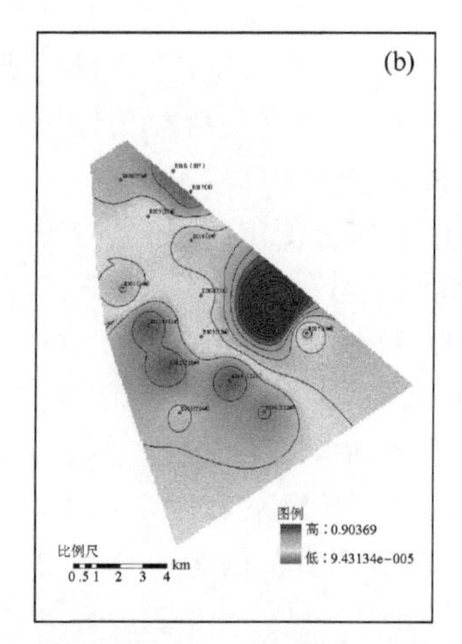

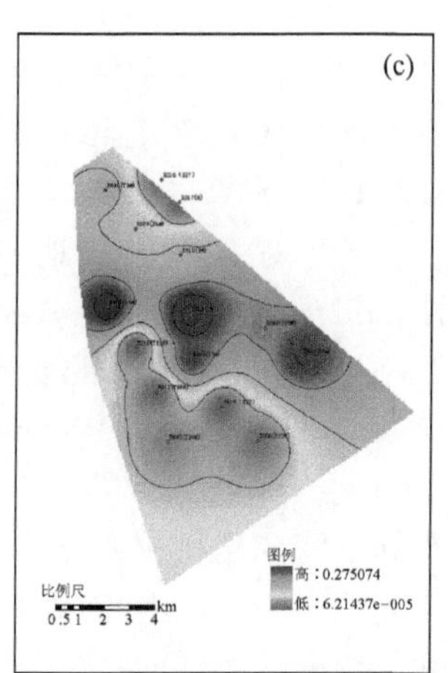

图3-5 CDRFA土壤盐分及含水率分布信息图谱(a、b、c分别为TS、20 cm及100 cm SMC)(另见彩图3-5)

3.3.5 二氧化碳减排林地下水特征

3.3.5.1 PCPGW主要特征分析

基于2009年CDRF地下水水质的分析结果，CDRF地下水理化特征的统计结果如表3-5所示。

表3-5 PCPGW特征

特征参数	取值范围	平均值	标准差	变异系数(%)
pH	6.060～8.090	7.440	0.500	6.72
TS(g/L)	0.837～52.695	14.161	18.165	128.27

续表

特征参数	取值范围	平均值	标准差	变异系数(%)
K^+(g/L)	0.004～0.028	0.012	0.008	66.67
Na^+(g/L)	0.169～14.250	3.898	5.158	132.32
Ca^{2+}(g/L)	0.034～1.350	0.405	0.448	110.62
Mg^{2+}(g/L)	0.012～3.020	0.570	0.838	147.02
Cl^-(g/L)	0.268～24.939	6.096	8.846	145.11
SO_4^{2-}(g/L)	0.044～9.431	2.901	3.191	110.00
HCO_3^-(g/L)	0.043～0.551	0.281	0.145	51.60

从表 3-5 中可以看出：地下水中 TS、Na^+、Ca^{2+}、Mg^{2+}、Cl^-、SO_4^{2-} 的变异系数都大于 100%，数值较大说明 CDRF 地下水盐分在空间上的分布严重不均匀；地下水的 pH 变异系数为 6.72%，数值较小说明地下水的酸碱度在 CDRF 空间上的变化不明显；地下水中 Mg^{2+} 的变异系数为 147.02%，为地下水盐分中变异最大值，说明地下水中的 Mg^{2+} 在空间上分布最不均衡。CDRF 中 10＃ GWD 最小，为 0.85 m，由于 10＃靠近农业开发区，受农业开发区灌溉水的影响，同时 CDRF10＃处的灌溉量为 4500～6000 $m^3/(hm^2 \cdot a)$，相对其他样地较高，对 GWD 也有一定的影响。S20＃位于 CDRF 的最东部靠近荒漠植被区，S20＃ GWD 为 17.90 m。

3.3.5.2 PCPGW 信息图谱构建

利用 2009 年 CDRF 内 18 眼井地下水埋深(groundwater depth，GWD)监测数据，在 Arcmap 中进行 IDW 处理后，生成地下空间分布图，见图 3-6(彩)CDRF 地下水盐分及水埋深分布信息图谱。

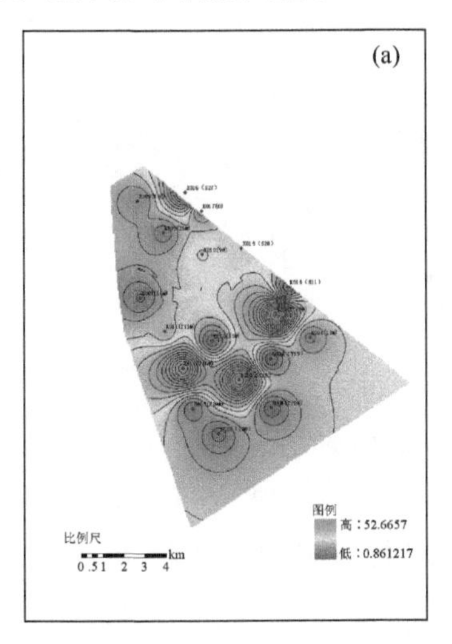

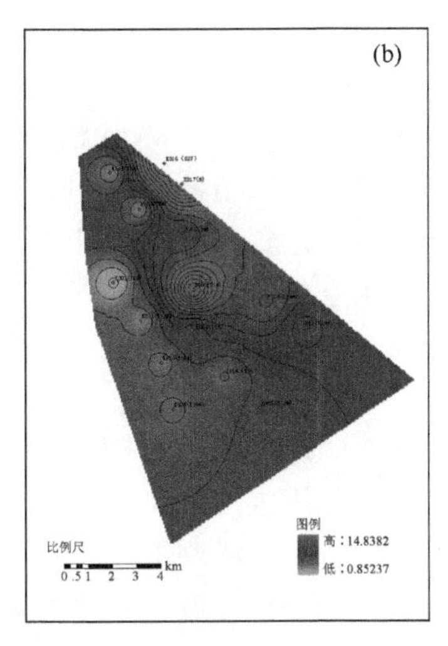

图 3-6　CDRF 地下水盐分及水埋深分布信息图谱(a、b 分别为 TS 及 GWD)(另见彩图 3-6)

从图 3-6 中可以看出，地下水具有空间上的规律性梯度变化：从 CDRF 的西部到东部，GWD 呈加深趋势，CDRF 北部 GWD 也相对较大；地下水中盐分分布梯度较大，CDRF 地下水盐分在空间上的分布严重不均匀；地下水的 pH 值（地下水的酸碱度）在 CDRF 空间上的变化不明显；地下水中 Mg^{2+} 在空间上梯度最大，分布最不均衡。

在监测分析中，也发现了由西向东 GWD 分布不均衡的一些情况，有着一定的现实原因。CDRF 西部与农业开发区近，受农业开发区长期引水灌溉的影响，导致 CDRF 西部地下水埋深变浅；同时，CDRF 的北部靠近克拉玛依市区，由于市区内地下水开采，导致 GWD 加深。CDRF 东部靠近荒漠植被区，GWD 较深。如果 GWD 过大会使毛管上升水流不能到达植物根系层，引发土壤干旱造成干旱区荒漠化；如果地下水埋深过浅，在蒸发作用下溶解在地下水中的盐分会沿随着水分毛管上升在表土聚集，导致土壤盐渍化。

3.4 KCDRF 碳密度分布信息图谱

3.4.1 CDRF 不同林分结构与空间关系

如前所述，KCDRF 是人工科学管理和自然环境两要素耦合而生的一种独特的人工生态景观。根据样地调查资料及种植模式分析，利用 AutoCAD 绘制 CDRF 种植模式图，规划全区按支渠划分种植区共计 10 支，包含 3 种种植模式。

造林模式一为 3 m×0.75 m，主要为一支渠；造林模式二为(4 m×0.5 m)×0.75，包括二至八支渠和十支渠；造林模式三为[(3 行)0.5 m×8 m]×0.75 m，包括九支渠。根据林纸一体化工程高密度、超短轮伐期杨树造纸工业原料林设计要求，造林模式二为宽窄行模式，宽行距 4 m，窄行距 0.5 m，株距 0.75 m；造林模式三为 3 窄行行距 0.5 m，1 宽行行距 8 m，株距 0.75 m 的种植方式。各支渠的灌溉方式均为沟灌。了解该区域林木种植模式，如，造林密度、宽度、树种搭配方式可以为该区域林带资源的合理管理利用提供科学依据，并研究林区水土要素变化规律；了解不同种植模式下 CDRFA 水土要素的变化情况，可对该地区的环境保护，自然资源的合理利用提供科学的依据（孙秋梅 等，2007）。

2009 年 8 月在 KCDRF 进行生态调查时设置 10 m×10 m 样地 30 个，采用常规方法获得郁闭度，按照植被生长状况对比情况，将样地长势划分为 4 个等级，即：长势差：乔木稀疏，植株虫害严重，叶子脱落情况严重；长势一般：乔木稀疏，植株虫害较严重；长势较好：乔木生长状况较好，大多数样方植株有轻微虫害；长势良好：乔木长势很好，枝繁叶茂，少数样方植株有轻微虫害。

3.4.2　碳密度反演模型建立及分析验证

因变量 y（碳密度）获取：根据测树学的样方调查方法，获取样地大小、乔木树种、树高、胸径及 GPS 坐标等，通过生物量换算为碳蓄积量即可获得样地的碳密度。

自变量 x（NDVI）获取：采用重要的比值因子 NDVI，利用已成 NDVI 图各样地 NDVI 值取平均值作为自变量。

反演模型建立：利用 Matlab 反演碳密度与 NDVI 关系，如公式(3-2)所示。

$$y=258.312x-55.283\ (x\in 0,1) \tag{3-2}$$

针对碳密度反演模型是否具有良好的精度及适用性，验证结果如图 3-7 所示。

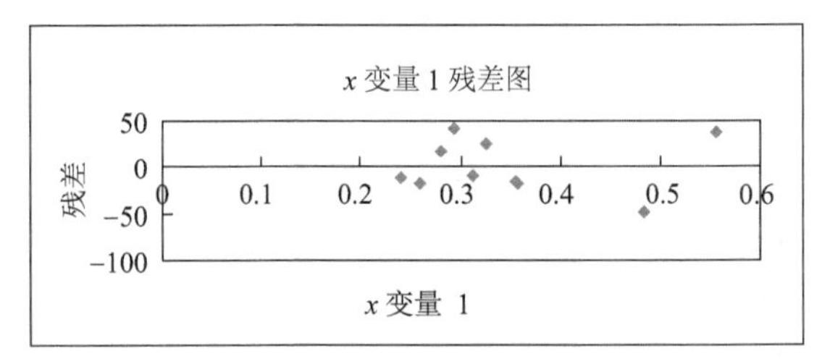

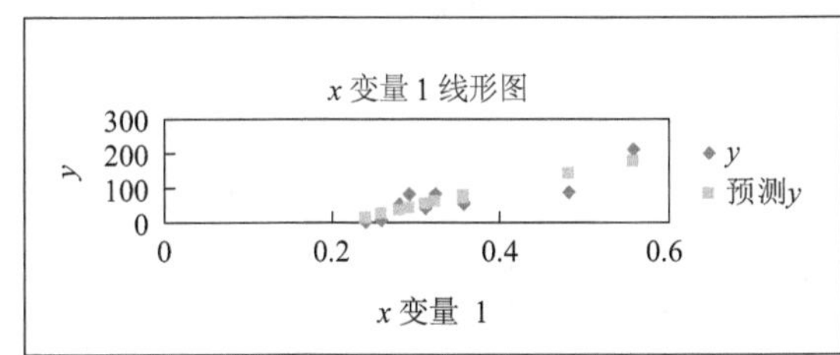

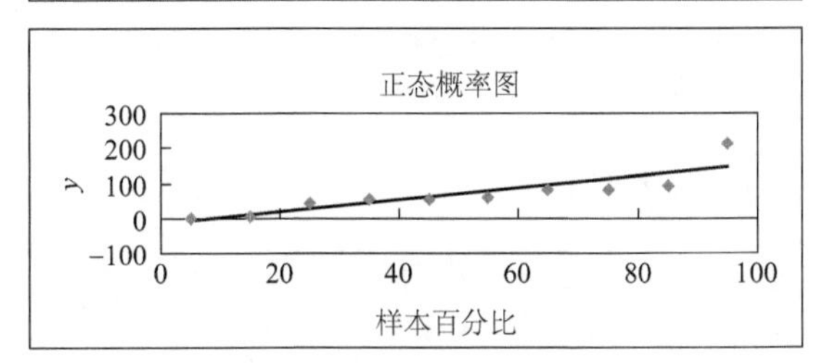

图 3-7　模型可行性分析图

通过相关性检验及线性回归分析得出相关系数为 0.871204，相关性较高；F 检验，F 值$=25.19<F(0.05,1,8)$，因此模型可行。

3.4.3　碳密度分布信息图谱构建及特征

结合碳密度模型及土地利用分类图，利用 Arcmap 得出 CDRF 碳密度分布。对比土壤理化分布图谱、PCPGW 图谱及 CDRF 碳密度分布图，可直观地看出它们具有一致性的分布特征，即盐分少、OM 含量高及含水率高的地方碳密度就高。通过碳密度分布图谱可以间接了解种植模式及灌溉的合理性，整体上把握 CDRF 的减排成果，有的放矢地提高 CDRF 的减排效率。KCDRF 人工种植物种以杨树为主，导致 KCDRF 生态系统的种群种类相对单一，物种丰富度不高，加之自然环境恶劣，容易导致 PDIP，严重危害 CDRF 的固碳能力。目前研究表明，CDRF 所有树种中新疆杨树种的抗 PDIP 能力较强，其所在样方长势较好，固碳能力较强。

3.5 KCDRF MDDV 仿真信息图谱

景观是 3D 地学信息可视化模拟的主要目标，也是地图学向虚拟方向发展的必然结果。在数字地图制图技术出现以前，景观模拟是比较复杂的，仅能采用等高线、晕染等方法来模拟地形地貌，其他方面的模拟不得不采用抽象的地图符号来表达，方法复杂又需要较高的艺术修养，在计算机制图和多维地学可视化技术相结合的背景下，该领域发展迅速。随着时间变化的地学现象是一个动态过程，在传统制图时代可以用一系列连续的地图来表达，在计算机自动化制图的时代，动画是表达动态自然现象最有力的手段，除时间过程之外，许多静态的地学现象，如表达趋势、观察角度变化、空间数据分类等都可以用动画来表达，这样动画可以直接揭示地学现象的空间分布规律。本研究体现了观察角度变化的动画表达方式。

在制作仿真效果图时，宏观上要注意把握全局做到整体构图合理，微观上要做到局部建模真实细腻。在 CDRF 仿真效果图制作过程中，地形、不同类别树种是仿真效果图的重要组成元素，因此现场调查及实验结果为仿真图提供了细腻表达的前提。利用 SpeedTree modeler 建树模，结合 .dwg 种植模式分类文件及 RSD 创建的地形，在 3dsmax 系统的平台上增加 Forest Pack Pro（森林插件）造林，并结合 3dsmax 创建、修改、赋材质等命令，制作 CDRF 的动态仿真图谱。

3.5.1 Speedtree 的 3D 表达方式

在 CDRFA 中，除了生态环境要素外，林木作为主体要素，也是信息图谱表达的重点。而借助于 SpeedTrees 专业型 3D 树木建模软件，能够支持树木的快速建模与渲染，并通过插件将树木导入到 3D 建模软件 3dsmax 中实现其功能。对于 3D 树木的可视化表达。具体而言，在信息表达过程中，直接将树木的图像映射到 3D 空间中的几个交叉平面上，实施起来较为方便，但当用户变换视点时，树木可能失真；而采用分形技术为 3D 树木建模，则可以达到形象逼真、细节分明的效果。

SpeedTrees 采用的是分形技术为 3D 树木建模，适用于小尺度、精确的景观制图表达需求。由于 3dsmax 常用模型无法精确表达各个年龄杨树（图 3-8），因此利用 SpeedTree modeler 按照样地调查树样照片（图 3-9），按照树种及生长进行对比仿真模拟，获取更好的表达效果。利用插件 SpeedTrees 结合野外调查树样生成样地树样图，如图 3-10 SpeedTree 树模型建模过程截图、图 3-11 杨树长势仿真 3D 动态模型。

但如果要表达整个减排区的属性特征，采用 SpeedTrees 进行 3D 树木可视化表达，则运算量过大，而应采用 3dsmax 自带的图形纹理映射技术表达 3D 树，再通过摄像机调整视野角度，可避免失真。

图 3-8　3dsmax 常用杨树模型

图 3-9　样地调查林地照片

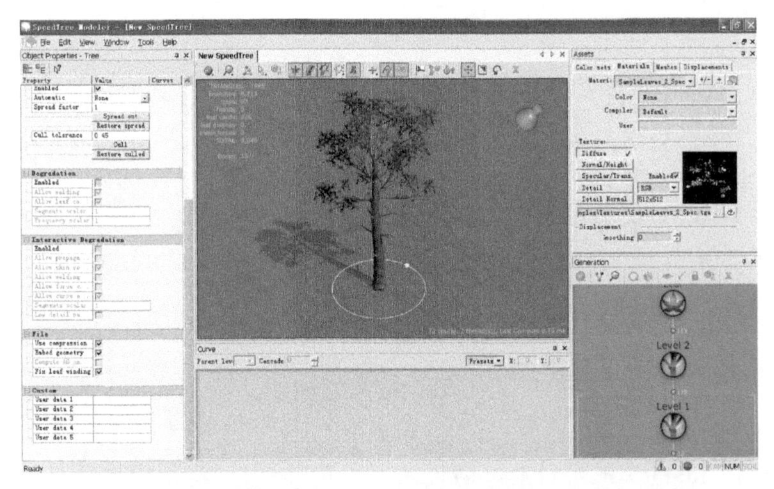

图 3-10　SpeedTree 树模型建模过程截图

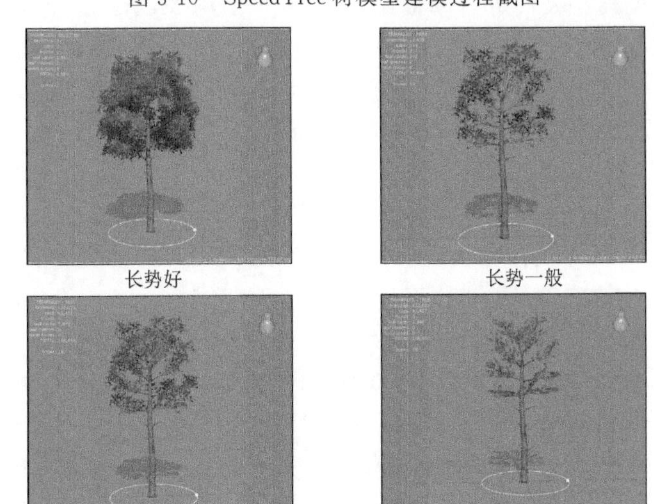

图 3-11　杨树长势仿真 3D 动态模型

3.5.2 dwg 文件及 RSD 表达方式

地形作为重要的生态环境要素，在区域水热、水土及水盐分析中具有重要作用，其 3D 可视化表达尤为重要。在以往的研究中借助于 RS、GIS 等数字化信息平台，可以实现对地形要素的表达，并具有一定的特色。本研究中，基于 dwg 文件及 RSD，开展 KCDRF 的 3D 地形可视化表达，为构建信息图谱，拓展对于 CDRF 的科学认知，发挥着重要作用。主要采用人机交互(HCI)方式实现 3D 地形可视化表达；具体的表达方法有等值线图法、平面晕渲图法、透视立体法及 DEM 匹配法等。等值线图法指等值线按给定等高距由 DEM 中插值生成地形；平面晕渲图法指光线照射到地表凹凸不平的模拟平面上，可以产生一种立体感，即平面晕渲图；透视立体法强调计算机自动绘制透视立体图的理论基础是透视原理；DEM 匹配法指航空照片与 DEM 进行坐标匹配，然后采用纹理映射的方法叠加到 DEM 上，产生特殊的表达效果等。本研究的 3D 地形可视化表达采用的是透视立体法，生成的立体图是表现物体 3D 模型最直观形象的图形。

利用已有的野外调查数据、RSD、矢量数据，在 ENVI 支持下将提取的 DEM 数据生成地形模型，输出为 3dsmax 识别的扩展名为 wrl 的文件，在 3dsmax 中打开在 ENVI 的支持下将提取的 DEM 数据生成地形模型，输出为 3dsmax 识别的扩展名为 wrl 的文件，在 3dsmax 中打开，并在 3dsmax 中导入地形模型。

利用 Itoo 软件中 Forest Pack Pro 进行造林仿真，生成树片，根据前面研究序列图谱按区域批量种上仿真树，参数调节，划分区域。

3.5.3 Forest Pack Pro 表达方式

Forest Pack Pro(森林插件)具有一系列特点，对于植被的可视化表达具有优势。基于该插件在 3dsmax 的平台上可创建大面积森林及植被，使用该插件能够创建海量的代理、高精度模型及高分辨率板式植物，并且使用 Mental Ray 及 VRay 明暗器可以创建无限制的物体及多边形，目前是创建室外场景造林的必备插件。通过调整区域树种，结合样地分布图及土壤、水盐分布情况，可细化仿真图信息，更直观真实地反映 CDRF 情况，最后生成 3D 动态地形情景模型。

利用 Forest Pack Pro 森林插件生成 CDRF 的过程如下：导入融合地形，选择 Itoo soft，点击 Forest Pro，点击在地形创建树片。Size 中可调节树的宽度和高度(按野外实验所测实际大小的平均值输入)，进入修改面板，Area 限定边界，在 Include 下点击 pick，选区地形，Exclude 排除不种植区域，Following spline 沿边界种树，Distribution Map 调整分布，Bitmap 的下拉菜单中选择树的区域分布，Separation 控制树的间距，Camera 面板，pick 选取摄像机，使用摄像机优化树林，使所有的树片都朝向摄像机，移除摄像机射线范围外的树。选中 Limit to visibility 和 Trees facing the camera，移动摄像机，Density Fallof 衰减，让树林随着远离摄像机而变稀少，Surface

面板可设置坡度种植。Altitude Range 为海拔高度，top 与 bottom 决定树的上下海拔界限。Slope Angle Range 控制倾角，max 与 min 决定山坡上 Transform 变换面板，使树产生随机变化，画面显得更自然；Matrial 材质面板，fixed 固定材质，用 random 随机，然后渲染；将树的贴图换成其他草或灌木贴图，也可以使用树库中的树种模型（或已建的 CDRF 树木模型），将边界重合后再调整材质随机参数就可以创造出自然的高低错落 CDRF 场景。

此处仅将 CDRF 的 MDDV 仿真效果静态截图予以展示，见图 3-12。

图 3-12　CDRF　MDDV 仿真成果示意图

克拉玛依基础地理信息系统是数字城市建设的核心任务之一，它要求组织建设基础地理信息系统多时相、多种比例尺图幅以及相关应用功能开发，实现信息资源的整合与共享。在 KCDRF 这一特定地区，利用多源数据建立的 MDDV 仿真信息图谱，将多种信息融合于仿真图中并通过可视化方式表达，为克拉玛依基础地理信息系统建设中相关应用功能开发提供了数据平台支持，为政府管理部门与科研机构提供直观视觉效果，为碳减排管理工作提供了新角度，为克拉玛依数字城市的建设管理提供技术支撑，响应了 DE、信息化、智能化、网络化、低碳化、绿色化的发展态势。

本研究在建立 CDRF 信息基本特征信息图谱的基础上分析了各要素相关性，着眼于建立 MDDV 图谱。KCDRF 目前已形成部分 2D 时间序列信息图谱，本研究拓宽了 CDRF 信息图谱的研究，以 2009 年各数据为对象进行研究，运用 MDDV 技术与 GITP 技术相结合，建立模型形成 MDDV 仿真信息图谱，为实现克拉玛依数字化系统平台开辟了新方向。3dsmax 是在建筑设计中制作建筑效果图时最实用的 3D 设计软件之一，但在生态学领域运用较少，研究过程中发现 3dsmax 软件具有很强大的兼容性，再配合其丰富的插件完全可以满足生态学信息图谱的表达需求，可充分表现森林系统尤其是展示 PF，生成 MDDV 仿真信息图谱，满足虚拟表达，这无疑为 PF 碳减排科学研究提供新途径。本研究将 MDDV 技术与 GITP 的理论与方法相结合，充分运用到 CDRF 进行生态信息表达，并在 KCDRF 这一特定地区形成了比较完整的信息图谱供政府管理与科研机构使用，为碳减排的管理工作提供了新视野，为数字克拉玛依的建设提供理论支撑。

3.6 KCDRF 土壤光谱特征信息图谱

光谱测试采用美国分析光谱仪器公司(Analytical Spectral Devices, ASD)生产的 FieldSpecR3 便携式光谱仪(波谱范围为 350～2500 nm,350～1000 nm 光谱采样间隔为 1.4 nm,光谱分辨率 3 nm;1000～2500 nm 采样间隔为 2 nm,光谱分辨率 10 nm;光谱仪最后将数据重采样成 1 nm)。光谱测量在能控制光照条件的暗室内进行。土壤样本分别放置于直径 12 cm、深 1.8 cm 的盛样皿内,用直尺将土样表面刮平。光源是功率为 1000 W 的卤素灯,距土壤样品表面 100 cm(太近会使光谱仪达到过饱和),天顶角 30°,提供到土壤样本几乎平行的光线,用于减小土壤粗糙度造成阴影的影响。采用 8°视场角的传感器探头置于离土壤样本表面 15 cm 的垂直上方。测试之前先去除辐射强度中暗电流的影响,然后以白板进行定标。利用 ASD 光谱仪配套的光谱数据处理软件 ViewSpecPro,setup→input directory 先设置输入目录。根据现场记录选择若干条曲线,view→graph,删除有问题的曲线,将其他曲线取平均值。即选中要用来取平均值的曲线,单击 process→statistics,输出平均值光谱;选中已求好平均值的光谱,单击 process→Acsii export,便可以将原来的二进制文件输入为文本文件。高光谱数据预处理。由于光谱仪各波段间对能量响应上的差异,光谱曲线存在一些噪声,为去除噪声的影响,需平滑光谱反射率数据。

图 3-13、图 3-14 分别反映了基于 FieldSpecR3 软件生成的光谱数据库以及处理后的 CDRF 光谱数据库信息。

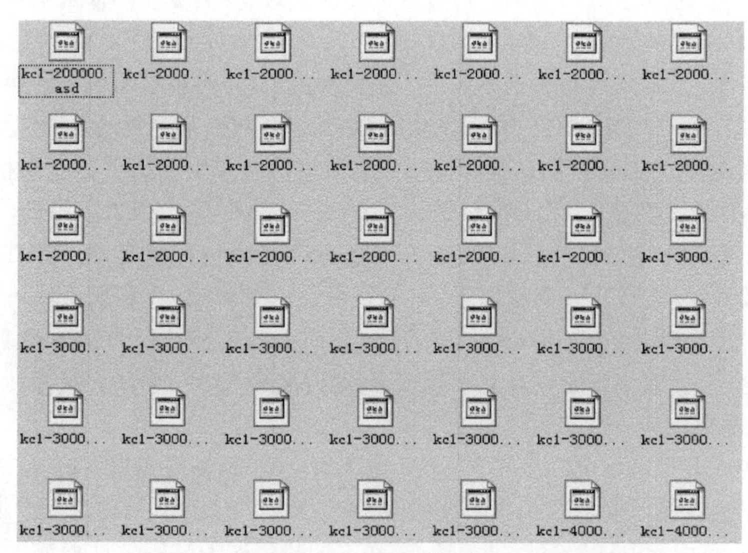

图 3-13　基于 FieldSpecR3 软件生成的光谱数据库

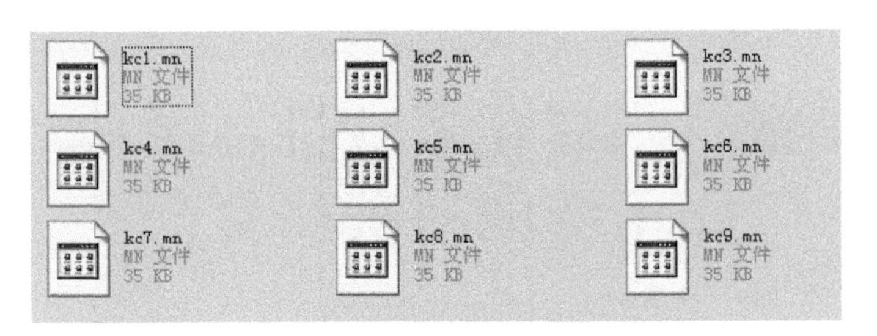

图 3-14　处理后的 CDRF 光谱数据库

综合 2010 年及 2009 年 CDRF 特征及图谱分析，选取 SN、盐分中的具有代表性的特征因子进行光谱分析。SOM 是植物和微生物生命活动所必需的养分和能量的源泉，SOM 含量的多少是衡量土壤肥力的一个重要指标。研究表明，SOM 在可见光、NIR 波段有其独特的光谱反射特性，SOM 含量与可见光、NIR 波段光谱反射率呈线性或曲线关系。所以可以利用土壤光谱反射特性与 SOM 含量之间的响应关系，通过测定土壤的光谱反射率确定 SOM 含量。土壤盐分中选取变异系数较大的 Mg^{2+} 进行光谱分析，由于研究的是 CDRF，所以土壤的 CSP 也十分重要，有机碳含量(organic carbon content，OCC)则作为重要因子入选进行光谱分析。图 3-15 反映了 2010 年 CDRFA 光谱信息图谱特征。

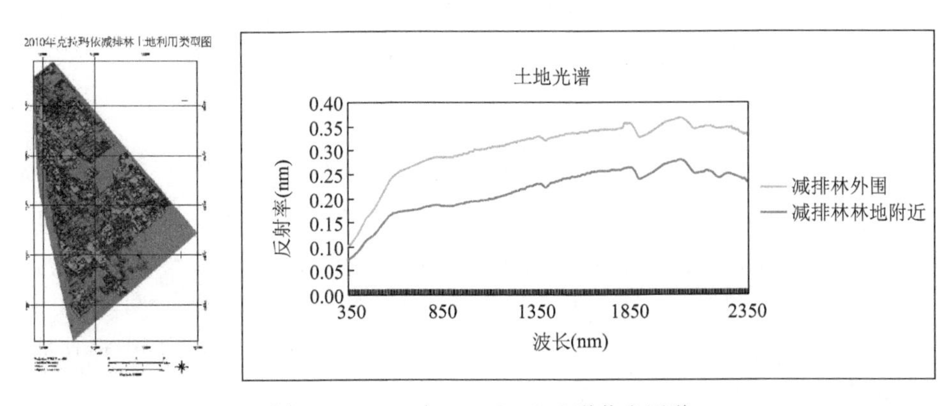

图 3-15　2010 年 KCDRFA 光谱信息图谱

CDRF 特征因子的反射率随波长变化而变化，从光谱图分析可知：SOM 含量低与反射率正相关，SOM 含量越高，反射率越高；OCC 在 4.35 g 以下与反射率正相关；土壤 Mg^{2+} 含量与反射率关系不明显；土壤 Ca^{2+} 含量与反射率逆相关，CDRF 外围土壤反射率高于 CDRF 林地附近土壤。

第4章　二氧化碳减排林区盐渍化土壤的植被修复

4.1　盐渍化及其研究背景

如前所述，研究对象CDRF位于克拉玛依市，而克拉玛依市位于古尔班通古特沙漠边缘，降水稀少、蒸发强烈、水资源缺乏、地下水位较高，有大面积的盐碱荒地，严重地制约着这一地区生态环境改善和农业等产业发展。盐渍化土壤(salinized soil，SS)进行修复利用，对于改善生态环境和提高粮食安全有重要意义。针对KCDRFA存在的问题，通过对其盐渍化土壤信息提取和对不同种植模式和不同PY下的SS物理性质、化学性质、土壤营养成分、SEA、土壤微生物等各项生理生化指标的测定，探索不同程度SS时空分布特征和不同条件下SS各项指标的变异特征，并结合试验结果分析各项指标产生变化的驱动要素及其机制，探索最合理有效的改良模式，为干旱区SS的开发利用提供依据，无疑具有一定的理论价值与现实意义。

研究区土壤盐渍化程度(degree of soil salinization，DSS)较为严重，CDRF林内分布较为广泛的是中度SS和重度SS;其次是盐土，而轻度SS分布较少。种植植被后，SPCP得到了一定程度的改善。不同种植模式下的SBD均有一定程度的降低，40～100 cm土层SBD下降率大于0～40 cm土层。随着PY的增加，SBD下降趋势越来越明显。种植植被后，各样地土壤含水量有一定程度增加，但受灌溉因素的影响并未随着土壤深度和PY的增长而增加。不同种植模式下SSC与对照样地相比均表现出下降趋势，表层土壤(0～20 cm)含盐量下降趋势最为显著。随着PY增加，改良效果更为明显。各植被类型对土壤脱盐的效果具有一定的差异性。

对KCDRFA SS进行信息提取和样品分析结果表明，种植植被后，SS理化性状、营养水平、酶活性以及微生物数量都得到一定程度的改善。

VRM有利于改善SS物理性质，促进SS脱盐。SS影响植物生长的一个重要因素就是土壤物理性质差，SS的特点是盐分表聚现象严重，土壤结构紧实，通透性差。种植植被后，SPCP得到了一定程度的改善，SBD和土壤盐分含量均有不同程度的降低，随着PY增加，改良效果更为明显。表层土壤(0～20 cm)含盐量下降趋势最为明显。SMC较种植前有所增长，但受灌溉因素扰动表现出不同的变异规律。从各植被对土壤脱盐的效果来看，SS背景下的土壤脱盐率排列顺序为俄罗斯杨、榆树、新疆杨、白蜡。

VRM(植被修复模式)有利于提高 SS 营养水平。研究表明,植被在生长的过程中,SOM 含量和 TN 含量均有不同程度的提高,土壤 TP 含量和全钾(total potassium,TK)含量有轻微下降。随着 PY 的增长,SOM 含量显著增加,土壤 TN、TP、TK 含量较对照样地有轻微增长。种植在砍伐后林地上的 1 年生俄罗斯杨样地 SN 含量最为丰富,其他样地随着 PY 的增长,土壤营养状况有一定的改善。不同 VRM 下,植被对盐渍化 SOMC 的改良作用为:榆树＞俄罗斯杨＞白蜡＞新疆杨。盐渍化土壤中的 TP 和 TK 含量因在植被生长过程中被吸收而略微降低,因此在 CDRF 维护与管理的过程中应注意及时补充磷肥和钾肥,以防止这两种营养元素的缺失而影响林木正常生长。

VRM 能够促进盐渍化土壤酶的转化与分解。种植植被后的土壤纤维素酶活性比对照样地的空白土壤高。1 年生俄罗斯杨样地 SEA 最为显著。植物根系能提高土壤中的纤维素酶活性,植物生长过程中的新陈代谢能够促进盐渍化土壤酶的转化与分解。SEA 与 SPCP、土壤营养水平以及土壤微生物数量密切相关。不同植被覆盖下的 SS 酶活性也是不同的,因此在评价植被对 SEA 的改良作用时,应综合考虑这些因素。

VRM 能够增加盐渍化土壤微生物的种群和数量。种植在盐渍化土壤上的林木能够促进其根际微生物数量的增长,其中俄罗斯杨对土壤微生物的改良效果最为显著。土壤微生物分布与植被类型、SPCP、SN 状况和 SEA 关系密切,应综合考虑土壤微生物种群和数量分布规律。

综上所述,运用改良 SS,对 SPCP、SN、SEA 以及土壤微生物均有一定程度的改善,且改良效果随着 PY 的增长更为明显。研究结果证实了植被在 SS 改良过程中的重要作用。综合 SS 各项指标的测定结果可以得出,俄罗斯杨对盐渍化 SSC 改良效果最为显著,是 SS 修复最适宜种植的植被类型。

RSI 目视判读容易受空间分辨率、光谱分辨率、人为误差等因素的影响,因此还应通过实地调查和反复校正,以提高 SS 分类经度。KCDRF 分布范围广大,林区内地形条件、土壤条件和灌溉条件各有所异,对植被生长的影响效果也各不相同,因此在评价植被对 SS 的改良效果时,应该增加不同自然条件下的样点数量,广泛采样,综合分析。SS 修复是一个长期的工作,短期的改良效果并不显著,因此,不同 VRM 对 SS 改良作用需要延长研究的时间跨度,进行长期观测和试验。

4.1.1　盐渍化土壤研究概况

土壤盐渍化(soil salinization)是指由特定气候条件、地质条件和土壤质地等自然因素,以及不合理的灌溉方式和植被破坏等人为因素的综合作用引起的土壤盐分积聚的土地质量退化过程。盐土、碱土以及各类盐化、碱化土壤统称 SS 或盐碱土。SS 中含有大量的易溶性盐分,当土壤表层含盐量超过 0.6%～2.0%时即属盐土,氯化物的含盐下限为 0.6%,硫酸盐盐土的积盐下限为 2.0%,氯化物-硫酸盐及硫酸盐-氯化物盐土的积盐下限为1.0%(龚洪柱,1988)。

4.1.1.1 SS形成与演化

土壤盐渍化过程包括盐化和碱化两个成土过程。盐化过程通常是指由于土壤径流将盐分汇集,积聚在表层及土体中的NaCl、$CaCl_2$、Na_2SO_4、$MgSO_4$以及各种硝酸盐和硼酸盐等中性或近中性盐类在蒸发作用下,使土壤发生中性或碱性反应的过程(安东,2009)。在积盐初期,盐类常在土体及表层积聚,当达到一定数量时足以危害植物的生长过程(黎立群,1986)。碱化过程是指一定数量的Na^+进入土壤胶体所发生的吸收性复合体的过程,此时土壤pH值常达10左右,土壤溶液中含有一定数量的呈强碱性的CO_3^{2-}和HCO_3^-离子(王遵亲,1993)。对这个过程存在着较普遍的两种认识,其一是盐土脱盐而碱化,其二是低矿化度的地下水中的$NaHCO_3$和Na_2CO_3进入土体后,不断造成Na_2CO_3积累从而使土壤碱化(王春娜,2005)。

自然发生而不受人为影响的土壤盐碱化过程称为原生盐碱化。人类活动引发的土壤盐碱化过程称为次生盐碱化(secondary salinization)(张建锋 等,2005)。碱土与盐土的形成是土壤母质风化过程中所产生的可溶性盐类的迁移、累积以及重新分配。盐分、水分是盐碱土形成的两个关键因素,而土壤中的盐类、水分的来源和数量与气候条件密切相关(范亚文,2001)。在极端干旱的荒漠气候背景下,研究区成土母质、地形地貌、水文格局和地下水过程是盐渍化土壤形成的主要自然因素。另外,伴随着人类对土地资源的开发利用,人类不合理的灌溉方式和经济增长方式也加剧了土壤次生盐渍化(soil secondary salinization,SSS)过程。

4.1.1.2 SS分布与分类

盐碱土分布广泛,其范围遍及除南极洲以外的5大洲,FAO(联合国粮食及农业组织)的资料表明,其总面积约达9.5×10^8 hm^2,占地球陆地面积的7.26%。主要集中在亚洲、澳洲、南美洲。其中澳洲SS面积为3.5×10^8 hm^2,占世界SS总面积的37.42%。北亚和中亚SS面积为2.1×10^8 hm^2,占世界SS总面积的22.17%。SS面积分布比较少的地区是北美洲、中美洲、东南亚和欧洲。SS广泛分布于100多个国家和地区,由于所处地理位置不同,气候条件各异,其在不同国家和地区的分布也有很大差别。SS分布面积较大的国家分别是澳大利亚、俄罗斯、巴基斯坦、中国和印度尼西亚等。

中国是SS分布广泛的国家。第二次全国土壤普查资料显示,中国SS面积为3.47×10^7 hm^2,其中盐土面积为1.6×10^7 hm^2,碱土面积为8.666×10^5 hm^2,各类盐化碱化土壤面积为1.8×10^7 hm^2,尚且有SS面积达1.733×10^7 hm^2(龚子同 等,2007)。由于SS分布地区环境因素的差异,各地SS面积、SS程度和盐分组成有明显不同,大致可分为东部滨海盐土,黄淮海平原的盐渍土,东北平原的盐渍土,半漠境内陆盐土,以及青海、新疆极端干旱的漠境盐土。

4.1.1.3 SS修复与改良

按照联合国荒漠化公约,盐渍化是土地荒漠化的主要类型之一。对中国而言,盐渍化是制约西部农业发展的主要障碍，也是影响绿洲生态系统稳定的重要因素。土壤盐渍化不仅严重地损害土壤的生产潜力，给农业生产带来严重的损失，而且盐分的积聚也改变了植物的生长环境，导致植物类型向盐生、荒漠型转变，最终导致生态系统失衡（鲁春霞 等，2001）。在现实的生产实践中，SS具有一系列环境负效应。

盐碱土壤内盐分的积累，特别是土壤中过量的交换性钠的存在，易引起SPCP的恶化（鲁春霞 等，2001），主要表现为土壤结构黏滞，通透性差，SBD高，水分释放慢，土温上升慢，毛细作用强，加剧了表层土壤盐渍化。土壤盐渍化不仅破坏了土壤的生产力，还对生态系统服务功能构成威胁，具体表现在对地表水和地下水的调节、对大气与土壤空气的调节、对温度的调节、对土壤生态系统中微生物的支持以及土壤的自净等方面。

过多的盐分积聚增大了土壤溶液的渗透压，削弱了作物根系吸收水分和养分的能力，土壤中盐分含量高、水分含量少会引起植物的生理干旱（尹怀宁 等，1998），造成植物吸收水分困难，根系及种子不能从土壤获取维持生长所需的水分，甚至还导致水分外渗以及植物脱水而亡的现象（郭忠贤，1999）。盐分在植物体内聚集，破坏植物原生质，阻碍植物蛋白质的合成，从而抑制植物生长。过量的土壤盐分破坏植物与土壤之间的盐平衡，盐分表聚会对植物胚轴造成伤害（李取生 等，2003），尤其在干旱季节。在土壤pH很高的情况下，OH^-会直接对植物造成伤害。

在加强耕地保护红线、生态保护红线的背景下，治理土壤盐渍化，利用大面积SS发展可持续农林业，改善农林牧业生产环境是世界共同面临的一项长期艰巨任务。目前各国技术工作者在利用水利工程措施、生物措施、化学改良措施等传统方法改良盐渍化土壤的同时，更加注重植物耐盐性及其耐盐性生理指标的研究，为改良利用盐碱地提供了技术支持。

国内外在SS修复和改良方面进行了大量的研究工作。20世纪初，国外对SS的研究主要集中在对其地理分布、形成过程、类型等方面（孟凤轩 等，2008）；20世纪30年代以来，SS改良先后经历了以水利工程为中心的基本原理研究与应用阶段，加强SPCP和水盐运动规律研究的基础研究阶段，大规模和流域性整体治理阶段。世界各国建造了大规模水利工程，修建各级排灌沟渠，采用明沟暗管竖井进行排灌（祝寿泉，1978）。20世纪40—60年代，苏联专家在植物耐盐性研究、树木对SS的改良作用、选育耐盐植物、盐碱地造林树种选择、造林技术、SSS等问题方面取得一系列成果（中国科学院土壤研究所编译室，1964）。美国科学家提出了原初盐害和次生盐害的理论，并从分子生物学的角度探讨了植物耐盐机制。近年来，SSS技术的发展将大尺度研究土壤盐分空间变化特征成为现实，并推动了SS改良利用决策咨询服务体系的发展。在实践中，人们认识到防治土壤盐渍化必须贯彻因地制宜和综合治理的原则，对不同DSS土壤采用不同的改良方法进行修复。改良SS技术途径也多种多样，物理改良、化学改良和生物改良发挥着积极的作用。

（1）物理改良方式

物理改良方法就是采用物理的方法进行SS改造，盐渍土多分布于排水不畅的低平地区，较高GWD促使水盐向上运行，引起土壤积盐。水是防治土壤盐渍化必须要解决的问题，SS水盐运动“盐随水来，而随水去”，只有控制土壤水分蒸发才能减轻盐分表聚。排水是改良盐碱土和防治SSS的一项重复措施(毛学森，1998)，可以利用灌溉排水系统，通过冲洗脱盐、松耕、压沙等常用的改良SS的方法达到改良利用的目的。排水可以加速水分的运动，调节土壤中的盐分含量。冲洗是用水灌溉盐碱土壤，或用水携带把盐分排出，将盐分淋洗到底土层，使土壤脱盐。松耕通过疏松表层土壤，改变土壤结构，从而增加孔隙度，提高土壤的通透性，以加速土壤淋盐和防止土壤返盐。压沙促进土壤团粒结构形成，提升土壤保水、蓄水能力，减少水分蒸发，抑制深层的盐分向上运动(范亚文，2001)。自20世纪30年代以来，国外就有关注SS的改良研究(Flowers，1999)。国外SS治理的主要手段是以淋洗排盐为主的工程措施，即通过建立完善的排灌系统，结合深翻改土、换土、淋洗、淤积等措施降低耕作层含盐量(Qadir et al.，1996)。农艺措施可以巩固盐碱土改良效果，也是改良SS的重要手段，是其他措施不可替代的(刘虎俊 等，2005)。在实施水利工程的基础上，因地制宜地适时实施农业技术措施，既可以加快SS改良的速度，还可以改善改良效果。用于改良利用盐碱地的主要农业措施有深耕细作、平整土地、轮作、间作套种、增加绿肥等方式。深耕细作可以防止土壤板结，增强土壤通透性，改善土壤团粒结构，降低盐分危害。增施绿肥可以增加SOMC，改善植被根际微环境，有利于土壤酶转化和土壤微生物的活动，从而提高土壤肥力(张建锋，1997)。以色列利用丰富的地下盐碱水资源，通过采用滴灌、喷灌及特殊农艺措施，开创了盐碱水农业发展的创新模式(Gadallah，1999)。中国针对不同类型的盐渍化土壤治理，形成了一系列自身特色。全达人等(1995)在宁夏黄河冲积平原下游的平罗县通过灌排工程采取开沟排水、灌溉等措施，在盐渍土改良方面探索出了良好模式。陈思凤(1984)在山东禹城和河南封丘采用的“井灌井排”方法，也得到了较好的效果；刘虎俊等(2005)在河西走廊通过地表覆盖、免耕和沟植技术将深耕、客土等农艺措施与淡水洗盐结合起来，形成了盐渍化土地的工程治理系统；许慰睽和陆炳章(1990)创新了免耕覆盖法，将现代土壤耕作制与覆盖措施相结合，再通过人工种植绿肥，提高土壤保水保墒能力，以实现盐碱土改良目的。王久志(1986)在中度盐碱地上使用沥青乳剂覆盖地面能够抑制水分蒸发，提高地温，改善土壤结构，降低SSC，提高了作物出苗率及产量。

(2)化学改良方式

化学改良就是应用一些酸性盐类物质来改良SS的性质，即在碱化土壤上施用化学药剂。其作用原理是改变土壤胶体吸附性离子的组成，增加土壤的阳离子代换能力，降低土壤的酸碱度，改善土壤结构性和通透性等物理性质，降低SSC，提高SN水平和酶活性，促进土壤中基质的固氮能力和磷的可溶性，增加土壤微生物，从而促进植物根系生长，提高造林成活率(王春娜 等，2004)。化学改良剂主要有两类，一类是含钙物质如石膏、磷石膏、氯化钙、粉煤灰等；另一类是酸性物质如硫酸、硫酸亚铁、腐殖酸、康醛渣等。化学改良剂不仅可以改善土壤结构，加速洗盐排碱过程，还可以改变可溶性盐基成分增加盐基代换容量，调节土壤酸碱度。但大量使用化学改良剂，容易造成土壤板结，破坏土壤物理性质。所以化学改良措施更适用于小范围的土壤改良。采用石膏改良碱土的原理是用含钙物质来置换土壤胶体表面吸附的钠。磷石膏有助于降低土壤 pH 值和碱化度，增加土壤团聚体数量，改善土壤通气性，提高黏质土的渗透速度，补充植物生长所必需的 P、Ca 等(张丽辉 等，2001)。沸石能改善土壤通透性，提高排水渗透能力。王永清(1999)在碱化草甸土上施用氮磷化肥的基础上配施磷石膏，玉米增产极为显著；Gurbachan 和 Singh(1995)研究得出石膏与有机物料配合有利于植株对 SN 元素的吸收与利用。现在人们开始重视利用工业废渣来改良盐渍土，如苏联利用制碱副产品 $CaCl_2$，橡胶工业副产品 H_2SO_4 等改良苏打盐渍土和碱土都有明显的效果(Peek，1975)；生产高浓度磷肥的副产物磷石膏和柠檬酸厂排出的柠檬酸渣以及生产沼气后的沼渣、沼液等，在国内 SS 改良中都表现出显著的效果(唐治学，1986)。腐殖酸类物质能与土壤中的矿物质发生凝聚反应形成一种活性高、吸附能力强的有机-无机复合体，这种复合体通过黏结土壤中的细粒物质形成土壤团粒结构，从而改善 SPCP 与生物特性，提高土壤保肥供肥能力，增强土壤缓冲能力。不同种类的改良剂均能一定程度上提高土壤中大团聚体总量。研究表明，腐殖酸聚物改良土壤后土壤中土壤磷肥的利用率提高(张宏伟 等，2002)。连续使用腐殖酸 N、P、K 复合肥，有利于提高小麦产量、品质和提高耕作层土壤肥力。在 SS 施入调理剂可使 SOM、TN、TP 含量增加，土壤肥力增高，为植物生长创造良好的土壤环境(田丽萍 等，2005)。改良 SS 时，应采用综合措施，将化学改良剂与有机肥结合，综合运用有机肥、种植耐碱环境的植物等措施，可以改善土壤物理性状及增加 SN，还可以减轻化学改良剂带来的环境问题。

(3)生物改良方式

生物改良或称生物修复(bioremediation)通常包括植物修复、微生物修复和动物修复。目前，盐碱地生物修复主要以植物修复为主，植物在盐碱土修复过程中发挥的作用主要包括增加地表覆盖，减缓地表径流，减少水分蒸发，抑制土壤返盐，避免土壤耕作层盐分积累，回收盐碱土中的盐分；植物根系生长改善 SPCP，增加 SOM，提高土壤肥力和土地生产力(尹传华 等，2008)；有利于土壤的有益微生物生物数量种群的增加(林学政 等，2006)；同时植被还具有一定的经济效益。研究表明，在干旱区盐碱地上种植耐盐小麦、草木樨、枸杞，使土壤盐分得到了不同程度的降低；而且土壤 TS 含量随着 PY 的增加呈下降趋势。在含盐量较高的试验田种植盐爪爪、盐地碱蓬、西伯利亚白刺等研究表明，盐生植物是一类良好的吸盐植物，种植后 Na^+ 盐降低，土壤肥力和微生物数量增加(赵可夫 等，2002)。利用盐生植物盐地碱蓬进行天津河口滨海盐碱地的生物修复结果表明，种植区碱蓬根际 SOM 和 TN 与对照土壤相比均有增加，根际土壤的微生物数量明显增多(林学政 等，2005)。在盐碱草地种植牧草，可以疏松土壤，减少土壤表层积盐，牧草腐烂分解后产生的有机酸可以起到中和碱的作用,还可以促进成土母质石灰质的溶解(阎秀峰 等,2000)。巴基斯坦学者将盐土草(*kallar grass*)作为一种耐盐植物广泛种植,以达到改良 SS 的目的(Kumar et al.,1984)。以植物为主的生物改良技术可以归纳为以下几个方面:其一,植树造林,种植耐盐碱树木。树木在生长的过程中可改善土壤性状,促进土壤脱盐,提高土壤肥力。有些树木还可以生产木材,其副产品的加工可以创造经济价值。其二,种植耐盐碱作物,如向日葵、大豆、甜菜、高粱、蚕豆、大麦、小麦、玉米等,这些作物在较高的盐分溶液中也可以吸收足够的水分,不仅可以降低土壤盐分,还具有一定的经济效益。其三,种植牧草和绿肥,通过种植耐盐植物提高土壤肥力,如苕子、草木樨、紫花苜蓿、绿豆等,可以改善植物根际微环境,增加 SOM。

土壤微生物是土壤中活的有机体,是 SOM 和 SN 转化与循环的动力。近年来,基于微生物的生物修复技术也被广泛应用于 SS 改良的实践中。国内外对微生物修复模式研究主要集中在微生物对植物耐盐性的影响,微生物种群和结构对土壤肥力,特别是速效磷(available phosphorus,AP)的影响等方面(Rai,1991)。20 世纪 70 年代初,人们便得出耐盐菌能增强作物耐盐性的结论。培育作物高产品种以响应 AM 真菌可能是未来提高 SN 资源高效利用的有效途径之一。以分子生物学技术为基础的降解基因分析技术,能够定量检测环境中的微生物群落多样性及其空间分布的变化趋势,为土壤生物修复过程的方法和理论提供先进的分析手段(韩慧龙 等,2007)。蚯蚓作为 TES 中重要的大型土壤动物,其取食活动直接参与土壤中有机物的分解过程,并通过增强土壤微生物活性影响 SOM 转化和养分释放。研究表明,蚯蚓对土壤活性 OC 组分含量有一定的促进作用;蚯蚓活动还能够影响农田土壤的细菌生理菌群数量和酶活性,从而改善土壤肥力(陶军 等,2010);同时,还能够使 SS 的团聚体结构、渗透率、活性得到恢复和改善,在 SS 改良种有很好的应用前景。

生物措施(biological control measures,biological measure)被普遍认为是最有效的改良途径(张冈,2007)。国内外研究表明,结合工程改良的生物改良模式,即通过种植具有一定经济价值和开发利用价值的耐盐及盐生植物促进盐渍土开发利用和经济可持续发展,已经表现出很大的发展前景,利用盐生植物改良 SS 的方法越来越为人们所接受,也逐渐成为盐渍化地区低碳绿色发展的主要途径。

4.1.2 研究意义及主要目的

4.1.2.1 研究背景和意义

土地资源及其利用在可持续发展中发挥着重要作用,土地资源的数量、质量及其组合状况,在很大程度上决定着一个国家或地区的产业结构和经济发展(郑永宏,2004)。人口、资源、环境问题无一不与土地有关,土地与人口、资源及环境的关系,以及土地资源的合理开发与利用已成为相关学科领域关注的热点。

土壤盐渍化问题始终是干旱区可持续发展的重大战略问题(田长彦 等,2000)。目前,在全球气候变暖,海平面不断上升等自然因素及工业发展、环境污染、淡水资源匮乏、灌溉方法不合理、植被破坏、LUCC 等人为因素的驱动下，土壤盐渍化、SSS 日趋严重。土壤盐渍化和 SSS 致使耕地面积锐减，直接威胁到农业、林业、牧业等社会经济的发展。盐碱地面积逐年加重，造成生态环境恶化，物种多样性降低，区域生态系统遭到破坏，稳定性降低，直接影响区域生态、经济和社会效益。土壤盐渍化不仅是农业开发和持续发展的重大限制条件和障碍因素（罗廷彬 等，2001），也是影响绿洲生态环境稳定的重要因素。

中国干旱区面积占全国总面积的 1/3，其中盐碱土广泛分布。克拉玛依市位于准噶尔盆地西北缘，是典型的内陆干旱区，农业土壤盐渍化严重，土地生产力低，耕地压力大。近年来，克拉玛依农业开发区 GWD 有不断抬升趋势，潜水蒸发造成地表积盐，SSS 极易发生，进而影响作物的正常生长。因此，如何科学治理恢复盐渍化土地成为一个迫切需要解决的问题，尤其在生态十分脆弱的西北干旱地区，探索兼顾经济、生态和社会综合效益，可持续地利用盐渍化土地的模式十分迫切。同时，在人口不断增加、耕地日趋减少和淡水资源不足的严重压力下，如何利用大面积的盐碱土发展可持续农林业，维护生态系统稳定性，也是农业科学技术迫切需要解决的重大课题（刘东兴，2009）。

随着对土壤盐渍化区域的综合治理向科学化、系统化、综合化、工程化发展，其研究内容也向生态系统恢复与重建、加速生态系统物质和能量转换、提高生态系统功能与改善环境质量、人类生存和经济发展与环境协调的方向发展（张子峰，2007）。SS 综合治理重点是盐碱地的生态恢复重建，其目的在于提高系统整体功能、增强生态系统稳定性和恢复能力，以期缓解耕地压力、提高土地资源生产力、改善生态环境质量、维护区域的可持续发展（柯裕州，2008）。

盐渍化是干旱半干旱地区土壤的一个普遍特征，SS 改良利用是发展西部经济的一个非常重要的研究内容。克拉玛依 SS 修复是西北干旱半干旱地区盐渍化土壤改良的重要组成部分，对于推进生态农业发展，确保西部粮食安全、生态安全，维护生态系统稳定性和提高土地资源利用率等方面具有重要意义。盐渍化改良是发展生态农业的前提，全面系统的 SS 修复工程，不仅能够改善生产条件，保证粮食安全；而且通过集约化、规模化和产业化的经营模式，还可以提高农民收入。克拉玛依是一个以石油工业为主要产业的城市，发展生态农业是其低碳发展、绿色发展与转型发展的必然选择。土壤盐渍化是限制其农业发展的重要因素。因此，研究土壤盐碱化发生的原因和演化规律，探求防治土壤盐碱化的有效措施，扩大可耕地面积，促进当地农牧业发展，进一步建立新型农业循环经济，对克拉玛依生态农业和社会经济发展具有重要意义。盐渍化土壤改良是改善生态环境的必要措施，在一定程度上还可发挥植被的固碳减排作用。通过对 SS、荒漠、农田和防护林进行综合治理和统一规划，使区域生态环境得到整体优化，不仅可以增强农业生产队自然灾害的抵御能力，还能够提高土地资源的利用效率。克拉玛依地区 DSS 严重，采取以植被主的生态修复方式对 SS 进行改良，实施以植树造林为主要模式的 CDRF 工程，提高土地利用率，促进林业发展，改善局部生态环境，更是一项响应碳减排政策、发展低碳经济的重要举措。

如前所述，国内外学者对SS修复和改良已开展了大量研究工作，但研究大多关注对SPCP的改良，一体化的治理理念还需要增强。本研究把土壤—植被作为一个整体，分析不同植被以及不同种植方式对SS的改良效应，并综合运用生态学、土壤学、水文学、生态工程学等多学科知识，重点分析基于植被的生物修复方式对SS的改良作用，丰富了干旱区SS改良的理论体系，同时为克拉玛依地区，乃至西北干旱区的SS生物修复提供理论依据和方法支撑。

4.1.2.2 研究内容与目标

本研究立足中国西部干旱区SS修复的理论与实践，重点探讨西部干旱半干旱SS的修复模式。基于盐碱土壤的概念及特点，通过对研究区TM影像进行信息提取，研究其SS分布和变化特征，并分析其原因；通过实地调查取样和实验室分析，研究植被对SS物理性质、土壤盐分、SN、土壤微生物、SEA的影响，探索植被改良土壤的机理，确定各类树木对SS的改良效果，选取最佳的种植模式，实现最好的修复效果，并获取最高的经济效益。

本研究旨在评价不同类型的植被对SS的改良作用，梳理适宜的SS改良技术和模式，推动兼顾环境效益和经济效益的生态工程建设，充分利用区域土地资源，促进SS综合开发，推动当地生态产业与低碳产业发展。

4.2 盐渍化土壤的一般研究方法

4.2.1 样地监测信息的获取方法

根据RSD，结合CDRFA监测井的地理坐标，运用GPS进行定位。选择有地下监测水井或植被生长模式较为特殊的地区作为典型研究区域，采用典型和随机抽样法，按照防护林植被类型和地理位置分布，在KCDRFA中设置10 m×10 m的样地共10个（一般选择有地下探测水井附近）。取PY同为4 a的KC4（白蜡为主要植被类型）、KC5（俄罗斯杨为主要植被类型）、KC6（榆树为主要植被类型）、KC10（新疆杨为主要植被类型）和原始样地KC9（假木贼为主要植被类型）进行对比，研究不同种植方式对盐渍化土壤改良的作用。取主要植被类型同为俄罗斯杨的KC6（PY为4 a）、KC7（PY为6 a）、KC8（PY为1 a）与原始样地KC9对比，研究PY对盐渍化土壤的影响。

4.2.2 遥感数据获取及分析方法

本研究基于国际科学数据服务平台（http://datamirror.csdb.cn/）获取2000年8月17日、2002年9月21日、2005年9月22日和2010年8月19日的TM RSI。矢量数据由中国西部环境与生态环境科学数据中心（http://westdc.westgis.ac.cn/）获得。

首先基于 ENVI4.8，对 RSI 进行几何校正及波段组合等预处理。再根据 CDRF 边界矢量数据，创建感兴趣区域，并建立根据感兴趣区域创建的掩膜，利用 ENVI4.8 对预处理过的影像进行裁剪，生成研究区 TM 影像。确定具体的分类方案，选取用于划分 DSS 的主要特征变量，然后采用最大似然分类法对 RSI 进行盐渍化信息提取。

4.2.3　土壤样品采集与分析方法

在每个样地内取一个 1 m×1 m 区域挖取土壤剖面，每个剖面均按 0～20 cm、20～40 cm、40～60 cm、60～80 cm、80～100 cm 进行分层取土样，并调查记录样地内植被类型、生长状况、郁闭度、盖度等数据。对土样土壤盐分进行测定，测定内容主要包括如下方面。SPCP：SMC、SBD、pH、TS、CO_3^{2-}、HCO_3^-、K^+、Na^+、Ca^{2+}、Mg^{2+}、Cl^-、SO_4^{2-} 等；SN 特征：SOM、TN、TP、TK 含量、SOC；土壤纤维素酶活性；土壤生物量特征：细菌、真菌、放线菌种群及数量。

(1)SPCP 指标测定

SMC：烘干法。

$$质量湿度(\%)=(m_0 - m_1)/m_1 \tag{4-1}$$

式中，m_0：湿土质量(g)；m_1：烘干土质量(g)。

SBD：环刀法(cutting-ring method)。

$$SBD(g/cm^3)=m/V \tag{4-2}$$

式中，m：环刀内烘干土质量(g)；V：环刀体积(cm^3)。

pH 值：电位测定法(采用土水比：1∶2.5，无 CO_2 水)；

碳酸根和碳酸氢根的测定：双指示剂中和法；

钾和钠的测定：6410 火焰光度计法；

钙和镁的测定：EDTA 络合滴定法；

氯离子的测定：$AgNO_3$ 滴定法；

硫酸根离子的测定：EDTA 间接滴定法。

(2)SN 指标测定

SOM 测定：重铬酸钾容量法——外加热法。LWY84B 型控温式铝体消煮炉。

TN 测定：高氯酸——硫酸消化法。LWY84 型控温式铝体消煮炉。

TP 测定：酸溶——钼锑抗比色法。LWY84B 型控温式铝体消煮炉。

TK 测定：酸溶——火焰光度法。LWY84B 型控温式铝体消煮炉。

SOC 测定：重铬酸钾氧化一硫酸亚铁滴定法。

(3)土壤纤维素酶活性的测定采用葡萄糖氧化酶法。

(4)土壤微生物数量测定

微生物区系分析所用培养基均采用 5% NaCl(m/V)作为基础浓度。

细菌：牛肉膏蛋白胨培养基；稀释平板法分离，接种后置 28 ℃保温箱培养 2～3 d，观察，计数。

真菌：马铃薯蔗糖琼脂培养基；稀释平板法分离，接种后置 28 ℃保温箱培养 4～5 d，观察，计数。

放线菌：改良高氏一号培养基，稀释平板法分离，接种后置 28 ℃保温箱培养 4～5 d，观察，计数。

4.2.4 地下水样采集与分析方法

取样地附件的监测井水样，并记录 GWD，实验室测定地下水样化学组分，项目包括：MDG、CO_3^{2-}、HCO_3^-、K^+、Na^+、Ca^{2+}、Mg^{2+}、Cl^-、SO_4^{2-}、pH 等，主要分析方法均采用常规分析法。

pH：pHS-2C pH 计电位测定法；

电导率：DDS-307 电导率仪测定；

矿化度的测定：残渣烘干——质量法；

碳酸根和碳酸氢根的测定：双指示剂中和法；

钙和镁的测定：EDTA 络合滴定法；

氯离子的测定：$AgNO_3$ 滴定法；

钾和钠的测定：6410 火焰光度计法；

硫酸根离子的测定：EDTA 间接滴定法。

4.2.5 各类属性数据的处理方法

用 Excel 进行数据统计和相关图表制作。用 SPSS 进行比较均值分析，采用单因素 ANOVA 法，检验水平为 0.05。

4.3 盐渍化土壤信息提取与分析

目前，遥感技术发展已拓展到资源环境研究的诸多领域，卫星遥感技术应用于 SS 研究取得了一系列进展。国外利用卫星遥感进行土壤盐渍化监测研究始于 20 世纪 70 年代（Singh et al.，1977）。20 世纪 80 年代，多波段、多时相的 RSD 被广泛应用于土壤盐渍化的监测、调查制图研究中（Singh et al.，1990）。20 世纪 90 年代以来，航片信息被用于到 SS 研究中。现阶段，高光谱数据（hyperspectral data）被广泛应用于土壤盐渍化评价的工作中（Kalra et al.，1996），形成对 SS 识别的光谱特征及波段的选择和组合等研究的重要方向。大量研究表明（李和平 等，2009），盐渍土在可见光和 NIR 波段光谱反射比一般耕地强，且与土壤盐分含量呈正相关；不同程度的 SS 在不同光谱波段有明显的吸收作用，L 波段能够很好地区分盐渍土与非盐渍土，TM 热红外波段能区分碱土和盐土，盐渍土监测中常用的波段组合方式是标准的假彩色合成，即 TM4、3、2。Nasir M 根据 TM 数据的第 3 波段对不同土壤盐渍程度的响应较为突出这一原理，构建出盐分指数（SI）（ Metternicht et al.，2003）。Abd EI

利用土壤电导率与 SI 有较好的相关性展现不同程度盐渍化土壤信息(Douaoui et al.,2006)。NDVIh 与土壤电导率相关性显著,利用这一相关关系进行土壤盐渍化信息的判别是一种比较好的方法(Kirkby,1996)。国内开展土壤盐渍化遥感监测具有一定的实用价值,目前主要通过采用计算机自动识别分类的方法对遥感图像(remote sensing image,RSI)进行信息提取,开展盐渍土的调查、监测与动态研究。国内学者主要通过对 RSI 进行 K-T 变换、HIS 变换、比值变换、PCA、提取光谱指数等操作用来提取盐渍土信息(李晓明 等,2010)。李凤全 等(2000)将数学模型与 GIS 及人工神经网络(artificial neural network,ANN)相结合建立土壤盐渍化监测与预报模型。吴加敏等(2007)以 RS 和 GIS 技术为支撑,将多源信息复合分类方法结合到土壤盐渍化和中低产田调查应用研究当中。目前,利用 RS 手段提取土壤盐渍化信息的研究主要表现在对 RSI 进行相应的处理来突出盐渍化信息和通过引入 SSC、地下水等辅助信息来提取盐渍化信息等方面。除了多光谱对 SS 信息的响应研究,微波遥感和高光谱将是土壤盐渍化信息提取的发展趋势。

4.3.1　基础资料与方法

本研究采用的 RSD 为 2010 年 8 月 19 日 04 时 54 分的 TM RSI,行列号为 144/28,中心纬度 46.02625°N,中心经度 86.20847°E。矢量数据由中国西部环境与生态环境科学数据中心获得。另有 2010 年 8 月 13 日到 2009 年 8 月 17 日在人工 CDRF 研究区内实地取样调查得到的 SSC 数据、植被郁闭度数据和 GWD 数据,以及各个样地拍摄的盐渍化景观照片;还有当地的气象及水文统计数据。

基于 ENVI4.8,对 RSI 首先进行几何校正及波段组合等预处理。图像采样像元为 30 m×30 m,几何校正误差(RMS)在半个像元之内。再根据 KCDRF 边界矢量数据,创建感兴趣区域(ROIs),利用 ENVI4.8 对预处理过的影像进行裁剪,生成研究区 TM 影像。在对 RSI 进行预处理的基础上,结合实地调查采样数据,确定具体的分类方案,选取用于划分 DSS 的主要特征变量,然后采用最大似然分类法对 RSI 进行盐渍化信息提取,分析土壤盐渍化主要的影响因子。

4.3.2　信息提取及评价

4.3.2.1　确定分类系统

研究区各种等级 SS 分布状况受地下气候、地形地貌、植被生长、GWD、灌排等多种因素影响,主要表征为地表植被覆盖密度的差异化。根据《克拉玛依农业开发区水土安全监测与质量评价体系》等有关规范,结合该区域其他相关研究成果和实地调查信息,从地表植被生长状况、单位面积内 SSC 所占百分比等方面考虑,根据各个样地的 DSS 及其在 RSI 上对应的颜色特征,以及不同颜色与实地特征的关联性,将该地区的土地类型分为盐土、荒漠、轻度盐渍地、中度盐渍地和重度盐渍地 5 类(表 4-1)。

表 4-1 盐渍化程度分类及其内涵特征

顺序	类别	含义
1	盐土	表面有一层 0～10 cm 的盐结皮,植被难以生长的裸地,在 RSI 上呈亮白色
2	荒漠	沙漠、戈壁滩、岩石,主要植被为梭梭、盐生草
3	轻度盐渍地	表层(0～20 cm)土壤含盐率为 0.25%～0.6%,在 RSI 上呈暗红色
4	中度盐渍地	表层(0～20 cm)土壤含盐率为 0.6%～1.2%,主要植被为新疆杨、俄罗斯杨,钻天杨,芦苇、油料作物
5	重度盐渍地	表层(0～20 cm)土壤含盐率为 1.2%～2.0%,植被覆盖度低,呈青灰色

在前述基础上,定量分析研究区内土壤盐渍化的动态变化情况(图 4-1)。

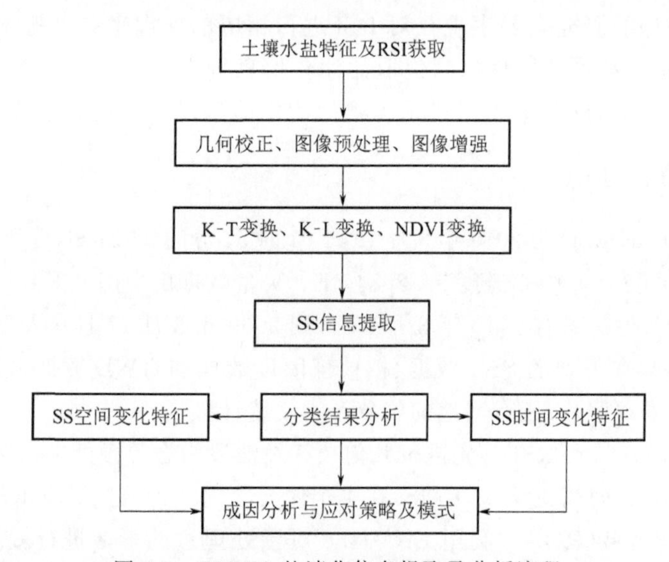

图 4-1 CDRFA 盐渍化信息提取及分析流程

2010 年 8 月对 KCDRFA 进行实地调查和野外采样,考察植被生长状况,包括植被覆盖类型及其郁闭度、林地 GWD,并采取典型样地土样和水样分析其物理性质和化学性质,包括 SBD、含水量、SN、盐分、MDG 等,各样地实测样本统计数据及 DSS,如表 4-2 所示。

表 4-2 样地基本信息及 DSS 特征

样地号	井号	井位坐标	植被类型	PY(a)	总盐(g/kg)	DSS
KC1	T22	45°25′05.4″ 85°02′14.1″	*Haloxylon ammodendron*	原生植被	4.615	荒漠
KC2	20	45°24′25.7″ 85°01′03.3″	*Populus russkii*	1	0.645	轻度盐渍化

续表

样地号	井号	井位坐标	植被类型	PY(a)	总盐(g/kg)	DSS
KC3	T20	45°25′48.1″ 85°01′25.3″	*Populus alba var. pyramidalis*+ *Fraxinus chinensis*	2	1.740	重度盐渍化
KC4	T19	45°26′18.8″ 85°02′15.5″	*Fraxinus chinensis*	4	1.150	中度盐渍化
KC5	T15	45°27′29.7″ 85°02′17.3″	*Ulmus pumila*	4	0.825	轻度盐渍化
KC6	T11	45°27′02.1″ 84°59′32.6″	*Populus russkii*	4	1.140	中度盐渍化
KC7	9	45°28′57.2″ 85°00′37.4″	*Populus russkii*	6	0.545	轻度盐渍化
KC8	T16	45°26′07.2″ 85°00′00.0″	*Populus russkii*	1	1.450	中度盐渍化
KC9	—	45°27′53.1″ 85°02′58.1″	*Equisetum hyemale*	原生植被	5.675	盐土
KC10	8	45°30′01.2″ 85°00′19.6″	*Populus alba var. pyramidalis*	4	2.040	重度盐渍化

4.3.2.2 制定分类方法

RSI 分类的依据是地物的光谱特征，也就是地物电磁波辐射的多波段测量值，这些测量值可以用作 RSI 分类的原始特征变量。对图像上每个像素按照亮度接近程度给出对应类别，以达到大致区分 RSI 中多种地物的目的就是 RSI 分类(梅安心 等，2001)。采用监督分类中的最大似然分类法(maximum likelihood)对盐渍地进行信息提取。

相关研究表明，可见光、NIR 波段之一(TM1、TM2、TM3、TM4)、第 3 主成分和绿度特征做 RGB 彩色合成能够较好地揭示干旱区 SS 信息。采用这种方法是对 Landsat 7 数据进行分类从而监测研究区土壤盐渍地面积、空间分布及程度等特征的有效手段。因此，对 RSI 进行分类之前，先对含有 7 个多光谱波段的 TM 图像分别做了 K-T 变换和 K-L 变换。K-T 变换也称缨帽(Tasseled cap)变换，是一种特殊的 PCA，与一般 PCA 不同的是其转换系数是固定的。它是将光谱空间进行旋转，旋转后的坐标轴方向能够有效地反映植物和土壤信息(关元秀 等，2001)。K-L(Karhunen-Loeve)变换又称为主成分变换，是在统计特征基础上的多维正交线性变换。K-L 变换是通过保留主要信息，减小信息间相关性，以达到增强或提取有用信息的目的。变换后由于多光谱空间变成主分量空间，所以亮度不再与地物光谱值(ground object spectral values)直接关联。不同的地区各个主成分是各种地物的亮度值在每个主分量上发生一定变化的表现，第3主分量一般反映红外波段的热辐射水准（戴昌达 等，1989）。NDVI常用来区分不同类型的盐碱地。植被覆盖度越小，红光反射越大，NIR反射越小，影像色调越暗。土壤盐渍化严重的地区植被覆盖度小，其对应的RSI色调就越暗。凡是盐渍化程度高的地点，其植被指数的值都较低。经过上述处理之后，选取TM影像中多光谱波段TM1、缨帽变换中绿度特征和第3主成分进行组合，对组合得到的影像进行分类，得出了研究区不同地物的空间分布图。并对结果进行分类后处理，以消除类别噪声的影响。本研究利用众数函数，选用3×3的窗口，对分类结果进行分析。

4.3.2.3 分类精度评价

在RSI提取过程中，存在着一定的误差；因此，需要对分类结果进行精度检验以保证数据的科学性。本研究选取最常用的生产者精度、用户精度、Kappa系数和总分类精度4个评价指标。生产者精度是地面采样点被正确分类的概率；用户精度是采样分类点表示实际地面真实情况的概率；Kappa系数代表被评价分类比完全随机分类产生错误减少的比例；总体精度则是对每一个随机样本分类的结果与地面对应区域实际类型相一致的概率（李小娟 等，2008）。本研究采用最大似然法提取SS信息的精度评价，如表4-3所示。

表4-3 SS信息提取精度验证

类别	生产者精度（%）	用户精度（%）
盐土	98.89	98.34
荒漠	99.18	99.72
轻度盐渍地	98.98	97.98
中度盐渍地	94.06	97.44
重度盐渍地	96.95	94.07
总体精度（%）	97.86	
Kappa系数	0.972	

4.3.3 结果与成因分析

4.3.3.1 SS分布特征

从2010年分类结果（图4-2）而言，盐渍化程度最重的SS主要分布在CDRF的边缘、靠近沙漠的地带和林区内部植被覆盖较低的地区，呈片状分布。轻度、中度和重度SS交错分布在林区内部。

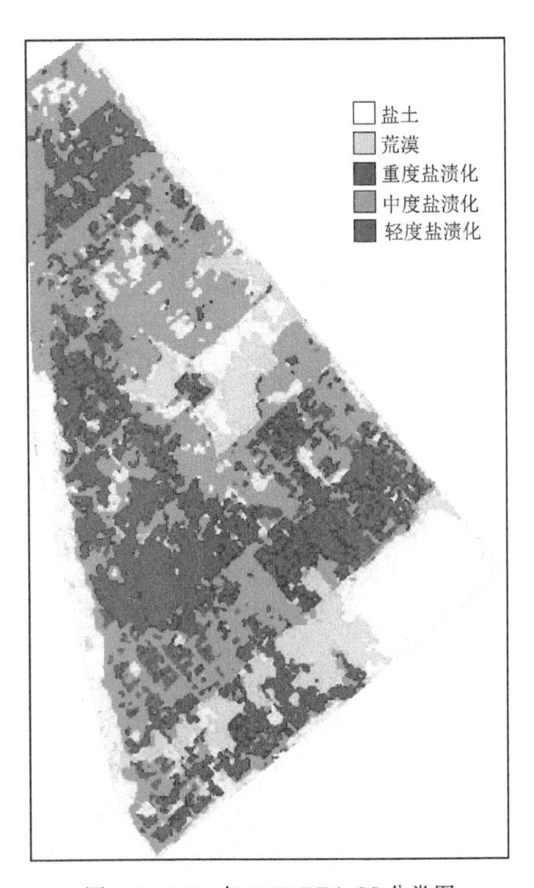

图 4-2　2010 年 KCDRFA SS 分类图

表 4-4　SS 信息提取统计表

类别	面积(m^2)	比例(%)
盐土	15650100	21.182
荒漠	7413000	10.033
轻度盐渍地	8317800	11.257
中度盐渍地	24141600	32.673
重度盐渍地	18364500	24.855
总计	73922400	100.00

从 SS 信息提取统计数据(表 4-4)可以看出:中度 SS 在林区的分布最为广泛,占整个林区总面积的 32.673%,其次是重度 SS 和盐土,分别占整个林区总面积的 24.855%和 21.182%。轻度 SS 和荒漠分布面积较小,分别占整个林区总面积的

11.257%和10.033%。研究区DSS较为严重，林内分布较为广泛的SS为中度和重度。中度SS广泛分布于研究区内地表有植被覆盖的区域，其次SS为重度，其主要分布在北部灌溉条件差的生态林区和南部靠近荒漠区的生态林区。轻度SS分布较少，主要集中在南部灌溉条件较好的农林复合经营区。盐土主要分布于PF边缘、荒漠植被保育区和农林复合经营区。

4.3.3.2 LUCC类型时空特征

如前所述，利用ENVI4.8对收集到的研究区2000年、2002年、2005年和2010年的TM影像进行分类，其中2000年研究区尚未种植植被，故2000年TM影像分为SS和荒漠两类，种植植被后的2002年、2005年和2010年TM影像划分为SS、荒漠和防护林3类(图4-3)。

种植植被前的2000年的土地利用分类图和种植植被后的2002年、2005年及2010年的土地利用分类图对比可知，2000年为种植植被之前，CDRF所在地区一片荒凉，大多是沙漠和裸露盐碱地，基本没有植被生长。2000—2010年，研究区大部分面积种植了植被，随时间的变化，KCDRF的种植面积在不断扩大，而荒漠和SS的面积正在缩小。

图4-3 不同年度研究区土地利用分类图

(a)2000年；(b)2002年；(c)2005年；(d)2010年

4.3.3.3 盐渍化驱动要素分析

总体而言，SS形成是特定的气候条件、水文条件和人为活动共同作用的结果。干旱荒漠气候是SS形成的首要条件，水文条件是推动土壤盐渍化的重要驱动力，人为活动是形成灌区SSS的重要因素；导致KCDRFA SS时空变化的驱动要素表现在诸多方面。

气候因素是土壤盐渍化的主要驱动因子，气候要素中与土壤盐渍化关系最为密切的因子是降水和蒸发强度。降水量和蒸发量的比值不仅能反映出一个地区的干湿状况，还能反映其SMC及土壤积盐情况。克拉玛依地处荒漠背景环境，如前所述，气候干旱多风。4—10 月≥5 级风有 119.7 d，≥8 级风有 45.6 d，平均风速为 3.9 m/s，最大风速可达 42.2 m/s，年降水量为 109.5 mm，年蒸发量 3545.2 mm，蒸发量是降水量的 34 倍，干燥度为 0.0296，属极度干旱。干旱多风加速了盐分地表蒸腾，是土壤盐渍化发生的原动力。

成土母质决定着 SPCP、肥力状况以及土层的厚薄、颜色等，是形成盐碱土的重要因素。土壤母质不同的岩石含有不同程度的可溶性盐分（任晶，2010）。土壤质地不同，则土壤的孔隙状况不同，土壤盐分的积累过程也不同。克拉玛依地区成土母质来源于天山北麓侏罗纪、白垩纪和第三纪的褐色岩层和绿色岩层，均含有大量的石膏和芒硝，形成的 SS 主要以硫酸盐和氯化物-硫酸盐为主。风沙土因母质含盐，开垦以后普遍形成盐化土壤。

土壤盐渍化多发生在地形较低的河流冲积平原、河流沿岸、低平盆地以及湖滨周围。由于洼地边缘和洼地的局部高起部位地表水分蒸发相对强烈，水分易散失，盐分容易积聚，故低洼地形常形成斑状盐碱（赵瑞，2006）。克拉玛依地区原是玛纳斯湖的一部分，由于历史的变迁，玛纳斯河改道造成湖水退去，湖底大面积生长芦苇，以沼泽土脱水形成残余沼泽土造成土壤大量含盐，是克拉玛依地区土壤大面积盐渍化的根本原因。

盐生植被将裸露的土壤覆盖起来，降低土壤蒸发速率，从而阻止盐分向土壤表层迁移。这样将土壤水分中的盐分就被积压在土壤深层，或积累在盐生植物中，从而避免了土壤表层盐分聚集。克拉玛依土壤开垦前植被多为梭梭、红柳、骆驼刺、盐生草等。这些植被有较强适宜盐碱的能力，通过根系吸收水分和养分时将深层土壤和地下水中的盐分带入体内，淀积在细胞或滞留在细胞液中。例如，梭梭植株含盐量为 120.1 g/kg，柽柳植株含盐量为 172.5 g/kg，骆驼刺植株含盐量为 100.8 g/kg。这些盐生植物的分泌物散落或残体分解时将盐分累积于地表，加速土壤积盐。

研究区内农业、林业用水是水资源消耗的主要渠道，由于 CDRF 基地覆盖面积大，只有部分地区采用喷灌技术，大多数灌溉仍然采用最传统的大水漫灌的方式，这种粗放的灌溉方式使得水资源利用很不合理，同时也引起部分地区 GWD 上升，加速了这些地区土壤盐分的累积过程，成为 SSS 的潜在隐患。同时，植被破坏，会引发土壤与地下水位之间失衡，导致土壤盐碱化。

4.4　植被修复模式与盐渍化控制

植被修复模式（vegetation restoration model，VRM）作为盐渍化控制的重要人为方式，对提升盐渍化土地生产力发挥着重要作用。不同 VRM 背景下，土壤盐渍化特征表现出一系列特征，并发挥着一系列环境效应。

4.4.1 土壤理化性质变异特征

4.4.1.1 SBD变异特征

SBD常用来衡量土壤紧实度和表征土壤质量，它直接影响到土壤孔隙度、土壤的穿透阻力及土壤水、肥、气、热特征变化，反映土壤结构性、通透性以及持水性的高低，而且影响植物生长及根系在土壤中的穿插和活力大小。盐渍化程度较高土壤的质地紧密，孔隙度小，有效储水能力差，空气含量低，植物难以正常生长。一般来说土壤熟化程度越高、土壤越疏松，其SBD越小。在其他条件一定的情况下，土壤越紧实，SBD就越大(黄毅 等，2010)。SBD较小，土壤孔隙度高，SN的利用率高，有益于土壤水、肥、气、热状况的交换、调节和植物根系的活动，有利于植物的发育生长。

种植不同植被后，盐渍化SBD的测定结果如图4-4所示。

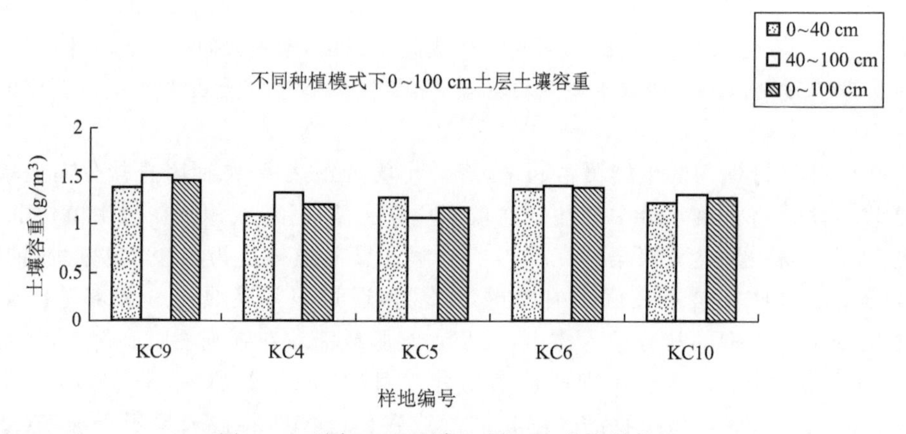

图4-4 不同VRM下各土层SBD的变异特征

结果表明，与原始对照SBD相比，种植植被的SBD均有不同程度的降低。在0～40 cm土层，下降率分别为20.8%、8.39%、1.79%、11.55%。在40～100 cm土层，下降率分别为12.4%、29.62%、7.85%、12.66%。在0～100 cm土层，下降率分别为16.43%、19.45%、4.95%、12.1%，其中KC5样地的下降趋势最为明显。40～100 cm土层SBD下降率大于0～40 cm土层。除KC5外，其他各样地下层(40～100 cm)SBD均大于上层(0～40 cm)SBD。0～100 cm土层各样地SBD大小顺序为：KC9＞KC6＞KC10＞KC4＞KC5。从植被类型上来看，对盐渍化土壤0～100 cm土层的SBD的改良作用大小依次为榆树、白蜡、新疆杨、俄罗斯杨。

不同PY CDRF的SBD的变异特征如表4-5所示。

表 4-5　不同树龄 CDRF SBD 变异特征

编号	树龄	0～40 cm		40～100 cm		0～100 cm	
	(a)	SBD (g/m^3)	变化率 (%)	SBD (g/m^3)	变化率 (%)	SBD (g/m^3)	变化率 (%)
KC9	CK	1.394	——	1.516	——	1.455	——
KC8	1	1.272	8.75	1.528	−0.79	1.400	3.78
KC6	4	1.369	1.79	1.397	7.85	1.383	4.95
KC7	6	1.253	10.11	1.35	10.95	1.302	10.5

注：CK 为原始对照；为无人工种植树木样地，下同。

0～40 cm 土层，与原始对照 SBD 相比，种植植被的 SBD 均有不同程度的降低。在 40～100 cm 土层，除 KC8 外，其他样地与对照相比均有不同程度下降。在 0～100 cm 土层，各样地均表现出不同程度的下降趋势，且随着 PY 的增加，SBD 下降趋势愈加明显，6 年生林木样地 KC7 SBD 变化率最为显著。种植植被后，SBD 均有不同程度的降低，其主要原因与林木根系分布有关，种植林木后，土壤质地变得疏松，林木改变了土壤的紧实度，提高了土壤的通透性。林木根系生长越好，土壤颗粒间的孔隙度就越大，土壤中的空气含量就越高。下层土壤林木根系发达，故 SBD 下降率大于表层土壤。随着 PY 的增长，不断生长的林木根系使 SS 紧实度发生改变，使土壤颗粒间的空隙增多，从而提高了土壤的通透性，降低了 SBD。

4.4.1.2　SMC 变异特征

SMC 也是土壤的重要物理参数，是指单位质量或单位容积土壤的含水量。土壤是由许多粒径不同、形状各异的固体颗粒组成，颗粒之间散布着孔隙。孔隙中土壤溶液或空气数量的多少，都取决于 SMC，因此，SMC 对植物生长、发放、发育、存活、净生长力等尤为重要。SMC 的大小，主要受灌溉条件、土壤质地、OM 含量、土壤结构和通透性的影响。

对不同 VRM 下的盐渍化土壤 0～100 cm 土层 SMC 研究结果，如表 4-6 和图 4-5 所示。

表 4-6　不同 VRM 下 CDRF 各土层 SMC、含盐量

	含水率(%)	含盐量(g/kg)
KC9	4.26±2.1a	5.675±5.423b
KC4	8.08±5.5ab	4.615±2.114ab
KC5	6.88±5.4ab	1.15±0.681a
KC6	12.3±8.4b	1.14±0.339a
KC10	24.2±4.4c	1.24±0.66a
F 值	10.05	3.487

注：同一列中不同的字母表示在 0.05 水平上的差异显著。

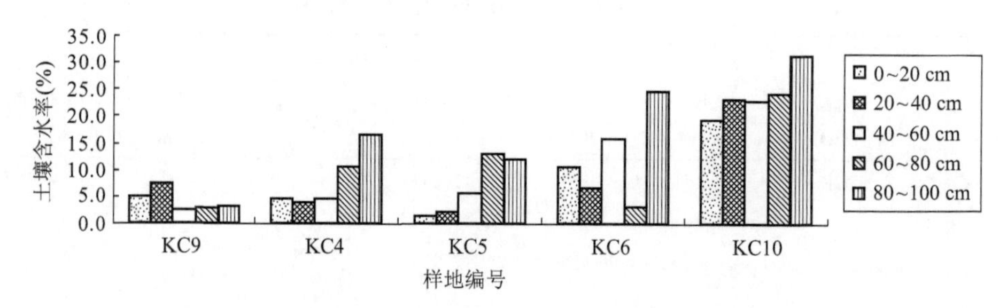

图 4-5 不同 VRM 下 CDRF 各土层土壤各层含水量变异特征

在 0～20 cm 土层，与对照样地相比，KC4 和 KC5 样地 SMC 呈下降趋势，KC6 和 KC10 样地 SMC 呈上升趋势。20～40 cm 土层，与对照样地相比，只有 KC10 样地 SMC 有所上升，KC4、KC5 和 KC6 样地均有不同程度下降。40～60 cm 土层，与对照样地相比，不同 VRM 下的各样地 SMC 均有不同程度的增长。60～80 cm 土层 SMC 除 KC6 有轻微下降外，KC4、KC5 和 KC10 均有不同程度上升。80～100 cm 土层，与对照样地相比，不同 VRM 下的各样地 SMC 均有不同程度的增长。0～100 cm 土层范围内，KC4、KC6、KC10 三个样地 80～100 cm 土层 SMC 大于其他各层。0～100 cm 土层 SMC 与对照样地相比，均表现出不同的增长趋势。增长率依次为：89.59%、61.43%、188.48%、469.52%。从植被类型上来看，对 SS 0～100 cm 土层的 SMC 改良作用大小依次为新疆杨、俄罗斯杨、榆树及白蜡。

不同 PY 下，CDRF 的 SMC 变异特征如表 4-7 和图 4-6 所示。

表 4-7 不同 PY 下 CDRF 各土层 SMC、含盐量

生长年限(a)	含水率(%)	含盐量(g/kg)
CK	4.26±2.09a	5.675±5.423b
1	21.08±9.32b	1.45±0.527a
4	12.18±8.44ab	1.14±0.339a
6	12.44±7.75ab	0.545±0.051a
F 值	4.45	3.691

注：同一列中不同的字母表示在 0.05 水平上的差异显著。

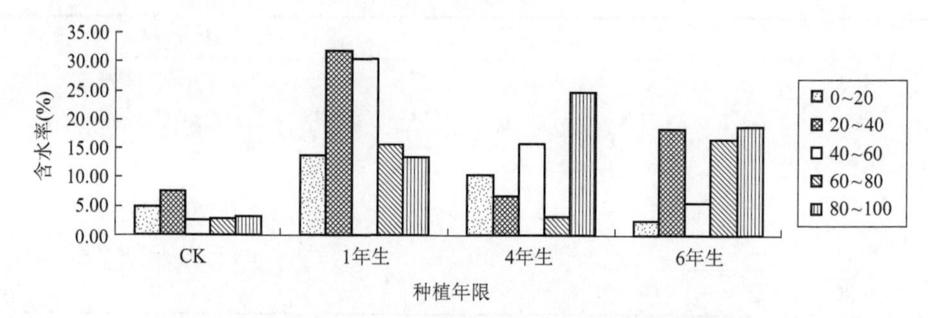

图 4-6 不同 PY 下 CDRF 各土层土壤各层含水量变异特征

0～100 cm 土层，各样地 SMC 与对照样地相比，均有不同程度的增长。各样地 SMC 表现出不同的变异特征，并未随着 PY 的增长和土壤深度的增加而增长。

不同 VRM 下，SMC 与对照样地相比均有不同程度增长，其原因是种植林木后，林木根系的生长使土壤的物理性质发生了变化，土壤质地变得疏松，土壤通透性变化，孔隙度较高，从而提高了水分的入渗率，使土壤保持较高的含水量。林木根系具有涵养水源的作用，根系越发达，越有利于保持土壤水分。灌溉条件也是影响 SMC 的一个重要因素，林区内部经常进行周期性的灌溉，灌溉条件较好的区域 SMC 要高于灌溉条件较差的地区，这也是导致各样地 SMC 并未随 PY 和土层深度表现出一定规律性特征的主要原因。

4.4.1.3 TS 变异特征

土壤可溶性盐是盐碱土的一个重要属性，也是限制作物生长的主要障碍因素。可溶性盐分在土壤表层富集是西北干旱半干旱地区盐碱地的特征之一。在严重碱化的裸碱地碱性盐类碳酸钠、重碳酸钠的积累，使土壤表面形成一层盐壳，这种盐壳在研究区内分布十分广泛。树木根系的穿透作用可以使土壤结构趋于良好，透水性增强，促进土壤脱盐，削弱毛管上升水流，抑制土壤返盐(阿迪力·吾彼尔等，2007)。因此，通过植树造林等人工措施，可以改善土壤的物理性状，减少可溶性盐分在土壤中的积聚。不同植被类型对土壤盐渍化的响应各异，不同 VRM 对土壤盐分改良效果有一定的差异，不同 PY 的林木对盐碱化的抗性和对土壤盐分的吸收作用也不同。

不同 VRM 下，CDRF 盐渍化土壤 0～100 cm 土层 SSC 研究的结果见表 4-8 和图 4-7。

表 4-8 不同 VRM 下 CDRF 不同土层含盐量对比

样地	0～20 cm		20～80 cm		0～100 cm	
	含盐量(g/kg)	下降率(%)	含盐量(g/kg)	下降率(%)	含盐量(g/kg)	下降率(%)
KC9	12.225	—	4.365	—	5.675	—
KC4	7.975	34.76	3.943	9.67	4.615	18.68
KC5	2.350	80.80	0.910	79.15	1.150	79.74
KC6	1.300	89.37	1.108	74.62	1.140	79.91
KC10	0.700	94.27	1.348	69.12	1.240	78.15
均值	4.91	74.80	2.335	58.15	2.764	64.12

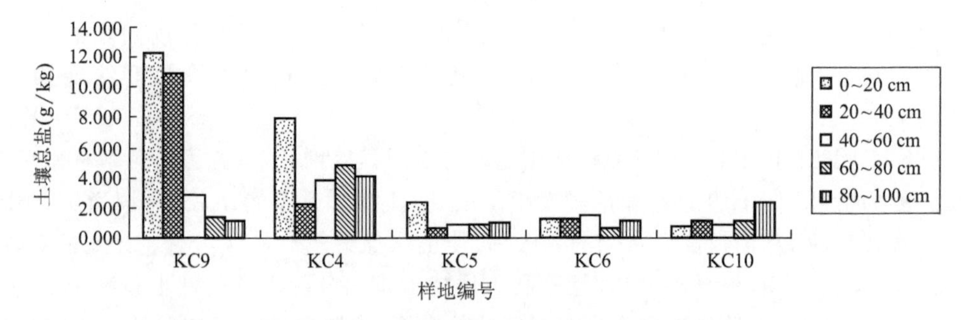

图 4-7 不同 VRM 下 CDRF 各土层土壤各层总盐含量变异特征

研究结果表明:0～40 cm 土层,与对照样地相比,种植植被的各样地 SSC 均有不同程度的降低。40～80 cm 土层,除 KC4 样地,其他各样地 SSC 均低于对照样地。80～100 cm 土层 SSC 与对照样地相比,除 KC4 和 KC10 呈上升趋势外, KC5、KC6 均表现出不同的下降趋势。0～100 cm 土层,与对照样地相比,种植植被的各样地 SSC 均有不同程度的降低,KC5、KC6 和 KC10 三个样地 SSC 下降幅度最大。各样地 SSC 大小顺序为:KC9＞KC4＞KC10＞KC5＞KC6。从植被类型上来看,盐渍化土壤 0～100 cm 土层的土壤脱盐率排列顺序依次为俄罗斯杨、榆树、新疆杨及白蜡。

对不同 PY 的 CDRF 俄罗斯杨树林 SSC 研究结果如表 4-9 和图 4-8 所示,结果表明,随着 PY 的增长,土壤盐分含量明显降低。

表 4-9 不同 PY CDRF 不同土层含盐量对比

年限	0～20 cm		20～80 cm		0～100 cm	
	含盐量(g/kg)	下降率(%)	含盐量(g/kg)	下降率(%)	含盐量(g/kg)	下降率(%)
CK	12.23	—	4.04	—	5.68	—
1 a	1.93	84.25	1.33	67.08	1.45	74.45
2 a	1.30	89.37	1.10	72.77	1.14	79.91
4 a	0.50	95.91	0.47	88.37	0.55	90.40
均值	3.99	89.84	1.74	76.07	2.20	81.60

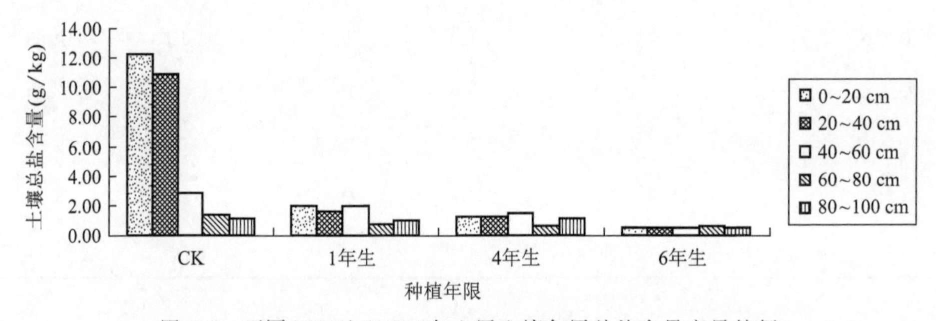

图 4-8 不同 PY 下 CDRF 各土层土壤各层总盐含量变异特征

不同 VRM 和不同 PY 下，林地表层土壤(0～20 cm)和下层土壤(20～80 cm)含盐量对比具有一定差异性。表层土壤(0～20 cm)含盐量大于下层土壤(20～80 cm)含盐量。种植植被后，表层土壤(0～20 cm)的盐分含量降低程度最为明显。这也在一定程度上反映出这一地区土壤盐分表聚现象严重。

不同 VRM 下，CDRF 与对照样地相比 SSC 均表现出下降趋势。土壤中的盐分积累与蒸发、灌溉、排水密切相关，样地土壤在周期性灌溉淋洗作用下发生脱盐，沙漠地区一直处于强蒸发状态，很少有淋洗过程，其盐离子运移趋势主要以聚积为主，土壤表聚现象严重，土壤表层盐分含量远远大于下层盐分含量。

4.4.2　土壤养分变异特征

4.4.2.1　SOM 变异特征

如前所述，SOM 是指土壤中的各种含碳类有机化合物，其中包括动植物残体、微生物体和这些生物残体的分解产物，以及由分解产物组合成的腐殖质等(何牡丹，2008)。SOM 是土壤养分的重要性质之一，对土壤的结构、持水力和离子交换起着重要的作用。SOM 的含量影响土壤的结构性、渗透性、通气性、吸附性以及缓冲性。SOM 是 SN 库的载体和来源，是形成土壤肥力的主要因素，通过影响土壤物理、化学和生物学性质而改善土壤质量(王宝良，2009)。

不同 VRM 下，种植植被后各样地 0～100 cm 土层土壤各层 SOM 含量均高于对照样地。KC4 和 KC5 样地 SOM 含量在土壤表层(0～20 cm)最为丰富。与对照样地相比，种植植被后的各样地 SOM 含量均有不同程度增加。其中 KC5 和 KC6 与对照样地相比呈显著性差异($P<0.05$)，其 OM 分别增长了 282.88%和 134.3%。不同的 VRM 下，植被对盐渍化 SOM 含量的改良作用为：榆树＞俄罗斯杨＞白蜡＞新疆杨。

对不同 PY 下，CDRF SOM 含量研究结果，俄罗斯杨种植后，0～100 cm 土层中的 SOM 含量均有一定程度增长。1 年生样地 SOM 含量最为丰富，随 PY 的增长而逐年增加，SOM 含量呈上升趋势。其中 1 年生样地 0～60 cm 土层 SOM 含量高于 60～80 cm 土层。1 年生俄罗斯杨由于种植在砍伐过的林地上，土壤通透性好，土壤中含有丰富的腐殖质，还有砍伐过的林木残留的根系，所以 SOM 含量较高。

植被对盐渍化 SN 含量有一定的改良作用，种植植被后，盐渍化 SOM 含量增长明显，且与 PY 呈正相关。其原因是植物根系能后疏松土壤，改善土壤的通透性，促进微生物对植物残体的分解，且植物的根系、残根和凋落物腐烂后能够增加 SOM 含量。随着 PY 的增长，植被生物产量不断增长，地下根系生物量明显高于自然植被条件下的根系归还量，从而必然使得 SOM 含量增加。

不同 VRM 及 PY 下 0～100 cm 土层 SOM 特征如图 4-9 所示。

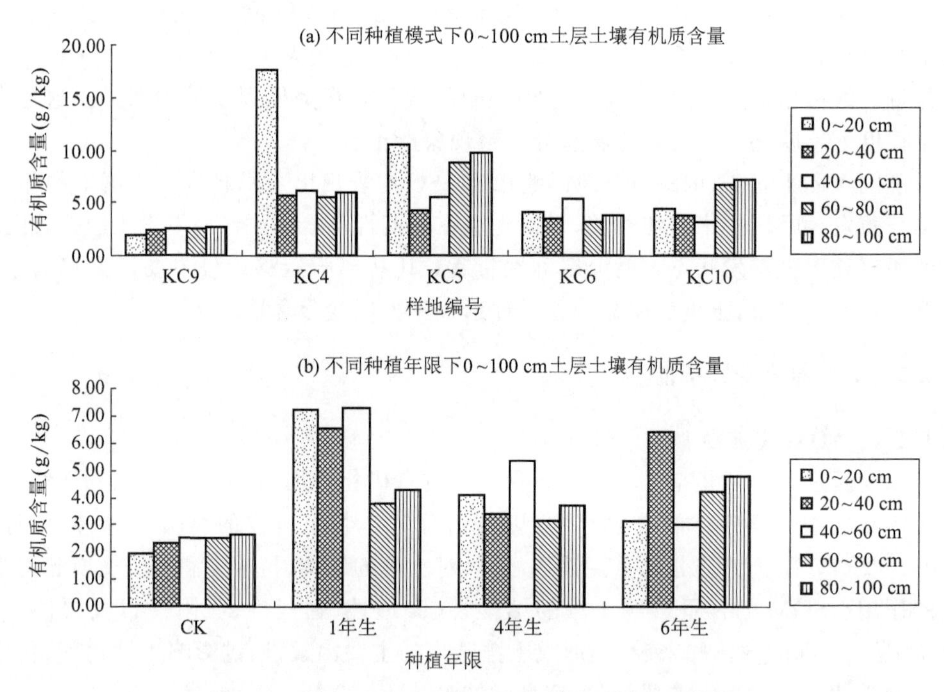

图 4-9　不同 VRM(a)及 PY(b)下各土层 SOM 特征

4.4.2.2　TN 变异特征

氮素是作物营养三要素之一，在作物生长发育所需的营养元素中占有极其重要的地位。土壤中的氮素绝大部分以有机态存在，其含量和分布与 SOM 密切相关。在植物生长过程中，植物生长所需的氮素来源一部分是通过有机态氮矿化作用释放出来的。土壤氮素的供应能力对作物需氮量影响非常大，作物一生中吸收的氮素总量的 50%～70%来自土壤(朱兆良 等，1992)。土壤 TN 含量是标志土壤氮素总量和供应植物 AN 素的源和库，不仅能够反映土壤的氮素状况，还能够在一定程度上反应植被的生长状况和固氮能力。

不同 VRM 下，种植植被后的土壤与对照样地相比，土壤 TN 含量在 0～100 cm 土层均有所增长，但是差异并不显著。其中 KC4 和 KC5 样地土壤全氮含量较为丰富，在土壤表层(0～20 cm)表现更为明显。KC10 土壤 TN 含量在土壤下层(60～100 cm)较为丰富。不同的种植模式下，植被对盐渍化土壤 TN 含量的改良作用为：白蜡＞榆树＞俄罗斯杨＞新疆杨。

对不同 PY 的 CDRF 土壤 TN 含量研究结果表明：俄罗斯杨种植后，0～100 cm 土层中的 TN 含量均有一定程度增长。一年生样地土壤全氮含量最为丰富，随 PY 的增长而逐年增加，土壤 TN 含量呈上升趋势。

种植植被有利于提高盐渍化土壤 TN 含量。土壤中的 TN 含量随着 PY 的增长而增加，这是由于土壤中的 N 很大一部分是由凋落物转化而来的，土壤表层的凋落物越多，归还到土壤中的氮素也就越多。植被生长初期需要消耗大量的 SN，在这期间植被的生长机能尚不健全，固氮能力特别弱；因此，与对照样地相比，不同 VRM 下的各样地土壤 TN 含量的差异并不显著。

不同 VRM 及 PY 下，盐渍化土壤 0～100 cm 土层土壤 TN 含量的变异特征如图 4-10 所示。

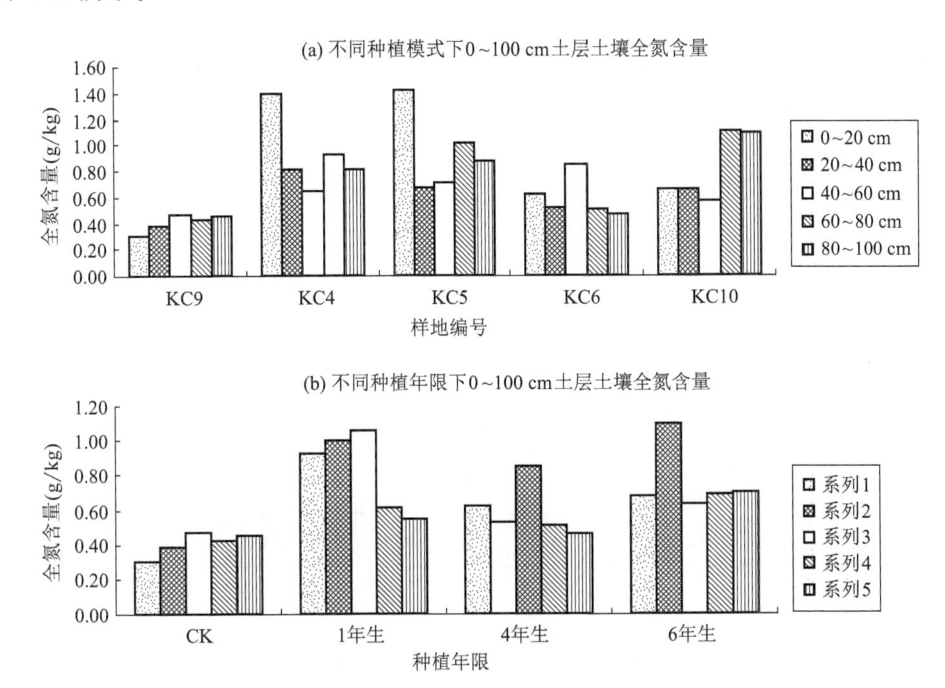

图 4-10　不同 VRM(a)及 PY(b)盐渍化土壤各土层土壤 TN 含量特征

4.4.2.3　TP 变异特征

P 是作物生长必需的营养元素之一，土壤 P 元素含量对作物根系对 P 的吸收造成直接影响，从而影响作物的生长发育和产量的高低。P 是大多数农业和自然 TE 初级生产过程最受限制的元素之一，同时 P 与 C、N、S 等元素的循环过程是相互耦合的(金继运 等，1998)。土壤中若没有足够 P 情况下，外界需补充一定的磷肥，否则植物生长将受到限制。

不同 VRM 下，盐渍化土壤 0～100 cm 土层土壤 TP 含量的变异特征结果表明，种植植被后的土壤与对照样地相比，除 KC10 样地有轻微下降外，KC4、KC5 和 KC6 样地均有一定程度的增长，其中 KC4 的增长趋势最为明显，与对照样地呈显著性差异($P<0.05$)。0～100 cm 土层范围内，各样地各土层土壤 TP 含量相差甚微。不同的种植模式下，植被对 SS 的 TP 含量的改良作用为：白蜡＞榆树＞俄罗斯杨＞新疆杨。

对不同 PY 的 CDRF 土壤 TP 含量研究表明，1 年生样地土壤 TP 含量最高，其次是 4 年生样地和 6 年生样地。各样地各土层土壤之间土壤 TP 含量差异并不明显。

种植植物对 SS 的 TP 含量有一定的改良作用,种植后土壤的 TP 含量的增长与植被的 PY 呈正相关关系。主要原因是植被的枯枝落叶、残留根系以及根系分泌物均有利于 SN 的增长,从而使得土壤 P 元素的增加。研究表明,土壤中 P 元素含量与 SOM 含量呈正相关关系,但在植被生长的过程中,影响磷有效转化的因素很多,这些因素之间也会存在积极或者消极的作用,因此会出现种植植被后的 KC10 样地土壤 TP 含量低于对照样地,故应结合土壤、植物和水分等其他环境因素综合考虑 P 元素的转化和释放问题。

不同 VRM 及 PY 下,盐渍化土壤 0～100 cm 土层土壤 TP 含量的变异特征如图 4-11 所示。

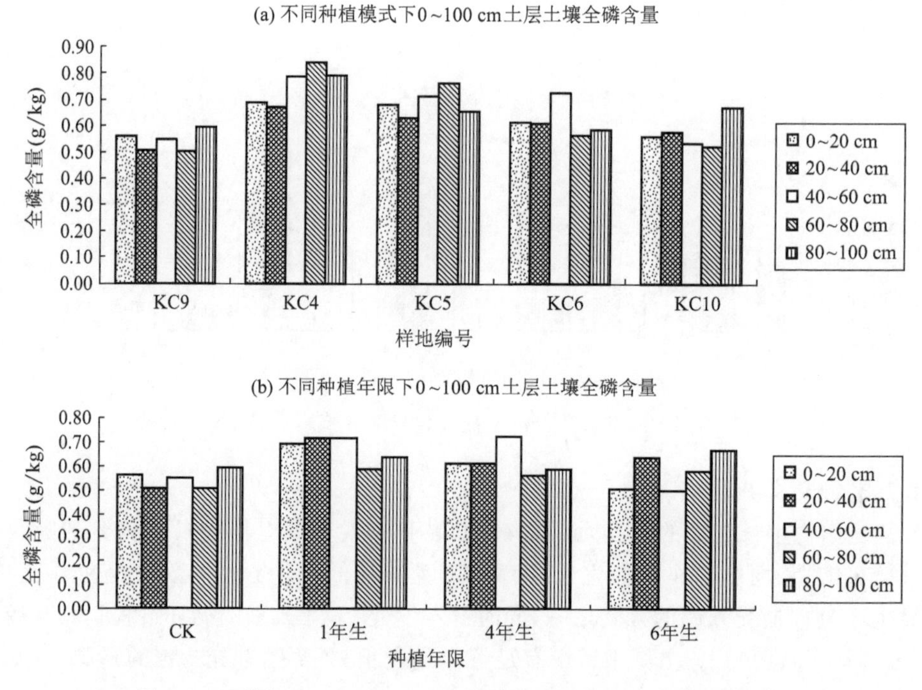

图 4-11　不同 VRM(a)及 PY(b)盐渍化土壤各土层土壤 TP 特征

4.4.2.4　TK 变异特征

K 也是植物生长发育所必需的营养元素,一般在植物体内含量为 1%～5%。K 具有维持细胞膨压,促进植物生长等重要的功能。K 可以激活氧化还原酶、转移酶和合成酶,是多种酶的催化剂。还可以提高植物的抗逆性,增强植物的抗旱能力和抗盐能力。土壤溶液中的 K 可以直接被植物吸收利用,土壤的供 K 能力受土壤的 TK 含量的影响,同时与土壤各种形态 K 数量和比例密切相关。

不同VRM下盐渍化土壤0～100 cm土层土壤TK含量的变异特征研究结果表明，种植植被后的土壤与对照样地相比，KC6和KC10样地土壤TK含量有所降低，KC4和KC5样地土壤TK含量有所增长，与对照样地呈显著性差异($P<0.05$)。各样地不同土层TK含量差异并不显著。不同VRM下，植被对SS的TK含量的改良作用效果由大到小依次为白蜡、榆树、俄罗斯杨及新疆杨。

对不同PY的CDRF土壤TK含量研究结果表明：1年生样地土壤TK含量最为丰富，较对照样地有所增长。4年生样地和6年生样地土壤TK含量较对照样地有一定程度降低。各样地各土层土壤之间TK含量差异并不明显。

土壤中的钾素是易移动的元素一直，在成土过程中，会出现TK含量下降的现象。土壤质地也是影响土壤TK含量的一个重要因素。植被在生长的过程中吸收了土壤中的钾元素，在没有外来钾肥的补充下，会出现一定的K元素亏空的现象，因此，种植植被后的KC6和KC10样地的土壤TK含量低于对照样地。

不同VRM及PY下，SS 0～100 cm土层TK含量的变异特征，如图4-12所示。

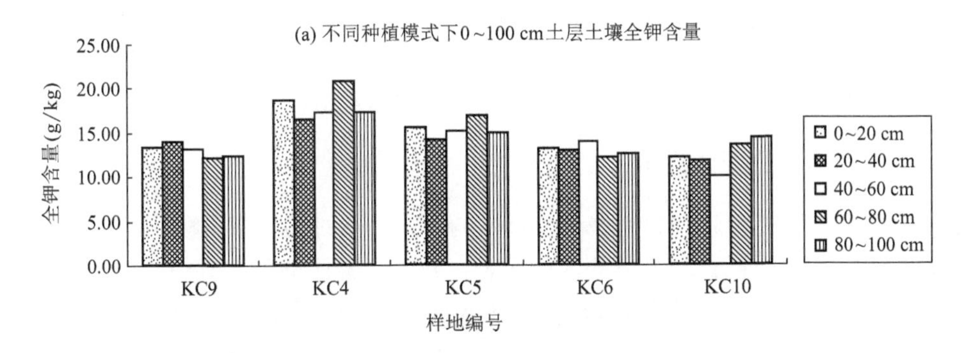

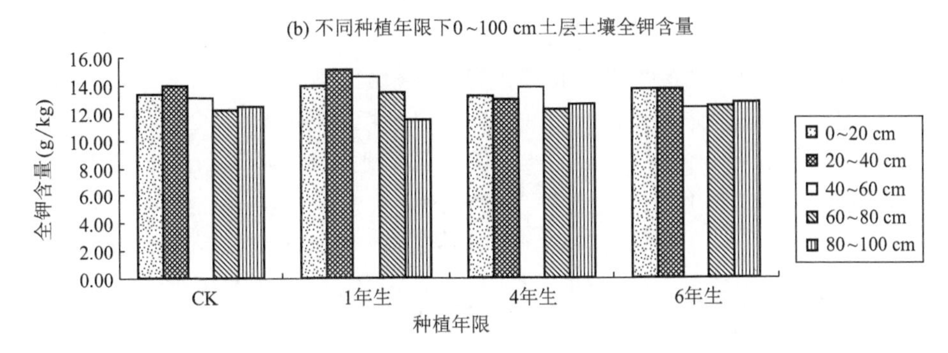

图4-12 不同VRM(a)及PY(b)盐渍化土壤各土层TK含量的变异特征

4.4.3 土壤酶活性变异特征

土壤酶参与土壤中许多重要的生物化学过程和物质循环过程，能够引起细胞正常机理发生改变，对整个生态系统中营养物质转化有着不可替代的作用，SEA强弱是衡量土壤肥力的主要指标(陈珏,2011),与土壤微生物、SPCP和自然环境条件密切相关。纤维素酶是一类水解酶复合体,主要参与土壤中碳水化合物及其衍生物的分解过程。土壤纤维素酶活性与土壤pH,还有土壤的营养状况(特别是土壤中N、P含量)密切相关。土壤纤维素酶活性在一定程度上反映了土壤形成的生物气候、生态条件、土壤生化过程和土壤肥力水平。

研究结果表明,种植植被后的土壤与对照样地相比,土壤纤维素酶活性均有所增加,其中KC5样地的增长最为明显,与对照样地呈显著性差异($P<0.05$)。KC4、KC6和KC10的增长趋势并不明显。不同植被类型对盐渍化土壤酶活性的改良作用依次为榆树、白蜡、新疆杨、俄罗斯杨。

对不同PY的CDRF土壤纤维素酶活性研究结果表明,俄罗斯杨种植后,1年生样地土壤纤维素酶活性显著提高($P<0.05$)。4年生样地和6年生样地土壤纤维素酶活性较对照样地有一定程度增长,但增长趋势并不显著。通过不同VRM和不同PY下的盐渍化土壤纤维素酶活性的测定结果可知,种植植被后的土壤纤维素酶活性比对照样地的空白土壤高,说明植物根系能提高土壤中的纤维素酶活性。随着PY的增长,土壤中的纤维素酶活性明显提高。1年生俄罗斯杨由于种植在砍伐过的林地上,土壤物理性质好、肥力较好,所以土壤纤维素酶活性较高。

4.4.4 土壤微生物变异特征

微生物在生态系统循环中扮演着分解者和还原者的角色,它能够分解有机物质,释放出有机和无机养分,促成养分的循环。土壤微生物能够使有机体中的营养元素还原成简单的、可利用的成分,对植物的生长起着显著的促进作用(池振明,2000)。土壤生态因子强烈影响着土壤微生物的生态分布,土壤微生物数量和种群分布特征是土壤生态因子各项指标的综合反映。其中土壤类型、SPCP、SN、SEA以及农业利用方式等对SS中微生物的生态分布规律有明显影响。

不同VRM下,盐渍化土壤0～100 cm土层土壤微生物数量变异特征不尽相同(图4-13)。研究表明,种植植被后的土壤与对照样地相比,除KC10外,各样地细菌数量也较对照样地有所增长。细菌种群在林区土壤中分布较多。与对照样地相比,KC5和KC6样地真菌数量显著增加,KC4和KC10样地没有真菌种群分布。放线菌种群只在KC4/KC5和KC6样地有所分布,且在KC4和KC6样地含量较为丰富,在对照样地和KC10样地没有分布。

对不同PY的林地土壤微生物数量研究结果(图4-14)表明,俄罗斯杨种植后,除1年生样地,0～100 cm土层中的细菌数量随PY的增长而逐年增加。与对照样地相比,4年生和6年生俄罗斯杨样地的细菌数量增长率分别为144.33%和177.67%。放线菌种群在对照样地中没有分布,随着PY的增长,各样地放线菌数量呈现逐年下降的规律。

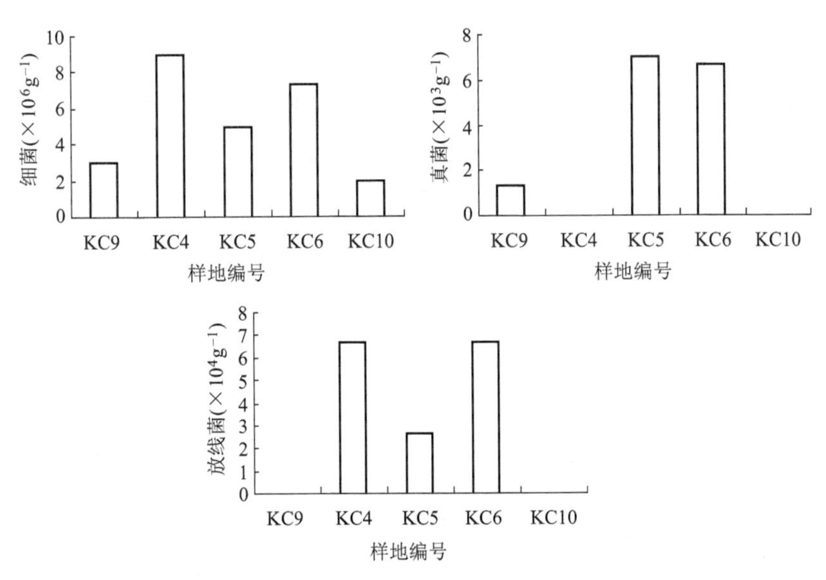

图 4-13　不同 VRM 下土壤微生物变异特征

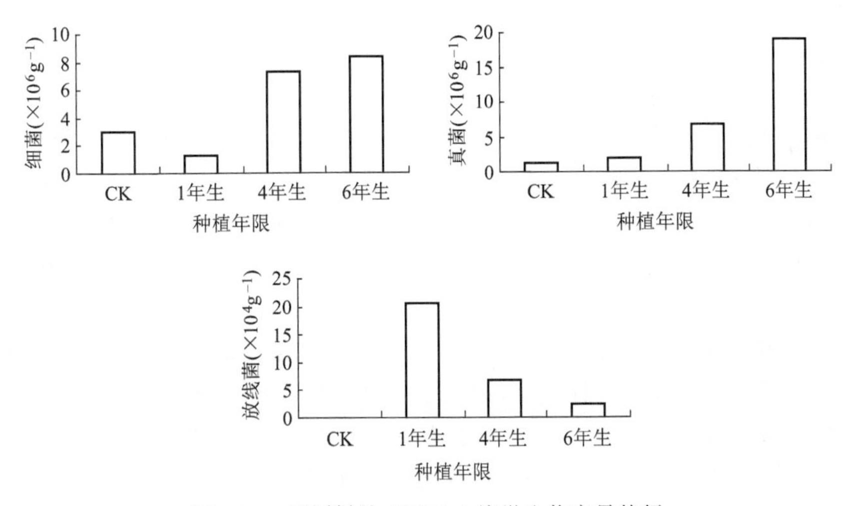

图 4-14　不同树龄 CDRF 土壤微生物变异特征

通过不同 VRM 和不同 PY 下的盐渍化土壤微生物数量的测定结果可知，种植在 SS 条件的林木能够促进其根际微生物数量的增长。随着植物 PY 的增加，土壤微生物的生物量也有相应的提高。这是由于在植被生长过程中产生的枯枝落叶、残留根系以及植被新陈代谢的过程使得 SOM 增加，SOM 的增加必然导致土壤微生物数量增加。土壤微生物的活动推动 SN 元素的循环和土壤矿物分解的过程，能够改善土壤的 SPCP 和营养水平，从而促进植物生长，这样形成了一个有利于提升 SS 质量的良性循环。

第5章　二氧化碳减排林区水资源时空变化及生态安全评价

5.1　研究背景

在大力推进“一带一路”倡议及人类命运共同体理念被更多国家所共识的背景下，发展绿色低碳环保产业，促进可持续发展成为人们追求的目标；而倡导山水林田湖草系统理念，减少 CO_2 排放，探索植被减排的原理与途径，对于维护生态安全具有重要的理论价值，同时，KCDRFA 建设对于探索低碳发展模式具有重要的现实意义。

植被的生长状况与水资源分布有密切关系，研究水资源的分布及变化特征对其生态系统有重要意义。生态安全是国家安全的重要组成部分。克拉玛依市是人工建立的荒漠绿洲，通过引水、植被建设等人类活动改变了自然的生态环境状况。通过实地调查、取样分析，获取 KCDRFA 的植被、土壤、地下水等数据；在此基础上，研究土壤水分和地下水的时空变化特征以及它们与植被生长的关系，同时构建二氧化碳减排林区(CDRFA)生态安全评价(ESA)体系，是生态建设的需要，也是可持续发展的需要。由于地形地貌、植被类型等因素的影响，同一区域不同地理位置，或者是同一地理位置不同土层深度 SMC 是不同的。CDRFA 0～40 cm 层含水量较高、40～60 cm 层含水量最低、60～100 cm 含水量较低。虽然 CDRFA 不同土壤剖面的 SMC 在林区空间上呈现不同的分布特征，但是都有一个共同点，即南部靠近荒漠的区域最低。主要影响因素是土壤质地和植被类型，相较于白蜡、沙枣等植被种类，俄罗斯杨对保持土壤水分的方面有明显优势。与此同时，CDRFA GWD 已由 2005 年的 11.39 m 变为 2010 年的 3.64 m，呈变小趋势。空间上从西部到东部，CDRFA GWD 呈加深趋势。CDRF 地下水的矿化度由 2006 年的 18.925 g/L 变为 2009 年的 14.239 g/L，地下水的水溶性盐分时空变化明显。CDRFA 生态安全状况水分严峻。

5.1.1　研究目的及意义

全球气候变化是目前国际社会共同面临和关注的问题。已有研究表明，气候变化对地表径流、融雪等各种形态的水资源和森林植被都有较大影响。为减少 GHG 排放而进行的碳减排、碳交易等都是全球为积极应对气候变化而采取的措施。在此背景下，2001 年在克拉玛依市正式启动的 CO_2 减排造林项目，是应对气候变化、维护生态系统稳定性的重要举措。

水是干旱区的重要资源，生态系统的健康程度依赖于水资源的时空分布。由灌溉发展的人工绿洲，其规模、稳定性以及生物产出水平都取决于灌溉保证程度和水资源利用量。CDRFA 的维持需要大量水资源的保障，在降水不能满足生态稳定性的情况下，而人为引入大量灌溉用水等人类活动会引起区域各种生态环境效应，如水文效应、土壤效应、植被效应等。水资源与 CDRFA 的植被生长状况有很大的关联性，它对干旱区的重要制约作用决定了研究 CDRFA 水资源时空变化的重要意义，甚至直接影响林区未来的可持续发展进程。

克拉玛依市 CDRFA 不仅承担着吸收 CO_2、减少 CO_2 排放量的直接目标，同时由于其所处的地理位置，能够起到防风固沙等防护林功能，带来了巨大的生态效益、经济效益和社会效益。为了林区的可持续发展，研究水资源变化特征，构建 CDRFA 生态安全评价体系，分析 CDRFA 生态安全水平，找出影响生态安全的主要问题。为引导已有林地的维护和林地的进一步建设发展提供可行依据。通过实地取样、勘测和 3S 技术手段评价克拉玛依市 CDRFA 水资源变化特征及生态安全。从而深入认识林区内植被生长状况以及土壤、水文状况，提出影响生态安全的主要因子，服务 CDRFA 的维护管理和建设，最终将理论研究转化为现实生产力，实现 CDRFA 的最初规划目标。

5.1.2　国内外研究进展

5.1.2.1　*水资源变化问题*

应用生态水文学原理研究水资源变化，对于科学认识水资源形成、转化与消耗规律具有重要意义。生态水文学是研究植物如何影响水文过程及水文过程如何影响植物分布和生长的水文学和生态学之间的交叉学科（Baird et al.，1998）。国内目前对生态用水（ecological water utilization，ecological water use，EWU）等概念的深入研究及其尺度效应和耦合效应研究甚少，对其定量估算与评价仍有许多问题需要解决（王让会 等，2005）。赵文智和程国栋（2001a）强调了生态水文学的研究的一系列理论与应用问题；干旱半干旱区森林的水文过程的研究起步也比较早，在理论和方法上都比较深入和完善（于静洁 等，1989）。森林和疏林地区，生态水文学研究的重点主要集中在森林的水文循环及森林对土壤的影响，其中森林的蒸散特征仍然是森林水文循环中的主要课题（Black et al.，1996；Nizinski et al.，1994）。在干旱区，很多学者对 EWU 等生态水文问题做了系统的研究分析。如赵文智和程国栋（2001b）对干旱区生态水文过程研究的若干问题进行了评述；贾宝全（1998）对干旱区 EWU 的概念和分类进行了研究。王让会等（2001）对内陆河流域以及新疆绿洲的生态需水（ecological water demand，EWD）的特征进行了研究，并对 EWD 进行了定量的估算。干旱区由于缺乏地表水，土壤水和地下水就显得十分重要，成为不可或缺的水资源。干旱区土壤水是植物吸收水分的主要来源，降水、地表水和地下水都必须在形成土壤水之后才能被植物利用，是土壤肥力的重要组成部分。而土壤水的主要来源是降水和灌溉水，是地球上水分循环的重要环节。SMC在时间和空间尺度上影响整个地球系统相互关系（潘颜霞 等，2007）。所以，不管从小尺度的区域生态环境、植被生长需要，还是从大尺度的水分循环、气候条件而言，研究土壤水分都具有重要意义。SMC有几种主要的测定方法有称重法、电阻法、γ射线法、负压计法、中子仪法和时间域反射仪（TDR）法，其中称重法和TDR法比较常用。随着土壤水监测方法不断突破，土壤水分研究内容也越来越广泛，从农田、PF和草地的土壤水分动态到土壤质地、坡度、坡向和利用方式对土壤水分的影响（李洪建 等，2003）。由于水资源对干旱区的重要性，该区域土壤水颇受重视，包括不同地形、耕作制度、栽培模式下农田、PF土壤水的动态变化。影响土壤水分空间变化的因素很多，从大的角度讲包括降雨和地形等主要控制因素，从小的角度讲包括土壤特性、微地形、植被情况等（Entin et al.，2000；Mohanty et al.，2000）。根据实测SMC数据，研究土壤水分的空间变化特征。土壤水分的空间尺度有不同的界定，其中，在几十米的空间范围内，SMC的变化与地貌、地形、土壤质地、植被状况有关（雷志栋 等，1985；Vinnikov et al.，1996）。

土壤水和地下水在一定条件下可以相互转化，土壤水的一个重要的来源就是地下水。由此可知，土壤水和地下水是相互关联的。在干旱区地表水资源有限的情况下，土壤水和地下水的作用显得尤为突出。所以，干旱区地下水动态及其影响的研究有重要的现实意义。随着时间的推移，在自然和人为综合影响下，地下水的水温、水位、流量及化学组成等指标不断发生变化。自然影响因子主要包括降水、蒸发、地表水变化等；人为影响因子主要包括水利工程、土地利用变化、灌溉等。干旱区由于降水量稀少、气温高、蒸发量大，土壤水和地下水是满足植被生长需水量的重要来源，是考察PF生态安全水平的重要组成部分。目前，建立监测井，形成监测网是中国地下水监测的主要方法。中国在20世纪50年代，开始地下水水位监测（周仰效 等，2007）；20世纪70年代初，建立了大的区域性监测网（如华北平原、黄河流域）；相关监测数据对于地下水的研究发挥了重要作用。目前，研究地下水动态变化的特征和规律及其成因，对合理利用地下水资源，减少人为因素引起的生态负效应具有重要意义。杨婷等（2011）通过建立BP神经网络模型对民勤盆地GWD的动态监测进行了研究，探索了适合GWD变化及其预测的方法。王化齐等（2006）提出了恢复石羊河下游民勤绿洲适宜的生态地下水位的措施。韩彦霞和韩占成（2010）对沧州市地下水变化规律研究揭示出由于过度开采浅层地下水及降水补给的影响，GWD呈下降趋势，年内有枯水期现象。王水献等（2011）对焉耆盆地绿洲灌区从生态安全角度提出GWD的概念，研究确定绿洲灌区的适宜生态埋深。合理的GWD的确定对于防治土地沙化和盐渍化、定量估算EWU有重要意义，同时对土地开发以及地下水开采利用提供依据。

5.1.2.2 ESA相关问题

干旱区水资源状况将直接影响生态安全水平（鲍文 等，2008；曲格平，2002）。20世纪70年代，生态安全的概念已被提出，随后的研究逐渐展开。肖笃宁等（2002）将生态安全的基本研究内容分为生态系统健康诊断、区域生态安全分析、生态安全预警、生态安全维护和管理几个方面，并突出研究绿洲景观的生态安全。在理论研究不断深入的基础上，相应的方法研究和应用也在不断发展。俞孔坚(1999)等学者分别研究了对生物多样性及土地的生态安全问题。徐海根(2000)提出了自然保护区的生态安全设计并进行了系统研究，随后诸多学者对城市生态安全评价指标体系与评价方法进行了深入研究(谢花林 等，2004；贾良清 等，2004；曹伟，2004)。

ESA 涉及评价模型、评价指标、评价标准和评价方法。评价模型方面，目前应用较多的模型有 PSR 模型(Tong，2000；Allen et al.，1995)、D-S-R 模型(DPCSD，1996)、DPSIR 模型(Smeets et al.，1999)、D-PSE-R 模型(Steven，2001)。刘占才(2008)认为，PSR 模型对比其他模型具有清晰的因果关系，它从人类和环境系统的相互作用出发，对环境指标进行组织分类，具有较强系统性和可操作性。但是，此模型仅将人类活动作为压力，没有把自然压力列出，缺少了自然因素。因此，很多学者在实际利用中对该模型进行了改进。如左伟(2002)提出了 D-PSR 模型，即驱动力(Driving Force)-PSR 模型，对 PSR 模型进行修正，力图比较全面地反映驱动要素的系统性与完整性。评价指标方面，依据社会-经济-生态复合生态系统概念的要求，ESA 指标体系的建立需要系统全面地涉及这三方面内容。在此基础上，赵运林(2006)提出了增加观念意识响应指标的部分，包括资源安全意识、环境安全意识、应急安全意识，丰富了评价指标体系。评价标准可以根据已有的国内外标准(Michel et al.，2001)或研究成果来确定，也可以根据需要构建适宜的标准，如利用比值大小来判断状态优劣(曹新向，2006；房用 等，2005)。在实际利用中，评价体系中具有多种指标，因此需综合采用多种评价标准。

目前，国内外有多种 ESA 方法。有基于数学的评价方法、物元模型法、模拟神经法、EFP 法、景观格局分析法等。基于数学的数学 ESA 方法是目前国内研究应用最多的方法，主要有综合指数法、PCA、AHP、灰色关联分析法、模糊评价法(fuzzy evaluation)等(李恺，2009；王文强，2008)。肖笃宁等(2004)认为，景观尺度是区域生态与环境管理研究的最适宜的空间尺度，区域生态建设的研究应以景观为研究的基本单位，立足于景观生态学的基本原理，制订相应的生态建设战略。陈波和包志毅(2003)认为，为了实现可持续发展目标，必须采取从全球系统层次着眼，从景观层次着手的战略，多角度、多尺度、多方面地考虑问题。景观格局分析是景观生态的基本内容之一，通过定量方法研究景观组成斑块的空间特征，是进一步研究景观功能和动态的基础(Naveh et al.，1994；Forman et al.，1986)。景观格局是指景观中形状和大小不等、属性各异的景观斑块在空间上的分布关系。研究这种关系对于自然资源的管理、生态环境的优化、生物多样性的保护等都具有十分重要的意义(陈利顶 等，1996)。近年来，景观生态学者对景观格局的研究非常重视，各种具有地域特色的景观格局研究时有报道(曹宇 等，2001)。

景观格局分析是景观生态学研究景观空间异质性的主要方法，已被广泛应用于城市生态系统、自然生态系统以及区域的研究中，方法主要为景观指数法和空间统计学方法等。其主要区别是分别针对不同的数据特点，从不同角度、不同方面揭示景观空间格局特征。如马克明等(2004)研究，主要从区域景观状态、结构稳定性探讨了生态安全景观格局；王耕和吴伟(2005)对流域生态安全空间分异特征进行了分析。尽管如此，由于 ESA 问题的复杂性，评价手段方法的局限性，已有的区域生态安全空间分布特征的研究仍然不够充分。目前，在地理信息科学、环境信息科学及生态信息科学的指导下，很多区域生态系统的 ESA 都利用基于 GIS 的景观格局分析，值得借鉴(戚仁海 等，2007；姚解生 等，2007；龚建周 等，2008；杨存建 等，2009；王让会，2019)。

在上述研究背景下，借鉴国内外研究理念及方法，通过野外监测研究区 GWD，取样分析 PCPGW 和 SMC。同时，基于 2005 年、2009 年监测数据，开展时间动态变化分析，利用 GIS 软件分析空间变化特征。在此基础上，研究水资源对生态安全的影响，并主要从土壤理化结构、植被生长状况等因子分析水资源变化与生态安全有关因子的相关性。最终建立针对 CDRFA 的 ESA 指标体系，通过构建生态安全度指数，评价 CDRFA 生态安全水平。

5.2 研究方法

5.2.1 数据来源

数据主要来源包括 2009 年、2010 年野外调查取样及分析数据；由新疆维吾尔自治区林业科学院提供 1997 年、2005 年监测井水位监测数据和 2006 年水质监测数据；针对研究区的地理位置和研究对象，采用 2009 年 8 月 24 日 04 时 51 分，行列号为 144/28 下移 45°、空间分辨率为 30 m 的 TM RSI。

根据克拉玛依农业开发区分别于 1997 年、2004 年和 2005 年布设的地下水水位水质监测井，在研究区内，研究团队 2009 年 8 月利用便携式 GPS 定位技术合理选择样地，并体现水资源及生态安全等方面研究的特色。研究区域是以林地为主的单一土地利用方式，在选择样地时的一个重要依据就是主要种植植被类型与区域人工植物新疆杨、俄罗斯杨、沙枣及胡杨等相适应。CDRFA 内还有大面积未利用的荒漠土地，在样地布设时也需要充分考虑。同时由于 CDRFA 较大，实验条件有限，所以样地尽量分散在整个区域。研究区可分为已开发用地和未开发用地，研究过程中必须考虑其重点开发区域的特征。因此，主要考察对象是已开发用地，即林地；林地内主要种植类型是俄罗斯杨，而新疆杨、沙枣、胡杨及白蜡等只有小面积的分布。

在上述理念及原则指导下，共选定 28 个研究区域，如前面已提及的图 2-1 以及表 2-2，设置 10 m×10 m 标准样地，在 K001-K010 样地内挖掘深度为 100 cm 的标准土壤剖面，分别于 0～20 cm、20～40 cm、40～60 cm、60～80 cm、80～100 cm 深处用环刀取样并称重，得到环刀和湿土重；烘干后再称量其环刀和干土重。

对地下水的调查取样点设置的比土壤取样点多，共对 CDRFA 内的 18 眼监测井(图 2-1)进行了 GWD 和水质的监测。每个样点进行标准样地调查，统计了植被的种类、数量、株行距等，测定了植被的胸径、树高、盖度等林分特征。通过对 CDRFA 土壤水、地下水以及植被的调查取样分析，说明生态水文与 CDRFA 内植被的生长状况有密切的关系。将采集到的水、土样品进行室内分析。SN 分析：SOM 测定采用重铬酸钾容量法——外加热法；TN 测定采用高氯酸-硫酸消化法；AN 测定采用碱解蒸馏法；TP 的测定采用酸溶-钼锑抗比色法；AP 测定采用 0.5 mol/L $NaHCO_3$ 浸提钼锑抗比色法；TP 测定采用酸溶-火焰光度法；AP 测定采用 NH_4OAc 浸提法。土壤和地下水的水溶性盐分分析：总盐和矿化度的测定采用残渣烘干——质量法、电导法；碳酸根和碳酸氢根的测定采用双指示剂中和法；Ca 和 Mg 的测定采用 EDTA 络合滴定法；Cl^- 的测定采用 $AgNO_3$ 滴定法；K 和 Na 的测定采用火焰光度法；SO_4^{2-} 的测定采用 EDTA 间接滴定法；pH 采用电位测定法。

5.2.2　数据处理

基于便携式 GPS 实地勘测和研究区平面图，用 ArcGIS 9.2 在 RSI 中截取研究区；根据研究区 RSI 截图绘制研究区矢量图。用 ENVI4.2 进行 TM5、4、3 波段假彩色合成，能够理想地反映植被信息。利用景观格局分析软件 Fragstas3.3 进行景观格局分析。

通过计算得出 SMC 和 SBD。利用 SPSS 13.0 和 Excel 对 SMC 和 GWD 及其化学特征进行描述性统计分析；用 ArcGIS 9.2 描绘研究区 SMC 和 GWD 等指标的差值图；同时结合实验阶段统计的 SBD、植被等信息和数据进行讨论分析。

5.3　水资源时空变化特征

5.3.1　土壤含水率(量)空间变化特征

5.3.1.1　土壤含水率(量)空间垂直变化特征

数据统计过程中发现 K004 样地 0～20 cm 层土壤含水率(量)(SMC)最大值为 90.4%，明显高于其他样地；实际调查分析表明，该样地一周前曾灌溉过水，已达到近饱和。同时，由于水分都蓄积在表层没有下渗到深层次，导致 80～100 cm 层 SMC 为 15.8%。为了统计结果的可靠性，对该样地以外的 9 个剖面 SMC 进行统计。结果表明：0～100 cm 层的土壤各层平均 SMC 变化范围在 10.93%～14.16%，其中 40～60 cm 层 SMC 最低，可能是因为根系主要分布于该层，生长期间耗水过于激烈，水分亏缺严重(唐彬 等，2006)。60 cm 以下土层含水率又逐渐增加，所以根据 SMC 变化可将其分为 3 层：0～40 cm 层 SMC 较高，变化范围在 12.33%～14.16%，变化幅度为1.83%，平均为13.25%；40～60 cm层SMC最低；60～100 cm层SMC较低，变化范围在13.00%～13.91%，变化幅度为0.91%。上层平均SMC变化幅度较大，是因为上层土壤受外界影响大，按水分变化幅度大小将其归类为水分活跃层，下层则为次活跃或相对稳定层(王孟本 等，1995)；按植物根系对土壤水分的利用将上层归类为林木根系土壤水分微弱利用层，下层则为林木根系利用层(邹桂霞 等，2000)。按照SMC自上而下的变化趋势来看，0～40 cm层、60～100 cm层皆为增长型，最大值出现在20～40 cm层，这与干旱气候条件具有一定的相关性。

变异系数C_v的大小反映了土壤水分的空间变异性大小，一般认为$C_v \leqslant 0.01$为弱变异，$0.01 < C_v < 1$为中等变异，$C_v \geqslant 1$为强变异(胡玲 等，2004)。研究区各土层SMC均在$0.01 < C_v < 1$范围内，按此标准属于中等变异，且空间变异性逐层增加。C_v与土层深度线性方程为$y = 0.062x + 0.326$，$R = 0.97$，两者有很好的线性相关性，说明随着深度的增加，土壤水分越来越不稳定。C_v反映的是样本的波动情况，而峰度和偏度(SK)两个参数反映的是样本的分布情况。$SK < 0$为负偏离，值越大说明大于平均值的数据越多，相应的$SK > 0$为正偏离，说明小于平均值的数据越多。60 cm层SK值最大，而80 cm层为负偏态，100 cm层值接近于0，可以认为该层数据具有对称性规律，多分布在平均值左右。峰度描述的是变量数据分布陡缓程度，正态分布的峰度为0，正数值越大表明数据的分布峰形比正态分布越尖锐，负值越大则表明峰形越平坦。显然，60 cm层峰度为3.64，峰形最尖锐，其他层峰度均为负值，说明比较平坦，0～20 cm层为−0.17，接近正态分布峰形。

5.3.1.2 SMC空间水平变化特征

受各种环境因子的影响，从区域空间而言，土壤水分在水平方向上也有差异，变异系数C_v就是一个很好的说明。不同土层的土壤水分空间差异不同。研究表明0～20 cm层SMC在4.65%～90.4%，水平方向上总体呈现南、北两端SMC最低，中间大面积区域SMC较低，在CDRFA东部偏南的方向上SMC小面积偏高；20～40 cm层SMC在5.66%～25.10%，研究区南部区域SMC最小，北部小面积区域SMC处于中等水平，南、北端中间大面积区域的SMC较高；40～60 cm层SMC在6.04%～23.31%，同样，南部区域的SMC最低，东、西两侧均有小面积SMC较高的区域，其余区域的SMC较低；60～80 cm、80～100 cm层基本相似(图5-1(彩))，南、北SMC少，SMC高的区域占大部分面积。

5.3.1.3 SMC时间变化特征

基于2009年和2010年实地取样分析数据，对5个土壤剖面在10个样地内的SMC分别取平均，并进行这两个年份序列的比较可知，2010年0～80 cm的4个土壤剖面的SMC比2009年低。只有80～100 cm层2009年SMC平均为13.88%，2010年为14.16%，2010年较高。这可能和2010年植被生长状况明显改善有关。

5.3.2　地下水动态特征

5.3.2.1　GWD 变化特征

从监测结果而言，CDRFA 10# GWD 最小为 0.85 m，其原因可能是 10# 位于靠近农业开发区，受农业开发区灌溉方式的影响，同时 CDRFA 10# 处的灌溉量为 4500～6000 $m^3/(hm^2 \cdot a)$，对 GWD 也有一定的影响。S20# GWD 最大为 17.90 m，主要原因可能是 S20# 位于 CDRFA 的最东部，靠近荒漠植被区，受周边影响较大。

运用 ArcGIS 的空间分析模块对 2009 年 CDRFA 内 18 眼地下水监测井的 GWD 监测数据进行反距离加权插值 IDW，得到 CDRFA GWD 空间分布图（图 5-2（彩））。

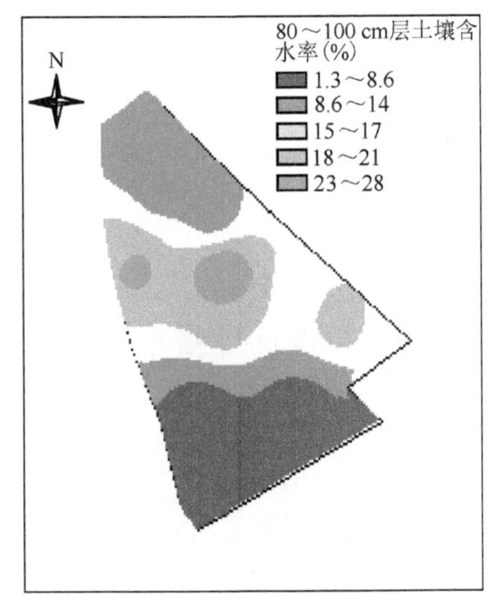

图 5-1　CDRFA 不同深度 SMC 插值图（另见彩图 5-1）

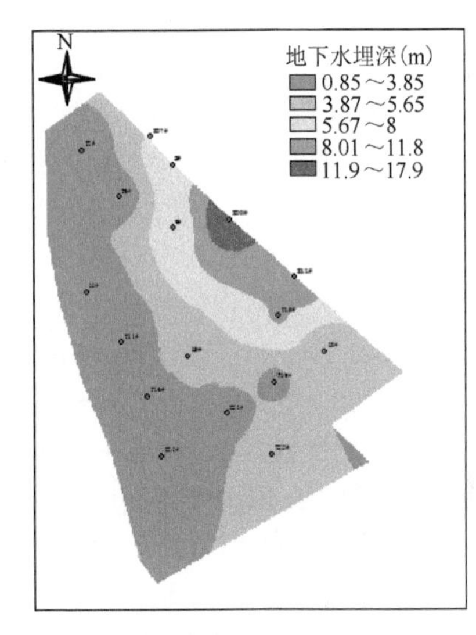

图 5-2　CDRFA GWD 插值图（另见彩图 5-2）

从图 5-2（彩）可知，GWD 在 CDRFA 空间上的分布具有规律性变化。从 CDRFA 的西部到东部，GWD 呈加深趋势。主要原因可以从 CDRFA 的地理位置及周边的土地利用方式来分析。CDRFA 西边与农业开发区仅隔一条公路，所以农业开发区长期的引水灌溉导致 GWD 变浅，并将其影响扩散到公路对面的 CDRFA 部分区域。同时，由于 CDRFA 的北部靠近克拉玛依市区。而市区内可能由于地下水开采，导致 GWD 加深。东部靠近荒漠植被区，干旱少水，GWD 较深。因此，CDRFA 西部比东部 GWD 小。

1997 年布设监测井编号以“S＋阿拉伯数字”为代表，2004 年布设的监测井编号为整数阿拉伯数字，2005 年布设的监测井以“T＋阿拉伯数字”编号。根据这几年的已有数据，结合 2009 年和 2010 年野外监测结果，比较两个年份 GWD 的变化。1997

年3眼监测井(S11#、S20#、S27#,位于CDRFA东部边线附近,紧邻荒漠保护区)GWD的平均值为18.38 m,2009年为14.34 m,2010年为14.33 m。2009—2010年仅一年时间,GWD变化不大。但是1997—2009年、2010年这十几年时间,CDRFA的建设对地下水资源的影响较大,GWD年均减少约0.34 m。2004年建的井所测数据为2005年8月,这6眼监测井(8#、9#、10#、15#、18#、20#)GWD的平均值为7.78 m,2009年为4.64 m,2010年为4.14 m,近两年减小了0.5 m,变化较大。2005年到2010年这6眼监测井GWD平均值减小了3.64 m,年均减小0.728 m。2005年布设的10眼监测井(T3#、T6#、T10#、T11#、T15#、T16#、T19#、T20#、T22#、T24#)GWD的平均值为13.56 m,2009年为3.48 m,2010年为3.27 m。其中,T10号井2009年的监测显示在14.84 m深处无水,至2010年这个状况未得到改善。2009—2010年一年时间GWD减小了0.21 m。2005—2010年GWD减小了10.29 m,年均减小2.058 m,时间短但变幅大。这10眼监测井基本覆盖了整个CDRFA,所以基本可以代表CDRFA的整体GWD状况。从各年GWD数据分析显示,GWD呈现逐年变浅的趋势。这可能是由于CDRF靠近农业开发区,直接受农业开发区灌溉水的影响;同时CDRFA灌溉方式是引水地面灌溉,大部分灌溉用水直接渗入地下,补给浅层地下水;植被具有涵养水源的作用等。

监测分析可知,1997—2010年三眼井GWD减小幅度最小为2.77 m(S20#),年均减小0.21 m,S11、S27减小幅度较大分别为5.35 m、4.02 m,年均减小0.41 m、0.31 m。2005年布设的6眼监测井到2010年GWD减小幅度范围在0.51~6.87 m,年均变幅在0.085~1.145 m。15#的变幅最小,位于CDRFA偏南的中间区域,受CDRFA周围环境影响小。进一步分析可知,1997年、2004年及2005年布设的监测井当年GWD监测数据明显高于近两年,只有15#相反,2009年的GWD高于2005年,这可能是因为2009年15#处林区95%以上有虫害,属严重虫害林区,部分林木已被砍伐,且受动物扰动影响较大,所以15#处GWD变大。18#的变幅最大,可能是因为靠近荒漠植被区,CDRFA建设之初受荒漠气候的影响,其GWD较大随着林区建设逐渐显示规模,植被和灌溉对水、土资源的影响也逐渐显示出来,GWD变浅,变幅大。2005—2010年10眼监测井GWD减小幅度范围在5.68~11.75 m,年均变化范围在1.36~2.35 m。T15#的变幅小,T6#的变幅最大。CDRFA 15#的GWD年均变幅最小0.085 m,T6#的GWD年均变幅最大2.35 m。除S井外,2005年GWD平均为11.39 m,2009年平均为3.943 m,2010年平均为3.65 m,可以看出CDRFA GWD逐年变浅的趋势。

5.3.2.2 PCPGW变化特征

基于2006年8月和2009年8月对KCDRF地下水水质的分析数据,对13眼监测井矿化度进行比较分析。

监测分析可知,S27、T3、T19和T22四眼井,2009年比2006年的矿化度大,其中S27#基本相等,因为S27处于CDRFA内尚未开发的区域。T3#增加2.002 g/L,

这可能与植被生长状况有关;植被调查显示,该区域植被受 PDIP 影响严重,约有50%受害植株。T16#增加幅度较大为 35.646 g/L,这可能与种植树种及其生长,该区域种植的是白蜡,且长势一般,受 PDIP 影响。T20#增幅最大为 42.431 g/L。2009 年 CDRFA MDG 明显低于 2006 年。2006 年 MDG 平均为 18.925 g/L,2009 年 MDG 平均为 10.981 g/L,年均降低 2.648 g/L。根据 2009 年水质分析结果,CDRFA S11、15、T19 及 T22 监测井所处的 MDG 分别为 1.175 g/L、1.01 g/L、0.853 g/L 及 0.948 g/L,均小于 1.7 g/L,已达到农用水标准。2006—2009 年 CDRFA S11# MDG 降幅最大为 44.825 g/L,与此同时 S11#处 GWD 变幅为 6.55 m,是 3 个 S 编号靠近荒漠区的监测井中幅度最大的。此时 CDRFA GWD 显著减小的同时,水质也得到明显的改善。T6# MDG 降幅最小为 2.583 g/L,与 GWD 的变化正好相反(变化幅度最大)。

2009 年对 CDRFA 地下水水质的监测结果显示,CDRFA 9# MDG 最大为 15.676 g/L,可能是因为该区域靠近荒漠植被区,GWD 较大为 6.01 m。据研究,中国干旱区的塔里木河沿岸胡杨生长状态为良好时,其 MDG 不高于 3.0 g/L,胡杨生态状态一般时,其 MDG 在 3.0～6.0 g/L (王让会 等,2003)。以此标准,CDRFA 2009 年监测到的 MDG 情况,在 S11#、10#、15#、20#、T16#、T20#处能够满足林木良好生长的需求,在 8#、18#、T6#、T22#处能够满足林木一般生长的需求。基于 2009 年 CDRFA 地下水水质的分析结果,CDRFA 地下水理化特征的统计特征见表 5-1。

表 5-1　PCPGW 特征

特征参数	范围	平均值	标准差	变异系数(%)
pH	6.060～8.090	7.440	0.500	6.72
TS	0.837～52.695	14.161	18.165	128.27
K^+	0.004～0.028	0.012	0.008	66.67
Na^+	0.169～14.250	3.898	5.158	132.32
Ca^{2+}	0.034～1.350	0.405	0.448	110.62
Mg^{2+}	0.012～3.020	0.570	0.838	147.02
Cl^-	0.268～24.939	6.096	8.846	145.11
SO_4^{2-}	0.044～9.431	2.901	3.191	110.00
HCO_3^-	0.043～0.551	0.281	0.145	51.60

注:除 pH 及变异系数外,各特征参数的量纲均为 g/L。

从表 5-1 中可知,地下水中的 TS、Na^+、Ca^{2+}、Mg^{2+}、Cl^-、SO_4^{2-} 的变异系数都大于 100%,属强变异性(姚晓蕊 等,2008),说明 CDRFA 不同的化学组分在空间上的分布严重不均匀。地下水的 pH 值变异系数为 6.72%,小于 10%属于弱变异性,说明地下水的酸碱度在CDRFA空间上的变化不明显。地下水中Mg^{2+}、Cl^-的变异系数最大分别为147.02%、145.11%，说明地下水中的Mg^{2+}、Cl^-的变化强度最大，在CDRFA空间上分布最不均衡。其次是Na^+和TS分别为132.32%和128.27%。再次是Ca^{2+}和SO_4^{2-}分别为110.62%和110.00%。地下水化学组分中除了K^+、HCO_3^-分别为66.67%、51.6%，属中等变异外(在10%～100%)，其他变异系数均高于100%，变异强度普遍大，空间分布极不均为。且K^+的最大值仅为0.028 g/L，均值也仅为0.012 g/L，地下水中K^+含量缺乏。CDRFA T15＃处地下水中的Mg^{2+}、Cl^-以及TS均出现最大值，原因可能是GWD较大为8.15 m，矿化度也较大为54.464 g/L。T15号井Na^+含量为14.0 g/L，表明地下水中阴阳离子耦合特征明显(吴明辉 等，2010)。

分析所有监测井地下水各种化学成分平均值，得出CDRFA地下水主要化学成分为Cl^-、SO_4^{2-}和Na^+，分别占总盐量的34.53%、22.05%、24.67%。对比2006年与2009年这3种离子的含量特征，不同位置地下水各种化学组分有不同的变化。

5.4 水资源与生态安全关系

生态安全是生态系统中植被、水、土壤等要素安全程度的综合反映。因此，在讨论CDRFA水资源变化与生态安全的关系时，主要通过生态安全的相关因子如植被生长状况来分析与水资源变化的关系。

5.4.1 SMC变化与生态安全关系

SMC空间分布的差异性，主要是由于土壤特性(如SBD，土壤质地)、栽培模式、灌溉方式、地形及植被类型等引起的。这里主要讨论SBD及植被两个相关因子。SBD是土壤的一个基本物理性质，对土壤的透气性、如渗性能、持水能力、溶质迁移特征以及土壤的抗侵蚀能力都有非常大的影响，同时也是综合反映土壤颗粒和土壤空隙状况的一个物理量(郑纪勇 等，2004)。一般情况下，SBD小，说明土壤孔隙数量多，比较疏松，结构性好，在这种情况下，土壤水分、空气、热量状况比较好(刘苏峡 等，2008)。计算得出研究区20 cm层的SBD平均值为1.4083 g/cm^3，40 cm层为1.446 g/cm^3，60 cm层为1.4482 g/cm^3，80 cm层为1.4854 g/cm^3，100 cm层为1.4095 g/cm^3。数据表明CDRFA各土层SBD比较接近，除100 cm层以外的土层，随着深度的增加，容重有所增加，但变化幅度不大。将其与SMC作线性相关分析：$y=0.2x+12.266$，$R=0.24$，两者相关性很不明显；而在水平方向上的相关性方程式为$y=-0.7026x+16.379$，$R=0.36$，相关性也不是很明显，但是比垂直方向上的要显著一些。

监测分析表明，取样点由北到南的排列顺序依次为K008、K009、K010、K001、K002、K004、K003、K007、K006、K005。K008中只有20 cm层SMC较低，下面的几

层基本相等，该样地样方内种植了5～6年生的俄罗斯杨55棵和两棵2年生柽柳（盖度不计），总盖度约0.45～0.5；K009中与其北的K007正好相反，0～40 cm层的土壤水分较高，该样地样方内种植了6年、7年生的俄罗斯杨55棵和柽柳8棵（盖度不计），总盖度约0.5；这里可以看出，K008和K009两个样地不仅地理位置相近，而且植被状况基本一致，所以两者SMC也相当，只是剖面垂直方向上有一定的差异，这可能是由于土壤质地等物理性质引起的。K010除60 cm、100 cm层外，其他SMC较前两样地均有明显增加，样方内种植了盖度约为0.5的5年生的俄罗斯杨86棵和柽柳3棵、沙枣1棵，植被状况有所变化，可能因此导致SMC的不同。K001土壤水分总体状况在整个研究区内最好，各层SMC都很高，样方内种植盖度约0.14的1年生俄罗斯杨53棵、7年生俄罗斯杨6棵（盖度也约为0.14）、1～2年生野生沙枣8棵和柽柳4棵以及茂盛的芦苇，生物丰富度高，长势好，同时据调查该样地附近的观测井GWD仅为85 cm，这是10个样地里GWD最浅的，这些都是造成该样地SMC比其他区域高的重要原因。再往南是K002，其中100 cm层的SMC是所有样地所有剖面中最高的，这可能跟土壤质地有关，因为实验过程中发现只有该层为壤土，其他均为沙土。沙土土壤粒间孔隙大，渗透性强，所以通常呈现为通气、缺水；而壤土兼有沙土类和黏土类的优点，通气透水，是农业生产较为理想的土壤质地（杨培岭，2005）。K004刚灌溉不久，未显示。K003和K002的SMC剖面状况相似，样方内种植8年生俄罗斯杨41棵，盖度约为0.4，但样方内PDIP严重且存在动物（奶牛）扰动，PG很不好。K007样方内种植多年生柽柳14棵、6年生白蜡5棵、多年生榆树2棵以及茂盛的芦苇和草。K005土壤水分层降低型，总体在研究区内偏少，样方内种植银新杨和白蜡各8棵，长势一般。由此可以看出，K005和K007样方内种植类型与其他以俄罗斯杨为住的种植类型不同，俄罗斯杨对改善土壤水分状况有明显成效。K006在所有研究样地中SMC最低，因为该区域为尚未开发的荒漠地，0～20 cm层和60～100 cm层为沙土、20～60 cm层为沙壤土。

5.4.2　GWD变化与生态安全关系

植被盖度是衡量植被生长状况的一个重要指标。其他条件相同的情况下，植被盖度大，一定程度上说明，地下水埋深（GWD）植被状况适宜植被生长的需要、植被生长状况较好；反过来，植被盖度小，也在一定程度上说明GWD状况不满足植被生长的需要。CDRFA野外调查共统计了12个样地植被总盖度和对应样地的GWD，其他样地这两个数据统计缺失，或者是未开发地，仅有少量的野草、梭梭等荒漠植被，为了研究GWD对植被生长的影响，将这些数据排除在外。

分析表明，植被盖度为0.4以上的样地GWD大于2.36 m；植被盖度在0.2～0.4的4个样地GWD分别为0.85 m、2.34 m、3.35 m、4.06 m。植被盖度最小值为0.2，对应的GWD范围为3.35～4.06 m。GWD在2.34～2.67 m范围内有4个样点比较集中，对应的植被盖度范围为0.35～0.45，在这个GWD范围内植被盖度状况良好。统计 GWD 小于 2.5 m 的样地有 4 个，盖度平均为 0.425，植被盖度偏小，可能是因为 GWD 过小，植物的生长会受到盐胁迫。GWD 在 2.5～4.0 m 范围内的样方个数为 3 个，GWD 在 4.0～6.0 m 范围内的样方个数为 3，盖度平均值为 0.475，GWD 大于 6.0 m 的样方个数为 2，其平均盖度是 0.4，植被盖度小，可能是因为 GWD 过大，植物的生长受到水分胁迫。由此可见，GWD 过大或过小都不利于植被的生长。

GWD 过深或过浅都不利于植被生长及其环境状况。如果 GWD 过大，可能使毛管上升水流不能到达植物根系层，引发土壤干旱，在干旱区可能发生荒漠化；如果 GWD 过浅，溶解在地下水中的盐分可能在蒸发作用下沿毛管上升水流在表土聚集，引起土壤盐渍化。根据在不同的 GWD 条件下 CDRFA 野外调查的统计结果（主要包括植被的长势、胸径、盖度、冠幅等），研究 CDRFA 内 4 种主要代表性植被的生长状况与 GWD 的关系，如表 5-2 所示。

表 5-2　不同 GWD 下植被生长状况

植物种类	GWD(m)	生长状况	植物种类	GWD(m)	生长状况
	＜2.3	Ⅲ		＜2.3	Ⅲ
	2.3～4.0	Ⅰ		2.3～4.0	Ⅰ
Populus russkii	4.0～6.0	Ⅱ	*Elaeagnus angustifolia*	4.0～6.0	Ⅱ
	6.0～8.0	Ⅲ		6.0～8.0	Ⅲ
	＞8.0	Ⅳ		＞8.0	Ⅳ
	＜2.3	Ⅲ		＜2.3	Ⅲ
	2.3～4.0	Ⅰ		2.3～4.0	Ⅰ
Tamarix spp.	4.0～6.0	Ⅰ	*Phragmites australis*	4.0～6.0	Ⅰ
	6.0～8.0	Ⅲ		6.0～8.0	Ⅲ
	＞8.0	Ⅳ		＞8.0	Ⅳ

注：长势优劣依次为Ⅰ、Ⅱ、Ⅲ、Ⅳ，分别代表良好、较好、一般及差。

把 CDRFA 内植被的生长状况划分为 4 个等级，即长势差：植株稀疏，虫害严重，叶子脱落严重；长势一般：植株稀疏，虫害较严重；长势较好：植被生长状况较好，大多数样方植被有轻微虫害；长势良好：植被长势很好，枝繁叶茂，少数样方植被有轻微虫害；同时将 GWD 状况分为 5 个等级。当 GWD 小于 2 m 时，地表蒸发强烈、土壤积盐量高，不利于植物生长（樊自立 等，2008）。从表 5-2 中可以看出，当 GWD 小于 2.3 m 时，4 种植被的长势均一般。当 GWD 在 2.3～4.0 m 范围内时，4 种植被长势都偏好。当 GWD 在 4.0～6.0 m 范围内时，4 种植被有轻微的 PDIP 危害，长势较好。当 GWD 在 6.0～8.0 m 范围内时，GWD 较深，地下水难以被植物根系很好的利用，4 种 PG 一般。当 GWD 在大于 8.0 m 时，地下水难以被植物根系吸收，4 种植物均长势很差，其植物植株稀少、PDIP 严重且叶子脱落严重。

5.5　CDRFA 景观格局分析

5.5.1　土地利用分类

通过野外考察和遥感解译，将 CDRFA 分为林地、农田、荒漠、盐碱土以及其他(包括水域等)5 种土地利用类型，如图 5-3 所示。

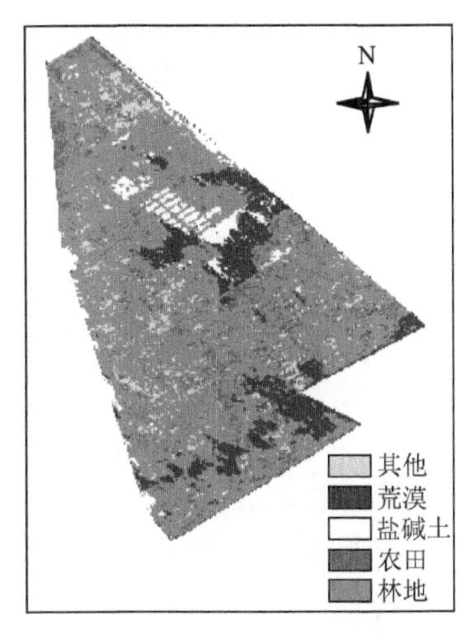

图 5-3　CDRFA 土地分类图

5.5.2　景观格局分析

对 CDRFA 分类结果进行景观格局分析，其结果见表 5-3。

表 5-3　各土地利用类型景观指数

景观指数	林地	农田	盐碱土	荒漠	其他
NP	477	1462	276	373	907
CA	4465.17	495.63	306.27	785.25	351.27
PD	7.4489	22.8309	4.3101	5.8248	14.1639
PLAND	69.7294	7.7399	4.7826	12.2627	5.4855
LSI	29.5673	40.4564	16.5726	26.3636	31.4000
FRAC_MN	1.0161	1.0229	1.0291	1.0240	1.0231
PLADJ	86.7101	45.2697	71.5104	83.3872	49.7182
DIVISION	0.541	1.000	0.999	0.9985	1.000
IJI	82.1217	21.2537	32.8022	32.7492	23.0255

注：NP：斑块数量；CA：斑块面积；PD：斑块密度；PLAND：斑块所占景观面积比；LSI：景观形状指数；FRAC_MN：平均斑块分维数；PLADJ：相似邻近比例；DIVISION：斑块多样性指数；IJI：散布与并列指数。

基于 CDRFA 土地利用类型的分类结果，通过景观格局计算软件计算出各种土地利用类型的景观指数。就斑块面积而言，CDRFA 的 CA，林地最大有 4465.17 hm^2，其次是荒漠为 785.25 hm^2，再次是农田有 495.63 hm^2，最后盐碱土和包括道路、池塘、沟渠等其他土地类型也有小面积的分布。而对于不同土地利用类型的 NP 的大小比较关系为：盐碱土＜荒漠＜林地＜其他＜农田，林地斑块数只有 477 个，仅占总斑块数的 13.65%，而农田斑块数高达 1462 个，占总斑块数的 41.83%，“其他”土地利用类型的斑块数也有 907 个，占中斑块数的 25.96%。由此可以看出，林地面积是农田面积的 9 倍之多，但是其斑块是却只为农田斑块数的 32.63%，这说明 CDRFA 的景观异质性很高，不同土地利用类型在空间上分布很不均匀。不同土地利用类型斑块密度 PD 和斑块个数的比较关系相同，反映了单位面积上的斑块个数，也在一定程度反映了农田的景观破碎度较高，零星分布于 CDRFA，可能是因为林区规划是就有小面积的农田的同时，在 CDRFA 建设过程中，某片林区 PDIP 受灾严重，植被生长状况很差，全部砍伐后间作农田。斑块所占景观比 PLAND，反映了 CDRFA 景观组分分布情况。景观形状指数 LSI 农田最大，可能和它的斑块数量多有关；“其他”次之，因为“其他”包括的地物类型多，且可能都是小面积分布的零星土地；盐碱土最少，通过分类图可以看出盐碱土规则分布在 CDRFA 北边靠东部的小部分区域。林地 LSI 居中，但是平均斑块分维数 FRAC_MN 最小，说明林地的边界形状较简单。相似邻近比例 PLADJ 林地、荒漠和盐碱土分别为 86.7101%、83.3872%、71.5104%，多超过 50%，说明同类斑块相邻的数量较多，而农田、盐碱土和“其他”这 3 种土地利用类型相邻斑块则多为其他土地利用类型，主要是林地。农田、盐碱土、荒漠和“其他”地类的 DIVISION 指数都接近 1，这说明这些类型中存在很多最小像元大小的斑块。而林地 DIVISION 指数只有 0.541，说明该类型斑块一般都比较大。散布与并列指数 IJI 林地为 82.1217，较接近 100，说明林地斑块与其他斑块较均匀地相邻，较大限度的分散在整个 CDRFA。

第 6 章　二氧化碳减排林区生态安全评价

6.1　生态安全评价理论依据

基于生态安全的原理，特别是遵循生态系统耦合关系原理、环境要素尺度效应原理、生态系统稳定性原理、景观结构及其功能原理、生态可持续性原理、复杂适应系统原理（老三论、新三论）、生物地球化学循环原理（BGC，C、N、S、P，SPAC、SVAT），作为生态安全评价（ESA）的理论基础。同时，把生态环境领域法规及其标准作为生态安全评价的重要参照依据，把生态阈值与环境容量贯穿于评价的整个过程，分析影响生态安全的直接与间接因子，定性与定量地揭示影响生态安全的自然及人为要素，结合因子获取的难易程度，梳理与凝练 ESA 的相关指标。上述理论、法规、标准及思路，是二氧化碳减排林区（CDRFA）生态安全评价的重要原则依据，也是 ESA 的重要前提。

6.2　生态安全评价指标体系

ESA 是认识区域生态环境质量的重要途径，也是科学开展生态环境管理的重要途径。通过系统调查生态环境要素以及分析生态环境效应，构建反映生态安全状况的指标体系，对于全面把握区域生态环境特征及其演变规律具有重要意义。

6.2.1　构建框架

基于生态评价的原理及方法学要求，针对生态安全内涵特征以及区域生态环境时空特征，在系统了解 CDRFA 自然地理、区域环境、宏观生态及社会经济特征的基础上，把 AHP 与 P-S-R 的原理和方法有机结合起来，构建 CDRFA 的 ESA 评价体系（王让会，2014）。CDRFA 的 ESA 指标体系选择应当科学可行。通过对 CDRFA 的植被、土壤和地下水等数据的采集、整理，以及通过 RSI 和 GIS 的数据提取作为数据源，采用 PSR 模型，分 4 个层次构建 CDRFA 的 ESA 指标体系。

目标层：对 CDRFA 生态安全进行总体评价，构建生态安全度指数来表征研究区生态安全程度。

准则层 A：采用 PSR 模型，构建 CDRFA 生态安全的 PSR 框架。PSR 模型是国际经和发展组织与 1994 年提出的生态安全评价模型。其中“压力”是指 CDRFA 所处的自然、地理、气候等能够影响 CDRF 可持续发展的主要自然条件，“状态”指标体系表征 CDRFA 土壤、植被等生态环境现有状况；“响应”指标体系表征 CDRFA 项目实施到现在取得的成果，包括自然和社会经济等方面。

准则层 B：是准则层子系统。每个准则层 A 的项目包括两个子项目，分别为水资源压力、生物资源压力、植被状态、土壤状态、自然响应和社会经济响应 6 个次级项。

指标层 C：组成各因子的多项指标，对应有具体的数据。共选取 MDG、SMC、NDVI、Simpson 多样性指数、土壤 TS 量、TN 含量、长势、PDIP 程度、荒漠化指数、年固定 CO_2 量、经济产值和 ESSV 12 项指标。按照此框架构建的 CDRFA 的 ESA 体系见表 6-1。

6.2.2 确定权重

界定影响生态安全要素的重要性程度，始终是获得生态安全定量评价结果的基础性工作。在对于生态系统结构与功能研究的基础上，人们探索出了一系列的评价方法。目前，大致可分为两大类，即主观确定方法和客观确定方法。主观方法是指通过人为主观地去界定各种评价因子的相对重要性，如 AHP；客观方法主要是借助于数学理论与模型结合计算机技术客观地得出评价因子权重的方法，如熵权法、PCA 等。运用 AHP 确定权重，结果见表 6-1。

表 6-1 CDRFA 生态安全评价指标体系及权重

目标层	CDRFA 生态安全											
准则层（A）	CDRFA 生态环境压力 A_1 0.348				CDRFA 生态环境状态 A_2 0.33					CDRFA 生态环境响应 A_3 0.322		
准则层（B）	水资源压力 B_1 0.176			生物资源压力 B_2 0.172	土壤状态 B_3 0.160		植被状态 B_4 0.170			自然响应 B_5 0.168	社会经济响应 B_6 0.154	
指标层（C）	MDG C_1 0.078	SMC C_2 0.098	NDVI C_3 0.093	Simpson 指数 C_4 0.079	TS C_5 0.070	TN C_6 0.090	PG C_7 0.082	PDIP C_8 0.088	DI C_9 0.092	年固定 CO_2 量 C_{10} 0.076	经济产值 C_{11} 0.069	ESSV C_{12} 0.085

6.3 指标分析及估算

6.3.1 地下水盐分指标分析

土地利用与土地覆盖变化（LUCC）是分析人为要素对生态安全影响的重要切入点。土地利用程度反映了人类活动的强弱，它是荒漠区生态变化最敏感的指针（马兴

旺 等,2002)。林地建设可能增加溶解氧化剂和主要离子引起土壤和含水层中水-岩反应的变化,导致地下水许多无机离子浓度的增加(Bohlke,2002)。18 个地下水水样中有 5 个是取于未开发的荒地监测井,与已开发的 13 个观测井水样对比,结果表明,CDRFA 土地开发使地下水 pH 值、电导率、矿化度和 TS 量都有所增加,地下水盐化现象明显;灌溉和化肥的使用是其可能驱动要素。已开发土地即林地的地下水的 pH 值为 7.5,而荒地为 7.4,变幅小;这说明该 CDRFA 建设对地下水 pH 值的影响很小。《地下水质量标准》(GB/T 14848—2017)中将 pH 值为 6.5~8.5 的地下适用于各种用途或主要适用于集中式生活饮用水水源及工、农业水。由此可见,CDRFA 地下水酸碱性状况较好。林地地下水电导率为 16.2 ms/cm,荒地为 12.6 ms/cm,增加了约 28.6%。林地 MDG 为 15.5 g/L,荒地为 12.5 g/L,增加了约 24%。人们习惯把矿化度小于 2 g/L 的水称为淡水,而大于 2 g/L 的水则称为咸水(王世贵,1988)。因此,研究区属咸水区域,且矿化度水平很高。

在 CDRF 研究区域,未开发土地地下水 pH 值、电导率、MDG 及 TS 分别为 7.5、16.2 ms/cm、15.5 g/L 及 15.0 g/L,而对应的已开发土地地下水 pH 值、电导率、MDG 及 TS 分别为 7.4、12.6 ms/cm、12.5 g/L 及 12.0 g/L。CDRFA 的建设引起了地下水水溶性盐分状况的变化,同时,地下水盐分状况影响 CDRFA 植被的生长建设。因此,CDRFA 的生态安全指标体系中选取地下水盐分指标——矿化度。

6.3.2　NDVI 指标及其计算

植被状况在生态安全评价中具有重要地位,反映植被状况的要素及指标很多,如何选用有效而便捷的指标反映植被特征在 ESA 重亦十分重要。现实评价中往往选用不同的植被指数来反映植被特征,而常用的植被指数则离不开 RS 技术的应用。植被指数是指利用 RS 卫星探测数据的线性或非线性组合而形成的能反映绿色植被生长状况和分布的特征指数。这种 RSD 的组合有多种情况,主要有比值植被指数(RVI),是近红外波段与红外波段的比值;NDVI,是近红外波段和红外波段值的差与和的比值;差值环境植被指数(DVIEVI),是近红外波段与红外波段的差等。通过软件 ENVI 提取研究区不同样地的 NDVI 值(图 6-1)。

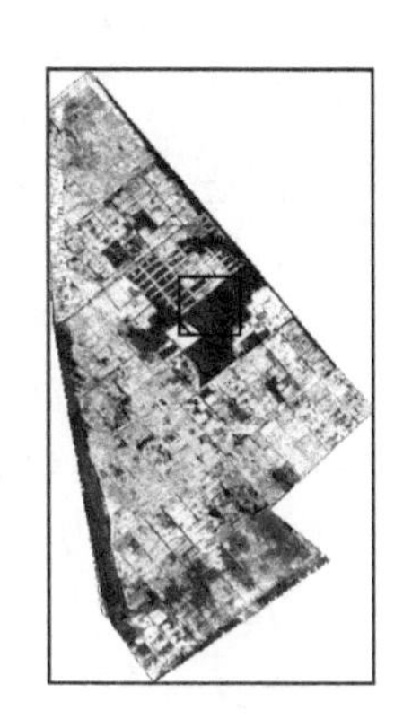

图 6-1　CDRFA NDVI 指数图

6.3.3　Simpson 指数计算

植被多样性在一定程度上能够反映生态安全的自然本底状况,而多样性指数又有多种表达方式。多样性指数通常是用于判断群落或者生态系统的稳定性的指标。它包括丰富度指数、Simpson 多样性指数、Shannon-Wiener 指数、均匀度指数等。一个群落或生境中全部物种一个群落或生境中物种数目的多寡用丰富度表示,均匀度则是指个体在群落或者生境中的分布状况，Simpson 多样性指数和 Shannon-Wiener 指数是综合多样性指数，是丰富度和均匀度的综合放映。在 CDRFA 生态安全指标体系中须选择具有代表性且最能反映植被资源的指标，因此，将 Simpson 多样性指数参与到评价体系中。其计算公式(6-1)为：

$$D = 1 - \sum_{i=1}^{S} (N_i / N)^2 \tag{6-1}$$

式中，S 为样地的植被物种数，N 为样地内所有物种的个体数量之和，N_i 为第 i 种物种的个体数。

6.3.4 土壤盐分指标分析

土壤理化性状表现在诸多方面，盐分就是其中重要的特征之一，不同程度地体现在生态安全程度中。SWS 盐分分析结果表明，自然地貌土壤 80～100 cm 层剖面含盐量低，而林区则可能由于灌溉等使盐分有所增加(姜凌 等，2009)。林地与荒地的土壤盐分在 0～80 cm 土壤剖面对比结果相同，林地土壤 pH 值上升，水平在 7～8。这说明 CDRFA 上层土壤存在碱化现象但尚不严重。电导率和 TS 下降，林地土壤 0～20 cm 层剖面 TS 降低 67.5%，20～40 cm 层剖面降低 10.1%，40～60 cm 层剖面降低 87.1%，60～80 cm 层剖面降低 94.6%。这说明 CDRFA 土壤盐渍化现象有所改善。林区 5 个土壤剖面测定的 CO_3^{2-}、HCO^-、Cl^-、SO_4^{2-}、Ca^{2+}、Mg^{2+}、Na^+、K^+ 中，SO_4^{2-} 分别占 TS 的 41.74%、53.79%、46.88%、51.08% 和 50.11%，所以 SO_4^{2-} 是 CDRFA 土壤盐渍化最主要的化学成分，CO_3^{2-} 基本没有；阳离子主要是 Na^+，在各层土壤总盐量中分别占 20.52%、12.33%、18.03%、16.20% 和 17.98%，其次是 Ca^{2+}。而在荒漠区内最主要的离子为 SO_4^{2-} 和 Ca^{2+}。CDRFA 土壤电导率与 TS 的相关性达 0.934，其显著性水平为 0.05；荒漠自然地貌土壤电导率与 TS 的相关性达 0.97，其显著性水平为 0.01。所以电导率和 TS 之间存在很好的正相关性，在土壤中的含量趋势一致。而 SO_4^{2-} 是 CDRFA 土壤中主要盐分组成成分，林地和荒地的土壤电导率、TS 及 SO_4^{2-} 离子含量对比结果一致。

土壤盐分同 SN、地下水盐分一样，它们是植被生长的自然生态环境的重要组成部分，选取土壤盐分的一个指标——TS，参与生态安全的评价。

6.3.5 土壤养分指标分析

如前所述，土壤要素及指标众多，均不程度地反映了生态安全的土壤基底特征，直接或间接地体现在区域生态安全程度方面，SOM 也不例外。SOM 是土壤肥力的重要组成部分，可以分为腐殖物质和非腐殖物质，PF 的建设使大量的枯枝落叶归还土壤，并分解转化为 OM，从而短期内大幅提高其含量。所以，一般情况下，林地 SOM 含量要高于荒地。在林地和荒地的 SOM 含量对照正符合此规律。林地各层 SOM 含量都有不同程度的增幅，0～20 cm 层为 53.12%，20～40 cm 层为 104.81%，

40～60 cm 层为 25.19%，60～80 cm 层为 4.93%，80～100 cm 层为 236.5%。一般情况下上层 SN 要高于下层土壤，但分析 CDRFA 的 SN 数据可以发现(表 6-2)，80～100 cm 层的林地 SOM、AN、AP 含量要高于 60～80 cm 层，这应该是由于土地平整，下层土壤上翻引起的。由于 PF 的建设，通过施肥等方式，除 60～80 cm 层外已开发的林地土壤 AN 质量分数均高于未开发的荒地，荒地含量最多的仅为 2.22 mg/kg，氮养分严重匮乏。林地 AK 含量中除在 40～60 cm 层较低外，其他层均有明显优势，60～80 cm 层增幅高达 113%。这说明 CDRF 的建设有效促进了 SOM、AN 和 AK 的积累。但是林地各层 AP 含量却均低于荒地，这可能是由于林区植被从土壤中吸收 P 元素造成的(蒋德明 等，2008)。在土壤各种养分中，SOM 所占的地位尤其突出，它可以直接影响土壤中 N、P、K 含量。通过两个变量间的相关分析，SOM 与 AN 的相关系数为 0.82，与 AP 的相关系数为 0.66，而与 AK 的相关系数仅有 -0.31，相关性不明显。而将 SOM 与 AN、AP 和 AK 作偏相关分析，得出的结果显示 SOM 与 AN 的相关性为 0.98，与 AP 的相关性为 0.97，与 AK 的相关性为 0.78，相关性水平明显提高。这就说明土壤各种养分之间相互影响，从而进一步说明了合理施肥、科学搭配的重要性。

表 6-2　各层 SN 对照表

深度(cm)	SOM(g/kg)		AN(mg/kg)		AP(mg/kg)		AK(mg/kg)	
	林地	荒地	林地	荒地	林地	荒地	林地	荒地
0～20	5.65	3.69	11.06	1.05	1.58	2.62	153.78	131
20～40	5.53	2.70	8.39	2.09	1.99	3.01	137.33	99
40～60	4.26	3.40	8.39	2.22	1.16	4.80	101.89	109
60～80	3.83	3.65	5.02	9.27	1.39	5.27	232.44	109
80～100	4.61	1.37	7.54	1.07	1.75	1.84	104.67	44

SN 状况直接关系到植被的生长状况，进而关系到生态系统安全，所以，将土壤氮含量作为 SN 方面的指标，参与 CDRFA 生态安全的评价。

6.3.6　荒漠化程度综合评价

土地荒漠化是干旱区的重要特征，荒漠化状况直接影响着生态安全的程度。荒漠化程度(Desertification degree，DD)与植被、土壤以及地表状况相关。已有研究将 DD 分为轻度、中度、重度、极重度 4 种，分别赋予程度指数 1、2、3、4。根据荒漠化指数(DI)来研究某地区 DD 的计算公式(6-2)为：

$$DI = [\sum\sum(A_{ij}P_{ij}]/A \tag{6-2}$$

式中，A_{ij} 表示第 i 种土地利用类型且 DD 为 j 的土地面积；P_{ij} 表示对应的 DD 指数(魏怀东 等，2004)。

利用 NDVI 来计算植被覆盖度从而界定土地 DD。其公式为：

$$F_c = (NDVI - NDVI_{soil})/(NDVI_{veg} - NDVI_{soil}) \tag{6-3}$$

式中，F_c 为植被覆盖度，也是土地荒漠化的判断指数；NDVI 是样地的植被归一化指数，$NDVI_{soil}$ 是完全裸土或无植被覆盖的 NDVI 值，$NDVI_{veg}$ 是完全植被覆盖的区域的 NDVI 值(那音太 等，2010)。采用 RSI 提取 NDVI 值，并通过目视解译估测 $NDVI_{soil}$、$NDVI_{veg}$ 值分别取为 −0.08 和 0.8。通过野外调查和计算结果，将 CDRFA 土壤 DD 分为 5 级，即未荒漠化($F_c>0.4$)，轻度荒漠化($0.3<F_c<0.4$)，中度荒漠化($0.2<F_c<0.3$)，重度荒漠化($0.1<F_c<0.2$)，严重荒漠化($0.1<F_c<0$)，以整数 1～5 分别赋值。

6.3.7 固定 CO_2 量估算

全球变化背景下，植被固定大气 CO_2 成为探索干旱区减排的重要途径，也是维护干旱区生态安全的重要途径。固定 CO_2 量的计算方法有生物量法、蓄积量法、ECM、箱式法以及遥感图像估算法。据研究林木干物质密度平均为 0.45 t/m^3，所以用样地内林木蓄积量乘以干物质密度得到植物生产干物质总量。再根据光合作用，植物生产 1 kg 干物质能固定 1.63 kg CO_2，释放 1.2 kg O_2，估算出每个样地年固定 CO_2 量。蓄积量的计算公式(6-4)及公式(6-5)为：

$$V_{榆树} = 5.2286055 \times 10^{-5} D^{1.8593021} H^{1.0140715} \tag{6-4}$$

$$V_{杨树} = 5.000666 \times 10^{-5} D^{1.912099} H^{0.9363676} \tag{6-5}$$

式中，$V_{榆树}$ 表示榆树的蓄积量；$V_{杨树}$ 表示杨树的蓄积量；D 和 H 分别表示对应树种的胸径和树高。

6.3.8 经济产值估算

经济效应作为评价生态安全状况的重要环节，在针对 FES 对象中，主要估算活立木的市场价值，获得相关的经济产值。现实估算中，通过年蓄积量乘以活立木的市场单价得出。由于缺乏准确数据，主要根据 2011 年初木材价格周报统计分析表，全国杨木价格为 765 元/m^3，2006 年初新疆杨木板材价格约为 900 元/m^3，将杨木价格假定为 900 元/m^3，估算直接经济产值。

6.3.9 ESSV 估算

生态系统服务是 CDRF 的重要特征，FES 服务功能是指 FES 及其生态过程形成及维持的人类赖以生存的自然环境条件与效用(熊黑钢 等，2006)。目前，对生态系统服务价值(ESSV)的研究在国外主要集中在 ESS 分类、形成及其变化机制和价值评估方法，主要特点是不同研究者采用了不同的研究角度(Costanza et al.，1997；谢高地 等，2006)；国内则主要集中在不同尺度(如全球、区域、城市等)的生态系统服务功能及其价值的评估理论与方法，例如，欧阳志云等(1999)对陆地 ESSV 的研究。ESSV 理论在土地利用方面的应用较多，主要集中在土地利用方式变化对 ESSV 产生的影响(王娟 等，2006；曹顺爱 等，2006)，尺度较大，而在较小尺度上(如某片草地、林地)的研究却较少。

Costanza 等(1997)将 ESS 分为 17 个类型，本研究主要分析和评价 CDRFA 5 种主要的间接 ESSV：涵养水源、维持生物多样性、净化空气、减少 SN 流失和减少土壤侵蚀、调节大气、功能价值。ESS 功能效益不同，其评价方法也不一样(许英勤 等，2003)。目前主要的评价方法有：市场价值法、影子工程法、替代成本法、生态价值法等。不同的生态系统服务类型(ESST)适用的评估方法可能不同，同种评估方法可能适用多种 ESST。主要数据是通过野外取样及室内分析方法获取。因此，涵养水源功能采用影子工程法、维持生物多样性功能采用机会成本法、调节大气及减少土壤侵蚀功能采用市场价值法、净化空气功能(主要包括吸收 SO_2 功能和阻滞粉尘功能)采用生产成本法及替代花费法、减少 SN 流失功能(包括减少 AN、AK、AP 流失和减少 SOM 流失功能价值)采用的是市场价值法(王让会，2008)。

(1) 涵养水源功能(V_1)：森林的水源涵养功能是一个动态、综合的概念，包括拦蓄降水、调节径流、影响降雨和净化水质等(张彪 等，2009)。本次研究主要估算 CDRFA 拦蓄降水功能价值。2001—2008 年克拉玛依市年均降水量为 135.5 mm(普宗朝 等，2009)。该区水资源主要来源于引额济克工程，成本较大，以 20 元/m^3 计算，估算各样地涵养水源功能价值。

(2) 维持生物多样性功能(V_2)：张颖(2001)评估西北地区森林生物多样性价值 2.98 万元/(hm^2 · a)，由于克拉玛依是人工建设的荒漠绿洲城市，生物资源稀缺，在本研究中将该数值增加至 1.5 倍，CDRFA 个标准样方面积 100 m^2，评估各样地的维持生物多样性功能价值。

(3) 净化空气类功能(V_3)：包括吸收 SO_2 和阻滞粉尘功能。阔叶林对 SO_2 的吸收能力值 88.65 kg/(hm^2 · a)，工业削减 SO_2 成本为 600 元/t，所以评估 CDRFA 每个标准样地吸收 SO_2 功能价值为 0.532 元。中国森林的滞尘能力阔叶林为 10.11 t/(hm^2 · a)，削减粉尘成本为 170 元/t，运用替代花费法估算 CDRFA 每个样地的阻滞粉尘功能价值。

(4)保护土壤类功能(V_4)：包括减少土壤侵蚀和减少 SN 流失两大类。单位面积保土量为 250 m^3/(hm^2 · a)，CDRFA 100 m^2 标准样地的保土量估算为 2.5 m^3/a。林业生产单位面积收益 300 元/hm^2，土壤表土平均厚度 0.5 m 来评估 CDRFA 减少土壤侵蚀功能价值。

含量约为 20%的硫酸铵市场价格 500 元/t，所以纯硫酸铵市场价格约为 2500 元/t，AN 折算$(NH_4)_2SO_4$ 系数 4.81。含量为 12%的过磷酸钙市场价格 800 元/t，纯过磷酸钙市场价格约为 6666.67 元/t，AP 折算成过磷酸钙的系数为 5.13。国内 KCl 价格变化幅度较大，各地区 2000～5000 元/t 均有报价，含量为 60%的 KCl 价格若定为 2500 元/t，则纯 KCl 价格为 4167 元/t，AK 折算成 KCl 的系数为 1.82。含量为 70%的 OM 肥料市场价格一般 400 元/t 左右，纯 OM 市场价格约为 570 元/t。根据野外抽样调查，CDRFA 0～20 cm 深表层土这 3 种 SN 含量在各个样方内的值不等，采用市场价值法(market valuation method)估算 CDRFA 各个样方内将少 SN 流失的功能价值总和。

(5)大气调节类功能(V_5)：根据光合作用，植物生产 1 kg 干物质能固定 1.63 kg CO_2，释放 1.2 kg O_2。CDRFA 各样地蓄积量已经估算，林木干物质密度平均为 0.45 t/m^3。降水少，蒸发量高的地区造林成本较高，如在年降水量不到 50 mm 的南疆地区，蒸发量高达 3000 mm 以上，造林成本每亩高达 1000 元以上。以造林成本 300 元/t，工业氧气的市场价格 500 元/t，估算 CDRFA 大气调节类生态系统服务价值。

6.3.10 其他指标

影响 CDRF 生态安全的要素很多，不能逐一反映在指标体系中。MDG、SMC、土壤盐分、SN、PDIP 危害程度指标都是可以通过野外调查实验直接获取的。有部分缺少的数据，通过 IDW 补充。如 K002 在地下水监测井 14.84 m 深处仍然没有水，受监测条件限制，该处的 MDG 指标值就没有。可以通过差值图法将该值补充进去(图 6-2)。长势是形容植被生长状况的指标，分为长势很差、长势较差、长势一般、长势较好、长势很好，现将其数据化，即长势很差为 1，长势较差为 2，长势一般为 3，长势较好为 4，长势很好为 5，另外还有可能是荒漠区，其值为 0。野外考察过程中，对于一两个疏漏掉的数据可以通过邻接的 K011 以后的样地调查数据为补充，如 K005 缺少长势和 PDIP 两个指标的值，与它相邻的有 K012、K013、K014 和 K021，通过这 4 个样地的植被统计情况，即 K012 长势一般，PDIP 50%，枯枝落叶 60%；K013 长势较好，PDIP70%，枯枝落叶 80%；K014 长势很好，PDIP 15%，枯枝落叶 90%；长势非常好；K021 长势很好，判断 K005 的植被长势很好，PDIP 根据这 4 个样地 PDIP 的平均值取 40%。K006 是未开发的荒漠，植被只有少量的梭梭和野草，和 K017 一样，K017 的植被包括梭梭、白刺和假木贼，PDIP 主要指鼠害，100 m^2 标准样方内近 90 株的植被中就出现 8 个鼠洞。将该区的 PDIP 定为 10%。

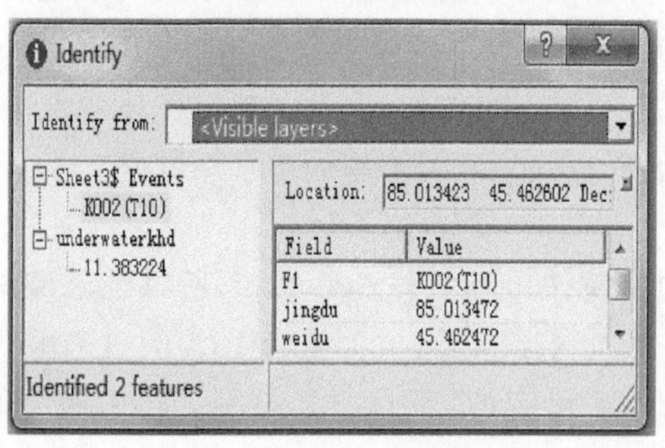

图 6-2 MDG 缺省数据

6.4　评价过程与分析

6.4.1　结果及数据处理

目前,数据处理主要有两种方法。首先是无量纲化处理方法。量纲是指量的单位,所以无量纲化就是通过数学方法对每个数据进行处理从而去掉单位,在研究中使各指标值经过处理能够被带入生态安全度这一综合指标的公式中,计算出结果;根据已有的研究成果,对 CDRFA 的 ESA 各指标统计值进行无量纲化处理:

$$E_i = \frac{C_i - C_{min}}{C_{max} - C_{min}} \times 10 \tag{6-6}$$

式中,E_i 为第 i 个指标统计值的标准化结果,C_i 为第 i 个样地该指标统计值,C_{max} 为各样地该指标统计值之中的最大值,C_{min} 为各样地该指标统计值之中的最小值。同时,还有另一种处理方法,主要是通过给指标进行分级,把经验与主观因素赋予评价的过程中。在本研究中,将各指标按照安全程度将各指标值分为 5 级,即Ⅰ很不安全,Ⅱ较不安全,Ⅲ 安全,Ⅳ 较安全,Ⅴ很安全;然后根据指标分级标准以及统计值,分别赋值。这种方法可以理解为将各指标赋予相同的量纲(生态安全程度)而进行的数据转化。采用指标分级方法,其分级标准见表 6-3。

表 6-3　ESA 指标体系指标分级

分级	Ⅰ	Ⅱ	Ⅲ	Ⅳ	Ⅴ
C_1(g/L)	>20	(10, 20]	(5, 10]	(3, 5]	≤3
C_2(%)	[0, 5]	(5, 10)	[10, 20]	(20, 40]	> 40
C_3	<0.1	[0.1, 0.15]	(0.15,0.25)	[0.25, 0.3]	>0.3
C_4	<0.1	[0.1, 0.2]	(0.2,0.3]	(0.3,0.4]	>0.4
C_5(g/kg)	>3	[1.5,3]	[1.0,1.5)	[0.6,1.0)	<0.6
C_6(g/kg)	<5	[5,10]	(10,20)	[20,30]	>30
C_7	1	2	3	4	5
C_8(%)	[75,100]	(50,75)	[20,50]	(5,20)	[0,5]
C_9	5	4	3	2	1
C_{10}(kg)	<0.1	[0.1, 0.2]	(0.2,0.45)	[0.45,0.6]	>0.6
C_{11}(元)	<100	[100,300)	[300, 500]	(500, 700]	>700
C_{12}(元)	<460	[460, 560]	(560,660)	[660,760]	>760

指标分级可以按照已有的研究成果、规定或标准进行。如 SN 指标分级：根据“九五”期间在全疆各地所作的大量肥料实验结果，新疆农业科学院土壤肥料研究所提出了新疆主要 SN 含量评价指标，根据推荐施肥需求做适当调整得出克拉玛依市农业综合开发区农田养分分级指标。土壤盐分指标分级：土壤 TS 量采用国家标准 HJ 332—2006，该标准为食用农产品产地土壤质量标准。地下水指标采用《地下水质量标准》(GB/T 14848—2017)。但是在实际研究中，可以发现按照已有标准衡量 CDRFAMDG 的统计值，则每个样方的值基本都属于很不安全范畴，取值都为 1。这就是该指标在 ESA 研究中失去了意义。所以需要根据实际情况对各质量标准进行调整。

6.4.2 生态安全度构建

CDRFA 生态安全度指数的计算采用加权平均模型，其表达式(6-7)为：

$$E=\sum_{i=1}^{n}W_i\times E_i \tag{6-7}$$

式中，E 为 CDRFA 的生态安全度指数，W_i 为第 i 个生态安全指标安全指数，E_i 为 W_i 的权重。

6.4.3 生态安全评价的综合特征

在前述原理及方法的基础上，E 计算结果见表 6-4。

表 6-4 CDRFA 的 ESA 结果

样地	K001	K002	K003	K004	K005	K006	K007	K008	K009	K010
E 值	3.581	2.947	2.635	2.75	3.401	1.813	3.158	3.256	3.48	3.11
等级	Ⅲ	Ⅱ	Ⅱ	Ⅱ	Ⅲ	Ⅰ	Ⅱ	Ⅲ	Ⅲ	Ⅱ

根据生态安全度的估算公式(6-7)，理论上生态安全度指数最大值为 5，最小值为 1，值越大，生态系统越安全。10 个样地的生态安全度 E 的值在[1.731, 3.581]，平均值为 3.004。以相等区间大小(0.8)将[1,5]区间平均分为 5 个子区间与生态安全 5 个等级相对应，在此基础上按照计算结果及野外调查情况进行调整，将生态安全度进行分级：Ⅰ——很不安全，生态安全度取值在[1, 2.1]；Ⅱ—— 较不安全，生态安全度取值在(2.1, 3.2]；Ⅲ——一般安全，生态安全度取值在(3.2, 3.8]；Ⅳ——较安全，生态安全度取值在(3.8,4.4]；Ⅴ——很安全，生态安全度取值在(4.4,5]。则 10 个样地生态安全度结果在Ⅰ至Ⅴ区间内的样地个数分别为 1,5,4,0,0。因此，10 个样地中有 6 个样地不安全，将样地评价结果推广到整个研究区，则 CDRFA 约 60%的区域不安全，其他区域安全状况一般。通过反距离权重差值研究 CDRFA 生

态安全情况分布特征，如图 6-3 所示。

CDRFA 南部大部分区域不安全，其中有小面积靠近边界荒漠区的区域很不安全，北部区域生态安全状况一般，但比南部区域好，可能是因为南部更靠近荒漠区，而北部则更靠近市区。具体分析 12 个指标，研究它们与生态安全度指标的相关性，显示指标 NDVI 和长势与生态安全度在 0.01 水平（双侧）上显著相关，Pearson 相关性分别为 0.810 和 0.858，生态安全度与荒漠化指数、经济产值和生态系统服务价值在 0.05 水平（双侧）上显著相关。说明生态安全指标体系在权重相等情况下，这 5 个指标对结果的影响比较显著。

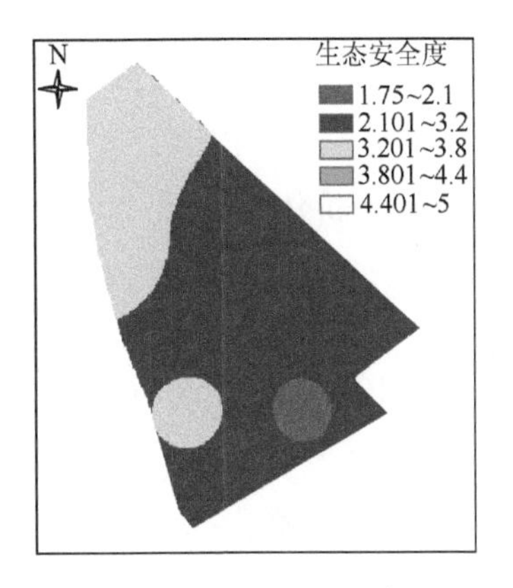

图 6-3　CDRFA 生态安全度空间分布图

6.5　信息化界面设计

信息化管理（informatization management）是目前相关学科及行业发展的重要方向，实现信息化管理需要大数据的支撑，也需要 AI、IOT、AR、VR 等技术的支撑，未来的信息化管理借助于大数据、云计算、网络化及智能化的技术优势，结合专业领域的深入研究及行业发展的客观需求，将得到更加全面的发展。

本管理系统的研发中，基于 CDRFA 生态安全评价的综合研究，主要通过计算机软件开发平台将该评价体系信息化，以实现 CDRF 的数据管理。本研发是用 VB 编程语言和 ACCESS 数据库搭建的系统。

6.5.1　系统登陆界面

CDRF 生态安全评价系统是综合评价与管理 CDRF 的主要信息平台，依据人为调控与信息化管理的需求，研发管理系统；而系统登录界面则是本系统的最外层界面，根据需求设计如图 6-4 所示。

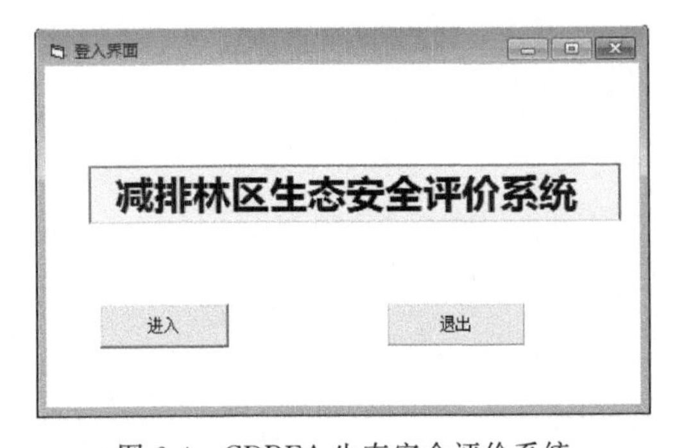

图 6-4　CDRFA 生态安全评价系统

在运用CDRF生态安全评价系统时，点击“进入”，登陆CDRFA生态安全评价指标体系；点击“退出”，退出该系统。

6.5.2 评价体系界面

依据ESA的特点，结合前述PSR模型特点以及AHP的原理与方法，设计评价体系界面，并通过计算机程序实现其拟定功能。需要特别指出的是生态环境压力、生态环境状况、生态环境响应3个层面，综合性地反映了CDRFA生态安全的不同方面，并共同作为ESA的基础。所设计的评价体系界面菜单栏，首先对应的是CDRFA评价体系的准则层A，其下拉菜单为评价体系准则层B，再下拉就是最后的指标层。

6.5.3 评价结果界面

该界面主要显示CDRFA生态安全的特征。在具体实施过程中，通过点击“生态安全度指数”按钮，进入评价结果界面，就可以获得对于评价区域及评价对象结果属性特征的定量结果与定性描述。

6.5.4 数据库界面

基于前述相关原则，以及系统研发的途径与方法，本界面通过计算机语言集程序全面地展示CDRFA生态安全评价的各类信息，如ESA要素名称（前述指标体系的要素集指标等）、数据类型、数据特征说明、字段属性等。数据库以Access为基础，综合反映CDRFA的综合特征，用于各类要素分析评价集区域生态大数据的集成与应用。

参考文献

阿迪力·吾彼尔,袁素芬,赵万羽,2007. 准噶尔盆地新建防护林对林下土壤理化性状的影响[J]. 干旱区地理,30(3):420-425.

安东,2009. 不同土壤改良剂对银川平原北部盐碱土水分性质和土壤结构的影响[D]. 咸阳:西北农林科技大学.

鲍文,程国杰,2008. 基于水资源的四川生态安全基尼系数分析[J]. 中国人口·资源与环境,18(4):35-37.

鲍文沁,徐正春,刘萍,2015. 中国生态安全评价研究进展[J]. 广东农业科学,42(11):135-140.

蔡懿苒,2018. 国内外生态安全评价研究进展[J]. 安徽林业科技,44(5):27-32.

蔡瑜如,傅华,陆丽芳,等,2014. 陆地生态系统植物吸收 ON 的研究进展[J]. 草业科学,31(7):1357-1366.

曹秉帅,邹长新,高吉喜,等,2019. 生态安全评价方法及其应用[J]. 生态与农村环境学报,35(8):953-963.

曹丽花,刘合满,杨东升,2016. 农田土壤固碳潜力的影响因素及其调控(综述)[J]. 江苏农业科学,44(10):16-20.

曹顺爱,吴次芳,余万军,2006. 土地生态服务价值评价及其在土地利用布局中的应用——以杭州市萧山区为例[J]. 水土保持学报,20(2):197-200.

曹伟,2004. 城市生态安全导论[M]. 北京:中国建筑工业出版社.

曹新向,2006. 基于 EFP 分析的旅游地生态安全评价研究——以开封市为例[J]. 中国人口·资源与环境,16(2):70-75.

曹宇,肖笃宁,赵羿,等,2001. 近十年来中国景观生态学文献分析[J]. 应用生态学报,12(3):472-477.

曹元元,王娟,王建林,等,2016. 玉米农田生态系统水碳通量日变化特征研究[J]. 中国农学通报,32(9):137-141.

曹志洪,2003. 施肥与水体环境质量——论施肥对环境的影响(2)[J]. 土壤,35(5):353-363.

陈波,包志毅,2003. 景观尺度上全球性问题的研究[J]. 自然杂志.25(6):327-331.

陈晨,梁银丽,吴瑞俊,等,2010. 黄土丘陵沟壑区坡地土壤有机质变化及碳循环初步研究[J]. 自然资源学报,25(4):668-676.

陈丹丹,欧光龙,陈金龙,等,2016. 不同天气条件对云南 4 个主要造林树种幼林光合特性的影响[J]. 西南林业大学学报,36(5):32-38.

陈菁,张明锋,2004. 福建省生态环境综合信息图谱类型的分类系统研究[J]. 四川师范大学学报(自然科学版),27(5):547-550.

陈珏,2011. 水土保持林地根系分泌物及土壤酶活性研究[D]. 北京:北京林业大学.

陈军,2002. 多维动态地理空间框架数据的构建[J]. 地球信息科学,7(1):7-12.

陈利顶,傅伯杰,1996. 黄河三角洲地区人类活动对景观结构影响——以山东省东营市为例[J]. 生态学报,16(4):337-344.

陈龙飞，何志斌，杜军，等，2015. 土壤碳循环主要过程对气候变暖响应的研究进展[J]. 草业学报，24(11)：183-194.
陈升龙，2015. 黑土团聚体的孔隙结构特征与有机碳矿化的关系研究[D]. 北京：中国科学院大学.
陈述彭，岳天祥，励惠国，2000. 地学信息图谱研究及其应用[J]. 地理研究，19(4)：339-343.
陈述彭，1998. 地学信息图谱雏议[J]. 地理研究(增刊)：5-9.
陈述彭，2001. 地理科学的信息化与现代化[J]. 地理科学，21(3)：193-197.
陈述彭，2001. 地学信息图谱探索研究[M]. 北京：商务印书馆.
陈述彭，2002."数字中国"百舸争流(上)[J]. 地球信息科学，7(1)：3-6.
陈思凤，1984. 有机质改良盐碱土的作用[J]. 土壤通报，15(5)：193-196.
陈小云，刘满强，胡锋，等，2006. 根际微型土壤动物——原生动物和线虫的生态功能[J]. 生态学报，27(8)：3132-3143.
陈燕，齐清文，杨桂山，2006. 地学信息图谱的基础理论探讨[J]. 地理科学，26(3)：306-310.
陈毓芬，廖克，2003. 中国自然景观综合信息图谱研究[J]. 地球信息科学，5(3)：97-102.
陈哲，温庆忠，2017. 国内外生态安全研究述评[J]. 林业调查规划，42(4)：31-36.
陈哲，杨世琦，张晴雯，等，2016. 冻融对土壤氮素损失及有效性的影响[J]. 生态学报，36(4)：1083-1094.
承继成，郭华东，史文中，2004. 遥感数据的不确定性问题[M]. 北京：科学出版社.
程国栋，2003. 虚拟水——中国水资源安全战略的新思路[J]. 中国科学院院刊，18(4)：260-265.
程迁，莫兴国，王永芬，等，2010. 羊草草原碳循环过程的模拟与验证[J]. 自然资源学报，25(1)：60-70.
程淑兰，方华军，徐梦，等，2018. 氮沉降增加情景下植物-土壤-微生物交互对自然生态系统土壤有机碳的调控研究进展[J]. 生态学报，38(23)：8285-8295.
池振明，2000. 微生物生态学[M]. 济南：山东大学出版社.
崔鸿侠，唐万鹏，胡兴宜，等，2012. 杨树人工林生长过程中碳储量动态[J]. 东北林业大学学报，40(2)：48-49.
戴昌达，雷莉萍，1989. TM 图像的光谱信息特征与最佳波段组合[J]. 遥感学报，12(4)：282-292.
戴民汉，翟惟东，鲁中明，等，2004. 中国区域碳循环研究进展与展望[J]. 地球科学进展，19(1)：120-130.
邓超楠，2019. 森林生态系统碳循环模型研究概述[J]. 湖北农业科学，58(9)：9-12.
邓兴耀，刘洋，刘志辉，等，2017. 中国西北干旱区蒸散发时空动态特征[J]. 生态学报，37(9)：2994-3008.
蒂斯代尔，纳尔逊，毕滕，1998. 土壤肥力与肥料[M]. 金继运，刘荣乐，译. 北京：中国农业科技出版社.
丁越岿，杨劼，宋炳煜，等，2012. 不同植被类型对毛乌素沙地土壤有机碳的影响[J]. 草业学报，21(2)：18-25.
董丹，倪健，2011. 利用 CASA 模型模拟西南喀斯特植被净第一性生产力[J]. 生态学报，31(7)：1855-1866.
董文，张新，江毓武，等，2010. 基于球体的海洋标量场要素的 3D 可视化技术研究[J]. 台湾海峡，29(4)：575-577.

杜晓铮,赵祥,王昊宇,等,2018. 陆地生态系统水分利用效率对气候变化的响应研究进展[J]. 生态学报,38(23):8296-8305.

杜晓铮,赵祥,王昊宇,等,2018. 蒸散发水分利用效率对气候变化的响应研究进展[J]. 生态学报,38(23):33-42.

樊自立,陈亚宁,李和平,等,2008. 中国西北干旱区生态地下埋位适宜深度的确定[J]. 干旱区资源与环境,22(2):1-5.

范亚文,2001. 种植耐盐植物改良盐碱土的研究[D]. 哈尔滨:东北林业大学.

方精云,郭兆迪,朴世龙,等,2007. 1981—2000年中国陆地植被碳汇的估算[J]. 中国科学:地球科学,37(6):804-812.

方精云,刘国华,徐嵩龄,1996. 中国森林植被的生物量和净生产量[J]. 生态学报,16(5):497-508.

房莉,余健,陈金林,2007. 连栽对杨树人工林林木生长的影响[J]. 资源开发与市场,23(7):609-611.

房用,蹇兆忠,孙蕾,等,2005. 山东省林业生态安全评价意义和方法[J]. 河北林业科技(1):23-24.

冯景泽,王忠静,2012. 遥感蒸散发模型研究进展综述[J]. 水利学报,43(8):914-925.

冯瑞芳,杨万勤,张健,2006. 人工林经营与全球变化减缓[J]. 生态学报,26(11):3870-3877.

冯源,肖文发,朱建华,等,2020. 造林对区域森林生态系统碳储量核固碳速率的影响[J]. 生态与农村环境学报,36(3):281-290.

傅肃性,2002. 遥感专题分析与地学图谱[M]. 北京:科学出版社.

盖力强,谢高地,李士美,等,2010. 华北平原小麦、玉米作物生产水足迹的研究[J]. 资源科学,32(11):2066-2071.

高东,何霞红,2010. 生物多样性与生态系统稳定性研究进展[J]. 生态学杂志,29(12):2507-2513.

高浩,潘学标,符瑜,2009. 气候变化对内蒙古中部草原气候生产潜力的影响[J]. 中国农业气象,30(3):277-282.

高懋芳,邱建军,李长生,等,2012. 应用Manure-DNDC模型模拟畜禽养殖氮素污染[J]. 农业工程学报,28(9):183-189.

葛乐,成向荣,段溪,等,2012. 施肥对麻栎人工林碳密度及休眠期土壤呼吸的影响[J]. 生态学杂志,31(2):248-253.

耿元波,董云社,孟维奇,2000. 陆地碳循环研究进展[J]. 地理科学进展,19(4):297-306.

龚洪柱,1988. 盐碱地造林学[M]. 北京:中国林业出版社.

龚建周,夏北成,陈健飞,等,2008. 基于3S技术的广州市生态安全景观格局分析[J]. 生态学报,28(9):4323-4333.

龚子同,张甘霖,陈志成,等,2007. 土壤发生与系统分类[M]. 北京:科学出版社.

顾艳,吴良欢,胡兆平,2018. 土壤pH值和含水量对土壤硝化抑制剂效果的影响[J]. 农业工程学报,34(8):132-138.

关元秀,刘高焕,2001. 区域土壤盐渍化遥感监测研究综述[J]. 遥感技术与应用,16(1):40-44.

郭华东,2009. 数字地球:10年发展与前瞻[J]. 地球科学进展,24(9):955-962.

郭良栋,田春杰,2013. 菌根真菌的碳氮循环功能研究进展[J]. 微生物学通报,40(1):158-171.

郭振,王小利,徐虎,等,2017. 长期施用有机肥增加黄壤稻田土壤微生物量碳氮[J]. 植物营养与肥料学报,23(5):1168-1174.

郭忠贤,1999. 大同盆地碱化盐土水盐动态及主要改良措施[J]. 山西农业科学,27(1):60-63.

韩慧龙,刘铮,2007. 分子生物学技术在土壤生物修复中的应用及展望[J]. 化工进展,26(6):782-787.

韩兴国,黄建辉,1995. 生物多样性和生态系统稳定性[J]. 生物多样性,3(1):31-37.

韩彦霞,韩占成,2010. 沧州市年内不同期浅层地下水变化规律分析[J]. 地下水,32(2):23-24.

何东进,游巍斌,洪伟,等,2012. 近10年景观生态学模型研究进展[J]. 西南林业大学学报,32(1):96-104.

何锦,2006. 基于SWAP模型的农田水分动态模拟研究[D]. 西安:长安大学.

何牡丹,2008. 土壤有机质及全量养分变异特征研究——以新疆和田绿洲及其过渡带为例[D]. 乌鲁木齐:新疆师范大学.

何婷婷,华珞,张振贤,等,2007. 影响农田土壤有机质释放的因子及固碳措施[J]. 首都师范大学学报(自然科学版),28(1):66-72.

贺慧,郑华斌,刘建霞,等,2014. 蚯蚓对土壤碳氮循环的影响及其作用机理研究进展[J]. 中国农学通报,30(33):120-126.

贺纪正,张丽梅,2008. 氨氧化微生物生态学与氮循环研究进展[J]. 生态学报,29(1):406-415.

贺纪正,2013. 土壤氮素转化的关键微生物过程及机制[J]. 微生物学通报,40(1):98-108.

贺美,王迎春,王立刚,等,2017. 应用DNDC模型分析东北黑土有机质演变规律及其与作物产量之间的协同关系[J]. 植物营养与肥料学报,23(1):9-19.

呼和,陈先江,程云湘,2016. 撂荒地亚硝酸还原酶基因nirK和nirS丰度动态[J]. 草业科学,33(7):1253-1259.

胡化广,张振铭,吴生才,等,2013. 植物水分利用效率及其机理研究进展[J]. 节水灌溉,37(3):11-15.

胡会峰,刘国华,2006. 森林管理在全球CO_2减排中的作用[J]. 应用生态学报,17(4):709-714.

胡雷,王长庭,阿的鲁骥,等,2015. 高寒草甸植物根系生物量及有机碳含量与土壤机械组成的关系[J]. 西南民族大学学报(自然科学版),41(1):6-11.

胡玲,彭世彰,丁加丽,等,2004. 灌区土壤水分空间变异及检测方法研究[J]. 沈阳农业大学学报,35(5-6):489-491.

胡中民,于贵瑞,王秋凤,等,2009. 生态系统水分利用效率研究进展[J]. 生态学报,29(3):1498-1507.

黄东迈,朱培立,王志明,等,1998. 旱地和水田有机质分解速率的探讨与质疑[J]. 土壤学报(4):482-492.

黄建辉,韩兴国,1995. 生物多样性和生态系统稳定性[J]. 生物多样,3(1):31-37.

黄玫,侯晶,唐旭利,等,2016. 中国成熟林植被和土壤固碳速率对气候变化的响应[J]. 植物生态学报,40(4):416-424.

黄妙芬,2003. 地表通量研究进展[J]. 干旱区地理,26(2):159-165.

黄耀,孙文娟,2006. 土壤学——近20年来中国大陆农田表土有机质含量的变化趋势[J]. 中国学术期刊文摘,24(20):1.

黄毅,邹洪涛,虞娜,等,2010. 新型土壤容重取样器的研制与应用[J]. 水土保持通报,30(2):190-192.

黄宇，冯宗炜，汪思龙，等，2005. 杉木、火力楠纯林及其混交林生态系统 C、N 贮量[J]. 生态学报，25(12)：3146-3154.

黄祖辉，米松华，2011. 农业碳足迹研究——以浙江省为例[J]. 农业经济问题，32(11)：40-47.

霍海霞，张建国，马爱生，等，2018. 干旱荒漠区土壤碳循环研究进展与展望[J]. 西北林学院学报，33(1)：98-104.

季志平，苏印泉，贺亮，2006. 黄土丘陵区人工林土壤有机碳的垂直分布特征[J]. 西北林学院学报，21(6)：54-57.

贾宝全，1998. 干旱区生态用水的概念和分类[J]. 干旱区地理，21(2)：8-12.

贾良清，欧阳志云，赵同谦，等，2004. 城市生态安全评价研究[J]. 生态环境，13(4)：592-596.

姜林林，2012. 陆地生态系统碳-氮-水耦合机制研究进展[J]. 安徽农业科学，40(14)：8277-8283.

姜凌，李佩成，胡安焱，等，2009. 干旱区绿洲土壤盐渍化分析评价[J]. 干旱区地理，32(2)：234-239.

姜培坤，徐秋芳，2005. 施肥对雷竹林土壤活性有机质的影响[J]. 应用生态学报，16(2)：253-256.

姜恕，戚秋慧，孔德珍，1985. 草原生态系统研究[M]. 北京：科学出版社.

姜勇，庄秋丽，梁文举，2007. 农田生态系统土壤有机质库及其影响因子[J]. 生态学杂志，26(2)：278-285.

蒋德明，曹成有，押田敏雄，等，2008. 科尔沁沙地小叶锦鸡儿人工林防风固沙及改良土壤效应研究[J]. 干旱区研究，25(5)：653-658.

金鑫鑫，汪景宽，孙良杰，等，2017. 稳定^{13}C同位素示踪技术在农田土壤碳循环和团聚体固碳研究中的应用进展[J]. 土壤，49(2)：217-224.

康冰，刘世荣，张广军，等，2006. 广西大青山南亚热带马尾松、杉木混交林生态系统碳素积累和分配特征[J]. 生态学报，26(5)：1230-1239.

康绍忠，1994. 土壤-植物-大气连续体水分传输理论及其应用[M]. 北京：水利电力出版社.

柯裕州，2008. 桑树抗盐性研究及其在盐碱地中的应用[D]. 北京：北京林业大学.

孔维财，王让会，宁虎森，等，2010. 克拉玛依二氧化碳人工减排林林分结构及生长分析[J]. 防护林科技(5)：19-22.

雷相东，常敏，陆元昌，等，2006. 虚拟树木生长建模及可视化研究综述[J]. 林业科学，42(11)：124-130.

雷志栋，杨诗秀，许志荣，等，1985. 土壤特性空间变异性初步研究[J]. 水利学报，15(9)：10-21.

黎立群，1986. 盐渍土基础知识[M]. 北京：科学出版社.

李宝富，陈亚宁，李卫红，等，2011. 基于遥感和 SEBAL 模型的塔里木河干流区蒸散发估算[J]. 地理学报，66(9)：1230-1238.

李超岭，张克信，墙芳躅，等，2002. 数字区域地质调查系统技术研究[J]. 地球科学进展，17(5)：763-768.

李德仁，龚健雅，李京伟，等，2002. 中国空间数据基础设施建设[J]. 测绘通报，40(11)：4-7.

李放，沈彦俊，2014. 地表遥感蒸散发模型研究进展[J]. 资源科学，36(7)：1478-1488.

李凤全，卞建民，张殿发，2000. 半干旱地区土壤盐渍化预报研究——以吉林省西部洮儿河流域为例[J]. 水土保持通报，20(2)：1-4.

李贵才，韩兴国，黄建辉，等，2001. 森林生态系统土壤氮矿化影响因素研究进展[J]. 生态学报，21

(7):1187-1195.
李海波,韩晓增,王风,等,2007. 长期施肥条件下土壤碳氮循环过程研究进展[J]. 土壤通报,38(2):384-388.
李昊,李世平,银敏华,2016. 中国土地生态安全研究进展与展望[J]. 干旱区资源与环境,30(9):50-56.
李和平,田长彦,乔木,等,2009. 新疆耕地盐渍土壤遥感信息解译标志及指标探讨[J]. 干旱地区农业研究,27(2):218-222.
李红琴,李英年,张法伟,等,2013. 高寒草甸植被生产量年际变化及水分利用率状况[J]. 冰川冻土,35(2):475-482.
李洪建,王孟本,柴宝峰,2003. 黄土高原土壤水分变化的时空特征分析[J]. 应用生态学报,14(4):515-519.
李辉东,关德新,袁凤辉,等,2015. 科尔沁草甸生态系统水分利用效率及影响因素[J]. 生态学报,35(2):478-488.
李惠,梁杏,刘延锋,2018. 干旱区膜下滴灌棉田SPAC系统水分通量模拟[J]. 水文地质工程地质,45(2):21-28.
李锦,王让会,薛英,等,2008. CBERS-2/CCD影像数据在干旱区绿洲景观信息图谱中的应用与研究[J]. 干旱区资源与环境,22(3):117-122.
李恺,2009. 层次分析法在生态环境综合评价中的应用[J]. 环境科学与技术,32(2):183-185.
李明旭,杨延征,朱求安,等,2016. 气候变化背景下秦岭地区陆地生态系统水分利用率变化趋势[J]. 生态学报,36(4):936-945.
李取生,李秀军,李晓军,等,2003. 松嫩平原苏打盐碱地治理与利用[J]. 资源科学,25(1):15-20.
李侠,张俊伶,2008. 丛枝菌根真菌对氮素的吸收作用和机制[J]. 山西大同大学学报(自然科学版),24(6):75-78.
李霞,杜世勋,桑满杰,等,2018. 山西省自然保护区生态系统格局及稳定性变化趋势研究[J]. 自然资源学报,33(2):208-218.
李肖娟,张福平,王虎威,等,2017. 黑河流域植被水分利用效率时空变化特征及其与气候因子的关系[J]. 中国沙漠,37(4):733-741.
李小娟,刘晓萌,胡德勇,等,2008. ENVI遥感数据处理教程(升级版)[M]. 北京:中国环境科学出版社:351-356.
李晓明,杨劲松,吴亚坤,2010. 基于遥感和电磁感应的盐渍土识别分级——以河南封丘为例[J]. 遥感信息,24(1):79-83.
李新宇,唐海萍,2006. 陆地植被的固碳功能与适用于碳贸易的生物固碳方式[J]. 植物生态学报,30(2):200-209.
李玉,康晓明,郝彦宾,等,2014. 黄河三角洲芦苇湿地生态系统碳、水热通量特征[J]. 生态学报,34(15):4400-4411.
励惠国,岳天祥,2000. 地学信息图谱与区域可持续发展虚拟[J]. 地球信息科学(1):48-52.
梁变变,石培基,周文霞,等,2017. 河西走廊城镇化与水资源效益的时空格局演变[J]. 干旱区研究,34(2):452-463.
梁二,蔡典雄,代快,等,2010. 中国农田土壤有机碳变化:驱动因素分析[J]. 中国土壤与肥料(6):

80-86.
梁燕，葛忠强，马安宝，等，2018. 森林生态系统稳定性研究进展[J]. 山西林业科技，47(4)：36-38.
廖朵朵，张华军，1996. OpenGL3D图形程序设计[M]. 北京：星球地图出版社.
廖克，2001. 中国自然景观综合信息图谱的建立原则与方法[J]. 地理学报，56(增刊)：19-25.
廖克，2002. 地学信息图谱的探讨与展望[J]. 地球信息科学，4(1)：14-20.
林学政，陈靠山，何培青，等，2006. 种植盐地碱蓬改良滨海盐渍土对土壤微生物区系的影响[J]. 生态学报，26：801-807.
林学政，沈继红，刘克斋，等，2005. 种植盐地碱蓬修复滨海盐渍土效果的研究[J]. 海洋科学进展，23(1)：65-70.
刘春英，周文斌，2012. 中国湿地碳循环的研究进展[J]. 土壤通报，43(5)：1264-1270.
刘东兴，2009. 改良物质对盐碱土的改良作用及对植被生长发育的影响[D]. 哈尔滨：东北林业大学.
刘冬伟，史印涛，王明君，2013. 放牧对三江平原小叶章草甸初级生产力及营养动态的影响[J]. 草地学报，21(3)：446-451.
刘凤山，陶福禄，肖登攀，等，2014. 土地利用类型转换对地表能量平衡和气候的影响——基于SiB2模型的模拟结果[J]. 地理科学进展，33(6)：815-824.
刘虎俊，王继和，杨自辉，等，2005. 干旱区盐渍化土地工程治理技术研究[J]. 中国农学通报，21(4)：329-333.
刘佳，同小娟，张劲松，等，2014. 太阳辐射对黄河小浪底人工混交林净生态系统碳交换的影响[J]. 生态学报，34(8)：2118-2127.
刘晶静，吴伟祥，丁颖，等，2010. 氨氧化古菌及其在氮循环中的重要作用[J]. 应用生态学报，21(8)：2154-2160.
刘宁，孙鹏森，刘世荣，等，2013. 流域水碳过程耦合模拟——WaSSI-C模型的率定与检验[J]. 植物生态学报，37(6)：492-502.
刘宁，孙鹏森，刘世荣，2012. 陆地水-碳耦合模拟研究进展[J]. 应用生态学报，23(11)：3187-3196.
刘苏峡，毛留喜，莫兴国，等，2008. 黄河沿岸陕豫区土壤水分的空间变化特征及驱动力因子分析[J]. 气候与环境研究，13(5)：645-657.
刘苏峡，莫兴国，李俊，等，1999. 土壤水分及土壤-大气界面对麦田水热传输的作用[J]. 地理研究，18(1)：24-30.
刘文玉，吴湘滨，安静，等，2010. 滑坡灾害危险性评价信息图谱研究——以福建省莆田市为例[J]. 灾害学，25(2)：21-25.
刘昱，陈敏鹏，陈吉宁，2015. 农田生态系统碳循环模型研究进展和展望[J]. 农业工程学报，31(3)：1-9.
刘月岩，乔匀固，董宝娣，等，2013. CO_2浓度升高对小麦水分利用效率的影响研究综述[J]. 气候变化研究快报，2(1)：9-14.
刘占才，2008. 干旱区城市生态安全评价——以兰州市为例[J]. 安徽农业科学，36(4)：1523-1525.
刘赵文，2017. 湿地生态系统碳循环研究进展[J]. 安徽农学通报，23(6)：121-124.
柳新伟，周厚诚，李萍，等，2004. 生态系统稳定性定义剖析[J]. 生态学报，24(11)：2635-2640.
卢俐，刘绍民，孙敏章，等，2005. 大孔径闪烁仪研究区域地表通量的进展[J]. 地球科学进展，

20(9):932-939.

卢玲,李新,黄春林,等,2007. 中国西部植被水分利用效率的时空特征分析[J]. 冰川冻土(5):777-784.

卢琦,赵体顺,罗天祥,等,1996. 黄山松天然林与人工林物种多样性和林分生长规律的比较研究[J]. 林业科学研究,9(3):273-277.

鲁春霞,于云江,关有志,2001. 甘肃省土壤盐渍化及其对生态环境的损害评估[J]. 自然灾害学报,10(1):99-102.

栾军伟,崔丽娟,宋洪涛,等,2012. 国外湿地生态系统碳循环研究进展[J]. 湿地科学,10(2):235-242.

罗廷彬,任葳,谢春虹,2001. 新疆盐碱地生物改良的必要性与可行性[J]. 干旱区研究,18(1):46-48.

罗永清,赵学勇,李美霞,2012. 植物根系分泌物生态效应及其影响因素研究综述[J]. 应用生态学报,23(12):3496-3504.

吕爱锋,王纲胜,陈嘻,等,2004. 基于GIS的分布式水文模型系统开发研究[J]. 中国科学院大学学报,21(1):56-62.

马风云,2002. 生态系统稳定性若干问题研究评述[J]. 中国沙漠,22(4):401-407.

马建业,佟小刚,李占斌,等,2016. 毛乌素沙地沙漠化逆转过程土壤颗粒固碳效应[J]. 应用生态学报(11):3487-3494.

马克明,傅伯杰,黎晓亚,等,2004. 区域生态安全格局:概念与理论基础[J]. 生态学报,24(4):761-768.

马兴旺,李保国,吴春荣,等,2002. 绿洲区土地利用对地下水影响的数值模拟分析[J]. 资源科学,24(2):49-55.

毛学森,1998. 水泥硬壳覆盖对土水盐运动及作物生长发育的影响[J]. 中国农业气象,19(1):26-29.

梅安心,彭望禄,秦其明,等,2001. 遥感导论[M]. 北京:高等教育出版社.

孟凤轩,马兴旺,罗新湖,等,2008. 伊犁河流域新垦区盐渍化土壤的改良培肥[J]. 新疆农业科学,45(S3):29-32.

孟磊,丁维新,蔡祖聪,等,2005. 长期定量施肥对土壤有机碳储量和土壤呼吸影响[J]. 地球科学进展,20(6):687-692.

孟庆功,许达,2010. 新型生物脱氮途径-厌氧氨氧化研究进展[J]. 中国资源综合利用,28(11):35-37.

莫兴国,刘苏峡,林忠辉,等,2011. 华北平原蒸散和GPP格局及其对气候波动的响应[J]. 地理学报,66(5):589-598.

穆少杰,周可新,陈奕兆,等,2014. 草地生态系统碳循环及其影响因素研究进展[J]. 草地学报,22(3):439-447.

那音太,秦福莹,乌兰图雅,2010. 科尔沁左移后旗土地荒漠化动态变化与原因分析[J]. 内蒙古师范大学学报(自然科学汉文版). 39(6):612-622.

倪盼盼,朱元骏,巩铁雄,2017. 黄土塬区降水变化对冬小麦土壤耗水特性及水分利用效率的影响[J]. 干旱地区农业研究,35(4):80-87.

欧阳志云,王效科,苗鸿,1999. 中国陆地生态系统服务功能及其生态经济价值的初步研究[J]. 生态学报,19(5):608-613.

潘根兴,李恋卿,张旭辉,2002. 土壤有机碳库与全球变化研究的若干前沿问题——兼开展中国水稻土有机碳固定研究的建议[J]. 南京农业大学学报,25(3):100-109.

潘根兴,李恋卿,郑聚锋,等,2008. 土壤碳循环研究及中国稻田土壤固碳研究的进展与问题[J]. 土壤学报,45(5):901-914.

潘竟虎,刘菊玲,王建,2004. 基于遥感与 GIS 的江河源区土地利用动态变化研究[J]. 干旱区地理,27(3):419-425.

潘颜霞,王新平,2007. 荒漠人工植被区浅层土壤水分空间变化特征分析[J]. 中国沙漠,27(2):250-256.

庞雅颂,王琳,2014. 区域生态安全评价方法综述[J]. 中国人口·资源与环境,24(S1):340-344.

彭俊杰,何兴元,陈振举,等,2012. 华北地区油松林生态系统对气候变化和 CO_2 浓度升高的响应——基于 BIOME-BGC 模型和树木年轮的模拟[J]. 应用生态学报,23(7):1733-1742.

普宗朝,张山清,杨琳,等,2009. 1961—2008 年新疆克拉玛依市气候变化分析[J]. 新疆农业大学学报,32(4):55-60.

戚仁海,熊斯顿,2007. 基于景观格局和网络分析法的崇明绿地系统现状和规划的评价[J]. 生态科学,26(3):208-214.

亓雪勇,田庆久,2005. 光学遥感大气校正研究进展[J]. 国土资源遥感(4):1-6.

齐清文,池天河,2001 地学信息图谱的理论和方法[J]. 地理学报,17(z1):8-18.

邱建军,王立刚,唐华俊,等,2004. 东北三省耕地土壤有机碳储量变化的模拟研究[J]. 中国农业科学,37(8):1166-1171.

仇宽彪,成军锋,2015. 陕西省植被水分利用效率及与气候因素的关系[J]. 水土保持研究,22(6):256-260.

仇宽彪,成军锋,贾宝全,2015. 中国中东部农田作物水分利用效率时空分布及影响因子分析[J]. 农业工程学报,31(11):103-109.

曲格平,2002. 关注生态安全之一:生态安全问题已成为国家安全的热门话题[J]. 环境保护(5):3-5.

曲卫东,陈云明,王琳琳,等,2011. 黄土丘陵区柠条人工林土壤有机碳动态及其影响因子[J]. 中国水土保持科学,9(4):72-77.

全达人,朱建纲,立秀琴,1995. 论产粮大县平罗的盐碱地改良与排水[J]. 宁夏农学院学报,16:3-11.

任春颖,刘湘南,2004. 区域土地利用变化信息图谱模型研究[J]. 地理与地理信息科学,20(6):13-17.

任晶,2010. 大庆市盐渍化土壤绿化技术的研究[D]. 大庆:黑龙江八一农垦大学.

任平,洪步庭,周介铭,2013. 长江上游农业主产区耕地生态安全评价与空间特征研究[J]. 中国人口·资源与环境,23(12):65-69.

芮建勋,2007. 上海市城市绿地景观的信息图谱[J]. 上海师范大学学报(自然科学版),36(1):95-101.

桑永青,马娟娟,孙西欢,等,2016. 蓄水坑灌下不同灌水对新梢旺长期苹果园 SPAC 系统水势影响研究[J]. 节水灌溉,40(3):6-10.
沈永平,王国亚,2013. IPCC 第一工作组第 5 次评估报告对全球气候变化认知的最新科学要点[J]. 冰川冻土,35(5):1068-1076.
盛雅琪,2017. pH 对土壤生物炭固碳效果的影响及机制[D]. 杭州:浙江大学.
石书静,高志岭,2012. 不同通量计算方法对静态箱法测定农田 N_2O 排放通量的影响[J]. 农业环境科学学报,31(10):2060-2065.
史奕,陈欣,杨雪莲,等,2003. 土壤"慢"有机碳库研究进展[J]. 生态学杂志,22(5):108-112.
宋冰,牛书丽,2016. 全球变化与陆地生态系统碳循环研究进展[J]. 西南民族大学学报(自然科学版),42(1):14-23.
宋成军,马克明,傅伯杰,等,2009. 固氮类植物在陆地生态系统中的作用研究进展[J]. 生态学报,29(2):869-877.
宋春林,孙向阳,王根绪,2015. 森林生态系统碳水关系及其影响因子研究进展[J]. 应用生态学报,26(9):2891-2902.
宋晓宇,王纪华,刘良云,等,2005. 基于高光谱遥感数据的大气纠正:用 AVIRIS 数据评价大气纠正模块 FLAASH[J]. 遥感技术与应用,20(4):393-398.
孙秋梅,李志忠,武胜利,等,2007. 和田河流域绿洲荒漠过渡带土地荒漠化过程研究[J]. 干旱区资源与环境,21(6):136-141.
谈迎新,於忠祥,2012. 基于 DSR 模型的淮河流域生态安全评价研究[J]. 安徽农业大学学报:社会科学版,21(5):35-39.
唐彬,谢小立,彭英湘,等,2006. 红壤丘岗坡地土地利用与土壤水分的时空变化关系[J]. 生态与农村环境学报,22(4):8-13.
唐罗忠,生原喜久雄,黄宝龙,等,2004. 江苏省里下河地区杨树人工林的碳储量及其动态[J]. 南京林业大学学报,28(2):1-6.
唐泽圣,1999. 3D 数据场可视化[M]. 北京:清华大学出版社.
唐治学,1986. 柠檬酸渣改良碱化土壤的研究[J]. 河南农业科学,14(12):8-9.
陶宝先,陈永金,2016. 不同形态氮输入对湿地生态系统碳循环影响的研究进展[J]. 生态环境学报,25(1):162-167.
陶波,葛全胜,李克让,等,2001. 陆地生态系统碳循环研究进展[J]. 地理研究,20(5):564-575.
陶军,张树杰,焦加国,等,2010. 蚯蚓对秸秆还田土壤细菌生理菌群数量和酶活性的影响[J]. 生态学报,30(5):1306-1311.
陶爽,华晓雨,王英男,等,2017. 不同氮素形态对植物生长与生理影响的研究进展[J]. 贵州农业科学,45(12):64-68.
田大伦,方晰,项文化,2004. 湖南会同杉木人工林生态系统碳素密度[J]. 生态学报,24(11):2382-2386.
田汉勤,刘明亮,张弛,等,2010. 全球变化与陆地系统综合集成模拟——新一代陆地生态系统动态模型(DLEM)[J]. 地理学报,65(9):1027-1047.
田丽萍,徐敏,郑晓峰,2005. 盐碱地改良及造林技术的探讨[J]. 防护林科技,65(2):76-78.
田永中,岳天祥,2003. 地学信息图谱的研究及其模型应用探讨[J]. 地球信息科学,8(3):103-106.
田园宏,诸大建,王欢明,等,2013. 中国主要粮食作物的水足迹值:1978—2010[J]. 中国人口·资源与环境,23(6):122-128.
田长彦,周宏飞,刘国庆,2000.21世纪新疆土壤盐渍化调控与农业持续发展研究建议[J].干旱区地理,23(2):177-181.
万江波,祝国瑞,彭秋苟,2005.土地利用信息图谱的研究及应用[J].武汉大学学报(信息科学版),30(4):355-358.
万盛,宋新山,秦天玲,等,2017.农田生态系统碳循环模型研究综述[J].中国农村水利水电(4):58-61.
万运帆,李玉娥,林而达,等,2006.静态箱法测定旱地农田温室气体时密闭时间的研究[J].中国农业气象,27(2):122-124.
汪森,2013.森林生态系统碳循环研究进展[J].安徽农业科学,41(4):1560-1563.
王宝良,2009.黄土高原丘陵沟壑土壤有机质时空变异规律——以长武县为例[D].南京:南京林业大学.
王春娜,宫伟光,2004.盐碱地改良的研究进展[J].防护林科技,62(5):38-41.
王春娜,2005.植物耐盐性分析及对土壤特征的适应研究[D].哈尔滨:东北林业大学.
王耕,吴伟,2005.基于GIS的西辽流域生态安全空间分异特征[J].环境科学,26(5):28-33.
王红丽,李艳丽,张文佺,等,2008.湿地土壤在湿地环境功能中的角色与作用[J].环境科学与技术,31(9):62-66.
王化齐,蔡焕杰,张鑫,2006.石羊河下游民勤绿洲恢复地下水位EWD研究[J].水土保持通报,26(1):44-49.
王会肖,刘昌明,1997.农田蒸散、土壤蒸发与水分有效利用[J].地理学报,64(5):447-454.
王建华,2002.空间信息可视化[M].北京:测绘出版社.
王建林,房全孝,杨新民,等,2012. CO_2 浓度倍增对8种作物叶片光合作用、蒸腾作用和水分利用效率的影响[J].植物生态学报,36(5):438-446.
王建林,于贵瑞,房全孝,等,2008.不同植物叶片水分利用效率对光和 CO_2 的响应与模拟[J].生态学报,27(2):525-533.
王健美,杨国范,周林滔,2016.基于SEBS模型反演凌河流域尺度地表蒸散发量[J].灌溉排水学报,35(2):95-99.
王久志,1986.沥青乳剂改良盐碱地的效果[J].山西农业科学(5):3-14.
王娟,崔保山,卢远,等,2006.生态系统服务价值在土地利用规划中的作用[J].水土保持学报,20(1):160-180.
王峻,薛永,潘剑君,等,2018.耕作和秸秆还田对土壤团聚体有机质及其作物产量的影响[J].水土保持学报,32(5):124-130.
王丽芹,齐玉春,董云社,等,2015.冻融作用对陆地生态系统氮循环关键过程的影响效应及其机制[J].应用生态学报,26(11):3532-3544.
王孟本,李洪建,1995.晋西北黄土区人工林土壤水分动态的定量研究[J].生态学报,15(2):178-184.
王娜,朱小叶,方晰,等,2018.中亚热带退化林地土壤有机碳及不同粒径土壤颗粒有机碳的变化[J].水土保持学报,32(3):221-228.
王鹏,宋献方,袁瑞强,等,2011.基于Hydrus-1d模型的农田SPAC系统水分通量估算——以山西省运城市董村农场为例[J]. 地理研究,30(4):622-634.
王让会,2008. 城市生态资产评估与环境危机管理[M]. 北京:气象出版社.
王让会,2014. 生态工程的生态效应研究[M]. 北京:科学出版社.
王让会,2019. 环境信息科学:理论、方法与技术[M]. 北京:科学出版社.
王让会,卢新民,宋郁东,等,2003. 西部干旱区生态需水的规律及特点——以塔里木河下游绿色走廊为例[J]. 应用生态学报,14(4):520-524.
王让会,宋郁东,樊自立,等,2001. 塔里木河流域"四源一干"EWD的估算[J]. 水土保持学报,15(1):19-22.
王让会,于谦龙,李凤英,等,2005. 基于生态水文学的新疆绿洲生态用水若干问题[J]. 水土保持通报,25(5):100-104.
王让会,张慧芝,1999. Geomatics与数字地球[J]. 地球信息科学,4(2):85-88.
王邵军,蔡秋锦,阮宏华,2007. 土壤线虫群落对闽北森林植被恢复的响应[J]. 生物多样性,15(4):356-364.
王邵军,阮宏华,2011. 全球变化背景下森林生态系统碳循环及其管理[J]. 南京林业大学学报(自然科学版),35(2):113-116.
王世贵,1988. 河南盐碱水[J]. 河南地质,6(2):45-52.
王树涛,门明新,刘微,等,2007. 农田土壤固碳作用对温室气体减排的影响[J]. 生态环境,16(6):1775-1780.
王水献,吴彬,杨鹏年,等,2011. 焉耆盆地绿洲灌区生态安全下的地下水埋深合理界定[J]. 资源科学,33(3):422-430.
王素敏,翟辉琴,2004. 遥感技术在中国土地利用-覆盖变化中的应用[J]. 地理空间信息,2(2):31-38.
王文强,2008. 综合指数法在地下水水质评价中的应用[J]. 水利科技与经济,14(1):54-55.
王效科,冯宗炜,2000. 中国森林生态系统中植物固定大气碳的潜力[J]. 生态学杂志,19(4):72-74.
王兴昌,王传宽,2015. 森林生态系统碳循环的基本概念和野外测定方法评述[J]. 生态学报,35(13):4241-4256.
王英杰,袁勘省,余卓渊,2003. 多维动态地学信息可视化[M]. 北京:科学出版社.
王永清,1999. 碱化土壤上磷石膏的施用效果[J]. 土壤通报,30(2):51-52.
王云霓,熊伟,王彦辉,等,2012. 干旱半干旱地区主要树种叶片水分利用效率研究综述[J]. 世界林业研究,25(2):17-23.
王遵亲,1993. 中国盐渍土[M]. 北京:科学出版社.
位贺杰,张艳芳,董孝斌,等,2016. 渭河流域植被水分利用率遥感估算及其时空特征[J]. 自然资源学报,31(8):1275-1288.
魏怀东,丁峰,高志海,2004. 基于遥感和GIS的古浪县土地利用及荒漠化动态研究[J]. 遥感技术与应用,19(5):353-358.
温芝元,曹乐平,2006. 复杂生态系统稳定性的人工神经网络建模[J]. 湖南农业大学学报(自然科学版),32(6):674-678.
巫芯宇,廖和平,杨伟,2013. 耕作方式对稻田土壤有机碳与易氧化有机碳的影响[J]. 农机化研究,35(1):184-188.
吴加敏,姚建华,张永庭,等,2007. 银川平原土壤盐渍化与中低产田遥感应用研究[J]. 遥感学报,11(3):414-419.
吴建国,吕佳佳,2008. 土壤有机碳和氮分解对温度变化的响应机制[J]. 生态学杂志,27(9):1601-1611.
吴金水,肖和艾,2004. 土壤微生物生物量碳的表观周转时间测定方法[J]. 土壤学报,41(3):401-407.
吴茂全,胡蒙蒙,汪涛,等,2019. 基于生态安全格局与多尺度景观连通性的城市生态源地识别[J]. 生态学报,39(13):4720-4731.
吴明辉,宁虎森,王让会,等,2010. 克拉玛依地区二氧化碳减排林地下水动态变化及合理生态水位分析[J]. 水土保持通报,30(4):129-133.
吴普特,孙世坤,王玉宝,等,2017. 作物生产水足迹量化方法与评价研究[J]. 水利学报,48(6):651-660.
吴世新,周可法,刘朝霞,等,2005. 新疆地区近10年来土地利用变化的时空特征与动因分析[J]. 干旱区地理,28(1):52-58.
吴玮,吴昌林,吴鹿鸣,等,2002. 结合AUTOCAD、3DMAX及VRML实现WEB3D动画[J]. 机械设计与制造,8(4):46-47.
吴险峰,王中根,刘昌明,等,2002. 基于DEM的数字降水径流模型——在黄河小花间的应用[J]. 地理学报,57(6):671-678.
吴学明,张怀清,林辉,等,2012. 人工林经营流程式可视化模拟方法研究[J]. 林业资源管理(1):95-99.
吴兆丹,赵敏,Lall U,等,2013. 关于中国水足迹研究综述[J]. 中国人口·资源与环境,23(11):73-80.
武永利,田国珍,2011. 基于MERSI数据的山西森林覆盖监测[J]. 林业科学,47(2):25-29.
夏磊,2015. 全球陆地生态系统水分利用效率及人为用地植被缺失热效应估算[D]. 北京:中国科学院研究生院.
肖春旺,2001. 模拟降水量对毛乌素沙柳幼苗蒸发蒸腾的潜在影响[J]. 草地学报,9(2):121-127.
肖笃宁,陈文波,郭福良,2002. 论生态安全的基本概念和研究内容[J]. 应用生态学报,13(3):354-358.
肖笃宁,解伏菊,魏建兵,2004. 区域生态建设与景观生态学的使命[J]. 应用生态学报,15(10):1731-1736.
肖复明,范少辉,汪思龙,等,2009. 湖南会同毛竹林土壤碳循环特征[J]. 林业科学,45(6):11-15.
肖玲,赵先贵,许华兴,2013. 山东省碳足迹与碳承载力的动态研究[J]. 生态与农村环境学报,29(2):152-157.
肖如林,苏奋振,2010. 3D虚拟地球的海洋信息适用性分析及原型研究[J]. 地球信息科学学报,12(4):555-561.
谢高地,肖玉,鲁春霞,2006. 生态系统服务研究:进展、局限和基本范式[J]. 植物生态学报,30(2):191-199.
谢花林,李波,2004. 城市生态安全评价指标体系与评价方法研究[J]. 北京师范大学学报(自然科学版),40(5):705-710.
熊黑钢,秦珊,2006. 新疆森林生态系统服务功能经济价值估算[J]. 干旱区资源与环境,20(6):146-151.
熊晓虎,2016. [14]C 在 TE 碳循环研究中的应用及进展[J]. 地球环境学报,7(4):335-345.
徐冠华,孙枢,陈运泰,等,1999. 迎接"数字地球"的挑战[J]. 遥感学报,3(2):85-89.
徐海根,2000. 自然保护区生态安全设计的原理与方法[M]. 北京:中国环境科学出版社.
徐敏,方朝阳,朱庆,等,2009. 海洋大气环境的多维动态可视化系统的设计与实现[J]. 武汉大学学报(信息科学版),34(1):57-63.
徐清平,2005. 氮循环与固氮[J]. 中学生物学,21(3):11-13.
徐胜祥,史学正,赵永存,等,2012. 不同耕作措施下江苏省稻田土壤固碳潜力的模拟研究[J]. 土壤,44(2):136-147.
徐淑新,张丽华,郭笃发,等,2010. 草地生态系统碳通量研究进展[J]. 环境科学与管理,35(7):146-149.
徐晓桃,2008. 黄河源区 NPP 及植被水分利用效率时空特征分析[D]. 兰州:兰州大学.
徐晓梧,余新晓,贾国栋,等,2017. 基于稳定同位素的SPAC水碳拆分及耦合研究进展[J]. 应用生态学报,28(7):2369-2378.
徐新良,曹明奎,李克让,2007. 中国森林生态系统植被碳储量时空动态变化研究[J]. 地理科学进展,26(6):1-10.
许慰睽,陆炳章,1990. 应用免耕覆盖法改良新垦盐荒地的效果[J]. 土壤. 2(1):17-19.
许文强,陈曦,罗格平,等,2011. 土壤碳循环研究进展及干旱区土壤碳循环研究展望[J]. 干旱区地理,34(4):614-620.
许英勤,吴世新,刘朝霞,等,2003. 塔里木河下游垦区绿洲生态系统服务的价值[J]. 干旱区地理,26(3):208-216.
严菊芳,张嵩午,刘党校,2011. 干旱胁迫条件下冷型小麦灌浆结实期的农田热量平衡[J]. 生态学报,31(3):770-776.
阎秀峰,孙国荣,2000. 星星草生理生态学研究[M]. 北京:科学出版社.
杨存建,陈静安,白忠,等,2009. 利用遥感和 GIS 进行四川省生态安全评价研究[J]. 电子科技大学学报,38(5):700-706.
杨钙仁,童成立,张文菊,等,2005. 陆地碳循环中的微生物分解作用及其影响因素[J]. 土壤通报,36(4):605-609.
杨黎芳,李贵桐,赵小蓉,等,2007. 栗钙土不同土地利用方式下有机碳和无机碳剖面分布特征[J]. 生态环境,16(1):158-162.
杨利民,韩梅,周广胜,等,2007. 中国东北样带关键种羊草水分利用效率与气孔密度[J]. 生态学报,27(1):16-24.
杨培岭,2005. 土壤与水资源学基础[M]. 北京:中国水利水电出版社.
杨启良,张富仓,刘小刚,等,2011. 植物水分传输过程中的调控机制研究进展[J]. 生态学报,31(15):4427-4436.
杨婷,魏晓妹,胡国杰,等,2011. 灰色 BP 神经网络模型在民勤盆地地下水埋深动态预测中的应用[J]. 干旱地区农业研究,29(2):204-208.

杨晓光，刘海隆，于沪宁，2003. 夏玉米农田 SPAC 系统水分传输势能及其变化规律研究[J]. 中国生态农业学报，11(1)：27-29.
杨昕，王明星，黄耀，2001. 1901—1995 年气候变化导致陆地生态系统净吸收碳[J]. 大气科学进展，18(6)：1192-1206.
杨鑫，2008. 浅谈遥感图像监督分类与非监督分类[J]. 四川地质学报，28(3)：251-254.
杨永兴，2002. 国际湿地科学研究的主要特点、进展与展望[J]. 地理科学进展，21(2)：111-120.
姚解生，田静毅，2007. 基于 3S 技术的生态安全动态监测——以秦皇岛为例[J]. 中国环境管理干部学院学报，17(3)：31-43.
姚晓蕊，潘存德，张荟荟，等，2008. 土地开发后克拉玛依农业开发区水土环境特征研究[J]. 新疆农业大学学报，31(1)：1-6.
要世瑾，杜光源，牟红梅，等，2016. NMR 在土壤-植物-大气连续体研究中的应用[J]. 应用生态学报，27(1)：315-326.
叶菁，王义祥，翁伯琦，2018. 热带、亚热带红壤区经济林生态系统碳循环研究综述[J]. 福建农业科技(12)：55-59.
叶庆华，陈沈良，黄罡，等，2007. 近、现代黄河尾闾摆动及其亚三角洲体发育的景观信息图谱特征[J]. 中国科学(D 辑)，37(6)：813-823.
叶善椿，韩军，2018. 基于 DPSER 模型的生态港口评价[J]. 集美大学学报：自然科学版，23(1)：39-45.
尹传华，冯固，田长彦，2008. 干旱区柽柳灌丛下土壤有机质、盐分的富集效应研究[J]. 中国生态农业学报，16(1)：263-265.
尹怀宁，白鸿祥，郑应顺，等，1998. 辽北平原苏打盐渍土增施泥炭对土壤盐分的影响[J]. 应用生态学报，9(5)：491-495.
游成铭，胡中民，郭群，等，2016. 氮添加对内蒙古温带典型草原生态系统碳交换的影响[J]. 生态学报，36(8)：2142-2150.
于贵瑞，高扬，王秋凤，等，2013. 蒸散发碳-氮-水循环的关键耦合过程及其生物调控机制探讨[J]. 中国生态农业学报，21(1)：1-13.
于贵瑞，王秋凤，方华军，2014. 蒸散发碳-氮-水耦合循环的基本科学问题、理论框架与研究方法[J]. 第四纪研究，34(4)：683-698.
于贵瑞，王秋凤，于振良，2004. 陆地生态系统水-碳耦合循环与过程管理研究[J]. 地球科学进展，19(5)：831-839.
于贵瑞，王秋凤，朱先进，2011. 区域尺度陆地生态系统碳收支评估方法及其不确定性[J]. 地理科学进展，30(1)：103-113.
于贵瑞，2003. 全球变化与陆地生态系统碳循环和碳蓄积[M]. 北京：气象出版社.
于静洁，刘昌明，1989. 森林水文学研究综述[J]. 地理研究，8(1)：65-72.
于洋，2013. 高寒沙地不同林龄乌柳人工防护林固碳功能[D]. 北京：中国林业科学研究院.
余灏哲，韩美，2017. 基于水足迹的山东省水资源可持续利用时空分析[J]. 自然资源学报，32(3)：474-483.
俞孔坚，1999. 生物保护的景观生态安全格局[J]. 生态学报，19(1)：8-15.
袁红朝，李春勇，简燕，等，2014. 稳定同位素分析技术在农田生态系统土壤碳循环中的应用[J].

同位素,27(3):170-178.
岳天祥,1999. 空间异质性定量研究方法[J]. 地球信息科学,4(2):75-79.
张百平,周成虎,陈述彭,2003. 中国山地垂直带信息图谱的探讨[J]. 地理学报,58(2):163-171.
张彪,李文华,谢高地,等,2009. 森林生态系统的水源涵养功能及其计算方法[J]. 生态学杂志,28(3):529-534.
张超,黄清麟,朱雪林,等,2011. 基于 ETM+和 DEM 的西藏灌木林遥感分类技术[J]. 林业科学,47(1):15-21.
张东辉,施明恒,金峰,等,2000. 土壤有机碳转化与迁移研究概况[J]. 土壤,32(6):305-309.
张冈,2007. 苜蓿对河西走廊盐渍化土壤的改良效果[D]. 兰州:兰州大学.
张广顺,张玉香,1996. 建设中国遥感卫星辐射校正场的构想[J]. 气象,22(9):15-18.
张国庆,黄从德,郭恒,等,2007. 不同密度马尾松人工林生态系统碳储量空间分布格局[J]. 浙江林业科技,27(6):10-14.
张宏伟,陈港,2002. 腐殖酸共聚物改良后土壤中磷肥有效性的研究[J]. 土壤肥料(6):39-40.
张慧芝,李锦,王让会,等,2009. 极端干旱区生态信息表达方法[J]. 水土保持通报,29(4):101-105.
张建锋,张旭东,周金星,等,2005. 世界盐碱地资源及其改良利用的基本措施[J]. 水土保持研究,12(6):28-31.
张建锋,乔通进,焦明,等,1997. 盐碱地改良利用研究进展[J]. 山东林业科技(3):25-28.
张晶,韦中亚,邬伦,2001. 数字城市实现的技术体系研究[J]. 地理学与国土研究,17(3):26-30.
张景慧,黄永梅,2016. 生物多样性与稳定性机制研究进展[J]. 生态学报,36(13):3859-3870.
张丽辉,孔东,张艺强,2001. 磷石膏在碱化土壤改良中的应用及效果[J]. 内蒙古农业大学学报,22(2):97-100.
张良侠,胡中民,樊江文,等,2014. 区域尺度生态系统水分利用效率的时空变异特征研究进展[J]. 地球科学进展,29(6):691-699.
张林,黄永,罗天祥,等,2005. 林分各器官生物量随林龄的变化规律——以杉木、马尾松人工林为例[J]. 中国科学院研究生院学报,22(2):170-178.
张美玲,蒋文兰,陈全功,等,2011. 草地净第一性生产力估算模型研究进展[J]. 草地学报,19(2):356-366.
张梦婕,官冬杰,苏维词,2015. 基于系统动力学的重庆三峡库区生态安全情景模拟及指标阈值确定[J]. 生态学报,35(14):880-4890.
张娜,姚晓洁,2019. 江西马头山国家自然保护区生态系统稳定性研究[J]. 安徽建筑大学学报,27(2):1-5.
张娜,2006. 生态学中的尺度问题:内涵与分析方法[J]. 生态学报,26(7):2341-2342.
张欧阳,张红武,2002. 数字流域及其在流域综合管理中的应用[J]. 地理科学进展,21(1):66-72.
张赛,王龙昌,2013. 全球变化背景下农田生态系统碳循环研究[J]. 农机化研究,35(1):4-9.
张彤,蔡永立,2004. 谈生态学研究中的尺度问题[J]. 生态科学,23(2):175-178.
张伟,王根绪,周剑,等,2012. 基于 CoupModel 的青藏高原多年冻土区土壤水热过程模拟[J]. 冰川冻土,34(5):1099-1109.
张小全,侯振宏,2003. 森林、造林、再造林和毁林的定义与碳计量问题[J]. 林业科学,39(2):

145-152.
张旭博,楠孙,徐明岗,等,2014. 全球气候变化下中国农田土壤碳库未来变化[J]. 中国农业科学,47(23):4648-4657.
张颖,2001. 森林生物多样性价值核算的现状及面临的问题[J]. 林业科技管理(1):17-20.
张远,郝彦斌,崔丽娟,等,2017. 极端干旱对若尔盖高原泥炭地生态系统 CO_2 通量的影响[J]. 中国科学院大学学报,34(4):66-74.
张远东,庞瑞,顾峰雪,等,2016. 西南高山地区水分利用效率时空动态及其对气候变化的响应[J]. 生态学报,36(6):1515-1525.
张治国,胡友彪,郑永红,等,2016. 陆地土壤碳循环研究进展[J]. 水土保持通报,36(4):339-345.
张子峰,2007. 大庆盐渍土壤特征值及生物量的空间异质性研究[D]. 哈尔滨:东北林业大学.
赵海凤,闫昱霖,张彩虹,等,2014. 森林参与碳循环的 3 种模式:机制与选择[J]. 林业科学,50(10):134-139.
赵静,2011. 基于地学信息图谱的龙口市土地利用动态变化研究[J]. 山东国土资源,27(1):30-32.
赵可夫,范海,江行玉,等,2002. 盐生植物在盐渍土壤改良中的作用[J]. 应用与环境生物学报,8(1):31-35.
赵玲玲,夏军,许崇育,等,2013. 水文循环模拟中蒸散发估算方法综述[J]. 地理学报,68(1):127-136.
赵荣钦,李志萍,韩宇平,等,2016. 区域"水-土-能-碳"耦合作用机制分析[J]. 地理学报,71(9):1613-1628.
赵瑞,2006. 煤烟脱硫副产物改良碱土壤研究[D]. 北京:北京林业大学.
赵威,李琳,2018. 不同草地利用方式对暖性(灌)草丛类草地固碳能力的影响[J]. 草业学报,27(11):4-17.
赵文智,程国栋,2001a. 生态水文学——揭示生态格局和生态过程水文学机制的科学[J]. 冰川冻土,23(4):450-457.
赵文智,程国栋,2001b. 干旱区生态水文过程研究若干问题评述[J]. 科学通报,46(22):1851-1857.
赵先贵,马彩虹,肖玲,等,2013. 北京市碳足迹与碳承载力的动态研究[J]. 干旱区资源与环境,27(10):8-12.
赵运林,2006. 城市生态安全评价指标体系与结构功能分析[J]. 湖南城市学院学报:自然科学版,15(3):1-4.
赵宗慈,罗勇,黄建斌,2018. 回顾 IPCC30 年(1988—2018 年)[J]. 气候变化研究进展,14(5):540-546.
郑纪勇,邵明安,张兴昌,2004. 黄土区坡面表层土壤容重和饱和导水率空间变异特征[J]. 水土保持学报,18(3):53-56.
郑聚锋,程琨,潘根兴,等,2011. 关于中国土壤固碳潜力及固碳潜力研究的若干问题[J]. 科学通报,56(26):2162-2173.
郑永宏,2004. 沧州滨海区盐碱地整理模式研究——以孟村回族自治县辛店镇土地整理项目为例[D]. 石家庄:河北师范大学.
中国科学院土壤研究所编译室,1964. 盐渍土问题译文集[C]. 北京:科学出版社.

周才平,欧阳华,王勤学,等,2004. 青藏高原主要生态系统净初级生产力的估算[J]. 地理学报,59(1):74-79.

周广胜,张新时,1995. 自然植被净第一性生产力模型初探[J]. 植物生态学报,19(3):193-200.

周俊,徐建刚,2002. 小城镇信息图谱初探[J]. 地理科学,22(3):324-330.

周涛,史培军,王绍强,2003. 气候变化及人类活动对中国土壤有机碳储量的影响[J]. 地理学报,58(5):727-734.

周艳松,王立群,2011. 星毛委陵菜根系构型对草原退化的生态适应[J]. 植物生态学报,35(5):490-499.

周仰效,李文鹏,2007. 区域地下水位监测网优化设计方法[J]. 水文地质工程地质,34(1):1-9.

朱静平,程凯,2011. 3 种水培植物根系分泌的有机酸对氮循环菌的影响[J]. 环境工程学报,5(9):2139-2143.

朱旻,王让会,吕雅,2014. 艾比湖流域能源消费碳足迹与植被碳承载力研究[J]. 湖北农业科学,53(10):2278-2283.

朱文泉,陈云浩,徐丹,等,2005. 陆地植被净初级生产力计算模型研究进展[J]. 生态学杂志,24(3):296-300.

朱先进,张函奇,殷红,2017. 增温影响陆地生态系统呼吸的研究进展[J]. 沈阳农业大学学报,(5):7-15.

朱兆良,文启孝,1992. 中国土壤氮素[M]. 南京:江苏科学技术出版社.

祝寿泉,1978. 国外盐渍土研究工作简介[J]. 土壤,4:140-146.

邹桂霞,李铁军,李晓华,等,2000. 辽西北缓坡地杨树沙棘混交林地土壤水分变化规律研究[J]. 水土保持学报,14(5):55-57.

左伟,2002. 区域生态安全评价指标与标准研究[J]. 地理学与国土研究,18(2):67-71.

ALI S,XU Y,JIA Q,et al,2018. Interactive effects of planting models with limited irrigation on soil water,temperature,respiration and winter wheat production under simulated rainfall conditions [J]. Agricultural Water Management,204: 198-211.

ALLAN J A, 1998. Virtual Water: A strategic resource global solutions to regional deficits [J]. Groundwater,36(4): 545-546.

ALLEN H,ALBERT A,1995. Environmental indicators: A Systematic Approach to Measuring and Reporting on Environmental Policy Performance in the Context of Sustainable Development [M]. Washington D C,USA: Would Resource Institute.

ANDERS A,MICHAEL R R,GUY S,et al,2015. The dominant role of semi-arid ecosystems in the trend and variability of the land CO_2 sink[J]. Science,6237(348): 895-899.

ANDREW T Nottingham, 2020. Soil carbon loss by experimental warming in a tropical forest [J]. Nature,584:234-237.

BAIRD A J,WILBY R L,1998. Ecohydrology: Plants and water in terrestrial and aquatic environments [M]. London: Routledge:346-373.

BALDO G L,MARINO M,MONTANI M,et al,2009. The carbon footprint measurement toolkit for the EU Ecolabel[J]. International Journal of Life Cycle Assessment,14(7): 591-596.

BALDOCCHI D D,2003. Assessing the eddy covariance technique for evaluating carbon dioxide exchange rates of ecosystems: Past, present and future[J]. Global Change Biology, 9(4): 479-492.

BELINDA M, MARTIN D K, 2013. Biogeochemistry: Carbon dioxide and water use in forests[J]. Nature, 499(7458): 287-289.

BENJAMIN P, DAVID F, PHILIPPE C, et al, 2014. Contribution of semi-arid ecosystems to interannual variability of the global carbon cycle[J]. Nature, 509: 600-603.

BLACK T A, DEN HARTOG G, NEUMANN H H, et al, 1996. Annual cycles of water vapour and carbon dioxide fluxes in and above a boreal aspen forest[J]. Global Change Biology(2): 219-229.

BOGUSKI T K, 2010. Life cycle carbon footprint of the National Geographic magazine [J]. International Journal of Life Cycle Assessment, 15(7): 635-643.

BOHLKE J K, 2002. Groundwater recharge and agricultural contamination[J]. Hydrogeology Journal, 10(1): 153-179.

BOWEN I S, 1926. The ratio of heat losses by conduction and evaporation from any water surface [J]. Physical Review, 27(6): 779-787.

CHAPAGAIN A K, HOEKSTRA A Y, 2003. Virtual Water Trade: a quantification of virtual water flows between nations in relation to international crop trade[J]. Journal of Organic Chemistry, 11(7): 835-855.

CHAPAGAIN A K, HOEKSTRA A Y, 2007. The water footprint of coffee and tea consumption in the Netherlands[J]. Ecological Economics, 64(1): 109-118.

CHERY P, HUMBERTO B C, FABRICE D C, et al, 2014. Conservation agriculture and ecosystem services: An overview[J]. Agriculture, Ecosystems & Environment, 187:87-105.

COSTANZA R, D'ARGE R, DE GROOT R, et al, 1997. The value of the world's ecosystem services and natural capital[J]. Nature, 387(15): 253-259.

DEFRIES R S, FIELD C B, FUNG I, et al, 1999. Combining satellite data and biogeochemical models to estimate global effects of human-induced land cover change on carbon emissions and primary productivity[J]. Global Biogeochemical Cycles, 13(3): 803-815.

DIXON R K, BROWN S, HOUGHTON R A, et al, 1994. Carbon pool and flux of global forest ecosystems[J]. Science, 263:85.

DOUAOUI Abd EI Kadar, NIBOLAS Herve, WALTER Christian, 2006. Detecting salinity hazards within a semiarid context by means of combining soil and remote sensing data[J]. Geoderma, 134: 217-230.

DPCSD (United Nations Department for Policy Coordination and Sustainable Development), 1996. Indicators of Sustainable Development: Framework and Methodologies[M]. New York: Untied Nations.

DRUCKMAN A, JACKSON T, 2009. The carbon footprint of UK households 1990-2004: A socio-economically disaggregated, quasi-multi-regional input-output model[J]. Ecological Economics, 68 (7): 2066-2077.

ENTIN J K, ROBOCK A, VINNIKOV K Y, et al, 2000. Temporal and spatial scales of observed soil moisture variations in the extratropics [J]. Journal of Geophysical Research, 105 (D9): 11865-11877.

FELDMAN M S, HOWARD T, MCDONALD-Buller E, et al, 2010. Applications of satellite remote sensing data for estimating biogenic emissions in southeastern Texas[J]. Atmospheric Environment, 44(7): 917-929.

FLOWERS T J, 1999. Salinisation and horticultural production[J]. Scientia Horticulture, 78: 1-4.

FORMAN R T T, GODRON M G, 1986. Landscape Ecology [M]. New York: John Wiley & Sons.

GADALLAH M A, 1999. Effects of praline and glycinebetaine on Vieia faba response to salt stress [J]. Blologia Plantarum, 42: 249-257.

GALLI A, WIEDMANN T, ERCIN E, et al, 2011. Integrating ecological, carbon and water footprint into a "Footprint Family" of indicators: definition and role in tracking human pressure on the planet[J]. Ecological Indicators, 16: 100-112.

GARCÍA-Tejera O, LÓPEZ-BERNAL Á, ORGAZ F, et al, 2017. Analysing the combined effect of wetted area and irrigation volume on olive tree transpiration using a SPAC model with a multi-compartment soil solution[J]. Irrigation Science, 35(5): 409-423.

GARDNER W R, 1960. Dynamic aspects of water availability to plants[J]. Soil Science, 89(2): 63-73.

GENELETTI D, BEINAT E, CHUNG C F, et al., 2003. Accounting for uncertainty factors in biodiversity impact assessment: lessons from a case study[J]. Environmental impact assessment review, 23(4): 471-487.

GENXU W, GUODONG C, 2003. Several problems in ecological security assessment research[J]. Chinese Journal of Applied Ecology, 14(9): 1551-1555.

GURBACHAN S, SINGH G, 1995. Long term of amendments Prosopis juliflora and soil properties of a highly alkali soil[J]. Journal of Tropical Forest Science, 8(2): 225-239.

HAAS E M, BARTHOLOME E, COMBAL B, 2009. Time series analysis of optical remote sensing data for the mapping of temporary surface water bodies in sub-Saharan western Africa[J]. Journal of Hydrology, 370(1-4): 52-63.

HERTWICH E G, PETERS G P, 2009. Carbon Footprint of Nations: A Global, Trade-Linked Analysis[J]. Environmental Science Technology, 43(16): 6414-6420.

HOEKSTRA A Y, MEKONNEN M M, 2012. The water footprint of humanity[J]. PNAS, 109(9): 3232-3237.

HOEKSTRA A Y, 2009. Human appropriation of natural capital: A comparison of ecological footprint and water footprint analysis[J]. Ecological Economics, 68(7): 1963-1974.

JERRY A Griffith, 2004. The role of landscape pattern analysis in understanding concepts of land cover change[J]. Journal of Geographical Sciences, 14 (1): 3-17.

JOHN Ranjeet, CHEN J, LU N, et al, 2008. Predicting plant diversity based on remote sensing products in the semi-arid region of Inner Mongolia[J]. Remote Sensing of Environment, 112(5): 2018-2032.

JONES C M, KAMMEN D M, 2011. Quantifying carbon footprint reduction opportunities for U. S. households and communities[J]. Environmental Science Technology, 45(9): 4088-4095.

JOSÉ Luis Díaz-Hernández, 2010. Is soil carbon storage underestimated? [J]. Chemosphere, 80(3):

346-349.

KALRA N K,JO SHI D C,1996. Potentiality of Landsat,SPOT and IRS satellite imageries,for recognition of salt affected soils in Indian arid zone[J]. International Journal of Remote Sensing, 17(15): 3001-3014.

KEENAN T F,HOLLINGER D Y,BOHRER G,et al,2013. Increase in forest water-use efficiency as atmospheric carbon dioxide concentrations rise[J]. Nature,499(7458): 324.

KIRKBY S D,1996. Integrating a GIS with an expert system to identify and manage dryland alinization[J]. Applied Geography,4(16): 289-303.

KRAAK Menno-Jan,2004. The role of the map in a Web-GIS environment[J]. Journal of Geographical Systems,6:83-93.

KRAMER P J, 1981. Carbon dioxide concentration, photosynthesis, and dry matter production [J]. BioScience,31(1):29-33.

KUMAR A, ABROL I P, 1984. Studies on the reclaiming effect of Kanal-grass and Para-grass grown in a highly sodic soil[J]. Indian Journal of Agricultural Sciences. 54: 189-193.

LAD J N,OADES J M,AMATO M,1981. Microbial biomass formed from ^{14}C,^{15}N-labelled plant material decomposing in soils in the field[J]. Soil Biology and Biochemistry, 13(2):119-126.

LAFONT Michel,CAMUS Jean-Claude,FOURNIER Alain,et al,2001. A practical concept for the ecological assessment of aquatic ecosystems: Application on the River Dore in France[J]. Aquatic Ecology,35: 195-205.

LAL R,2004. Carbon sequestration in dryland ecosystems[J]. Environmental Management,33(4): 528-544.

LI Y,WANG Y,HOUGHTON R A,et al,2015. Hidden carbon sink beneath desert[J]. Geophysical Research Letters,42(14): 5880-5887.

LU X,JU W,JIANG H,et al,2019. Effects of nitrogen deposition on water use efficiency of global terrestrial ecosystems simulated using the IBIS model[J]. Ecological Indicators,101: 954-962.

LU X,MIN C,LIU Y,et al,2017. Enhanced water use efficiency in global terrestrial ecosystems under increasing aerosol loadings[J]. Agricultural Forest Meteorology,237-238(178-179): 39-49.

MACARTHUR R H,1955. Fluctuations of animal populations and a measure of community stability[J]. Ecology,36(3):533-536.

METTERNICHT G I,ZINCK J A,2003. Remote sensing of soil salinity:Potentials and constraints [J]. Remote Sensing of Environment(85):1-20.

MIGLIAVACCA M,MERONI M,MANCA G,et al,2009. Seasonal and interannual patterns of carbon and water fluxes of a poplar plantation under peculiar eco-climatic conditions[J]. Agricultural Forest Meteorology,149(9): 1460-1476.

MOHANTY B P, FAMIGLIETTI J S, SKAGGS T H, 2000. Evolution of soil moisture spatial structure in a mixed vegetation pixel during the Southern Great Plains 1997 (SGP1997) Hydrology Experiment[J]. Water Resource Research,36(12): 3675-3686.

MOLZ F J,1981. Models of water transport in the soil-plant system: a review[J]. Water Resources Research,17(5): 1245-1260.

NAVEH Z,LIEBERMAN A S,1994. Landscape ecology: Theory and application[M]. New York: Springer Verlag.

NIZINSKI J,MORAND D,FOURNIER C,1994. Actual evapotranspiration of a thorn scrub with Acacia tortilis and Balannites aegyptiaca (north Senegel)[J]. Agricultural and Forest Meteorology,72: 93-111.

OGLE S M,BREIDT F J,PAUSTIAN K,2005. Agricultural management impacts on soil organic carbon storage under moist and dry climatic conditions of temperate and tropical regions [J]. Biogeochemistry (Dordrecht),72(1):87-121.

OUYANG Y,2002. Phytoremediation: modeling plant uptake and contaminant transport in the soil-plant-atmosphere continuum[J]. Journal of Hydrology,266(1): 66-82.

PEEK A J,1975. Development and reclamation of secondary salinity[R]. University of Queensland Press:301-307.

PENMAN H L,1948. Natural evaporation from open water,bare soil and grass[J]. Proceedings of the Royal Society of London,193(1032): 120-145.

PHILIP J R,1966. Plant water relations: Some physical aspects[J]. Annual Review of Plant Physiology,17: 245-268.

POST W M,PENG T H,EMANUEL W R,et al,1990. The global carbon cycle[J]. American Scientist,78(4):310-326.

POTTER K N,TORBERT H A,JONES O R,et al,1998. Distribution and amount of soil organic C in long-term management systems in Texas[J]. Soil and Tillage Research,47(3-4):309-321.

PRICE J C,1990. Using spatial context in satellite data to infer regional scale evapotranspiration [J]. IEEE Transactions on Geoscience Remote Sensing,28(5): 940-948.

QADIR M,QURESHI R H,AHLNAD N,1996. Reclamation of a saline-sodic soil by gypsum and Leptoehloa fusea[J]. Geoderma,74: 207-217.

RAI R,1991. Strain-specific salt tolerance and chemotaxis of Azospirillum brasilense and their associative N-fixation with finger millet in saline calcareous soil[J]. Plant and Soil,137(1): 55-59.

REES W E,1992. Ecological footprints and appropriated carrying capacity: What urban economics leaves out[J]. Focus,6(2): 121-130.

REINMAN S L,2013. Intergovernmental Panel on Climate Change (IPCC)[J]. Encyclopedia of Energy natural Resource & Environmental Economics,26(2):48-56.

SCHNEIDER D C,2001. The rise of the concept of scale in ecology[J]. Bioscience,51(7): 545-553.

SHAKUN J D,CLARK P U,HE F,et al,2012. Global warming preceded by increasing carbon dioxide concentrations during the last deglaciation[J]. Nature,484(7392):49-54.

SHAO T,MA Y,ZHAO J,et al,2016. Vertical distribution of sand layer CO_2 concentration and its diurnal variation rules in Alxa desert region,northwest China[J]. Environmental Earth Sciences, 75(18): 1269.

SHARMA S,RAJAN N,CUI S,et al,2019. Carbon and evapotranspiration dynamics of a non-native perennial grass with biofuel potential in the southern U. S. Great Plains[J]. Agricultural and Forest Meteorology,269-270: 285-293.

SINGH A N, BAUMGARDNER M F, KRISTOFF S J, 1977. Delineating salt-affected soils in part of the Ganges Plain by digital analysis of Landsat data[R]. Technical Report, Laboratory for Applications of Remote Sensing, Purdue University, West Lafyette, Indiana, USA.

SINGH R P, SRIVASTAV S K, 1990. Mapping of waterlogged and salt-affected soils using microwave radiometers[J]. Journal of Remote Sensing, 11(10): 1879-1887.

SIX J, ELLIOTT E T, PAUSTIAN K, 2000. Soil macroaggregate turnover and microaggregate formation: a mechanism for C sequestration under no-tillage agriculture[J]. Soil Biology and Biochemistry, 32(14): 2099-2103.

SMEETS E, WETERINGS R, 1999. Environmental Indicators: Typology and Overview [M]. Technical report No. 25, European Environmental Agency, Copenhagen.

SON K, LIN L, BAND L, et al, 2019. Modelling the interaction of climate, forest ecosystem, and hydrology to estimate catchment dissolved organic carbon export[J]. Hydrological Processes, 33 (10): 1448-1464.

SPEROW M, EVE M, PAUSTIAN K, 2003. Potential soil C sequestration on U. S. agricultural soils [J]. Climatic Change, 57(3): 319-339.

STEVEN A E, 2001. Toward a recycling society: ecological sanitation closing the loop to food security[J]. Water Science & Technology, 43 (4): 177-187.

STEWART J B, KUSTAS W P, HUMES K S, et al, 1994. Sensible heat flux-radiometric surface temperature relationship for eight semiarid areas[J]. Journal of Applied Meteorology, 33(9): 1110-1117.

SUI D Z, 1998. GIS-based urban modeling: practices, problems, and prospects[J]. International Journal of Geographical Information Science, 12(7): 651-671.

TAGESSON T, FENSHOLT R, CAPPELAERE B, et al, 2016. Spatiotemporal variability in carbon exchange fluxes across the Sahel[J]. Agricultural & Forest Meteorology, 226-227: 108-118.

TANAKA Y, YANO K, 2005. Nitrogen delivery to maize via mycorrhizal hyphae depends on the form of N supplied[J]. Plant Cell and Environment, 28(10): 1247-1254.

TANG X, LI H, DESAI A R, et al, 2014. How is water-use efficiency of terrestrial ecosystems distributed and changing on Earth? [J]. Scientific Reports, 4(4): 7483.

TAYLOR H M, KLEPPER B, 1975. Water Uptake By Cotton Root Systems: an examination of assumptions in the single root model[J]. Soil Science, 120(1): 57-67.

THORNTHWAITE C W, HOLZMAN B, 1939. The determination of evaporation from land and water surfaces[J]. Monthly Weather Review, 67(1): 4-11.

TIAN H, CHEN G, LIU M, et al, 2010. Model estimates of net primary productivity, evapotranspiration, and water use efficiency in the terrestrial ecosystems of the southern United States during 1895—2007[J]. Forest Ecology Management, 259(7): 1311-1327.

TONG C, 2000. Review on environmental indicator research[J]. Research on Environmental Science, 13(4): 531.

URSULA C Benz, PETER Hofmann, GREGOR Willhauck, et al, 2004. Multi-resolution, object-oriented fuzzy analysis of remote sensing data for GIS-ready information[J]. ISPRS Journal of Photogrammetry & Remote Sensing,58:239-258.

VAUGHAN P J,TROUT T J,AYARS J E,2007. A processing method for weighing lysimeter data and comparison to micrometeorological ETo predictions[J]. Agricultural Water Management,88(1): 141-146.

VINNIKOV K Y,ROBOCK A,SPERANSKAYA N A,et al,1996. Scales of temporal and spatial variability of mid-latitude soil moisture[J]. Journal of Geophysical Research,101: 7163-7174.

WANG W F,CHEN X,LUO G P,et al,2014. Modeling the contribution of abiotic exchange to CO_2 flux in alkaline soils of arid areas[J]. Journal of Arid Land,6(1): 27-36.

WEBER C L,CLAVIN C,2012. Life Cycle Carbon Footprint of Shale Gas:Review of evidence and implications[J]. Environmental Science Technology,46(11): 5688-5695.

WEST T O,SIX J,2007. Considering the influence of sequestration duration and carbon saturation on estimates of soil carbon capacity[J]. Climatic Change,80(1-2):25-41.

WIEDMANN T,MINX J C,2007. A definition of carbon footprint[J]. SA Research & Consulting,9: 1-7.

WU C,ZHENG N,SHUAI G,2010. Gross primary production estimation from MODIS data with vegetation index and photosynthetically active radiation in maize[J]. Journal of Geophysical Research:Atmospheres,115(D12):13-23.

XIA L,LAM S K,YAN X,et al,2017. How does recycling of livestock manure in agroecosystems affect crop productivity,reactive nitrogen losses and soil carbon balance? [J]. Environmental Science & Technology,51(13):7450-7457.

XIE X,LI A,JIN H,et al,2018. Derivation of temporally continuous leaf maximum carboxylation rate (V_{cmax}) from the sunlit leaf gross photosynthesis productivity through combining BEPS model with light response curve at tower flux sites[J]. Agricultural and Forest Meteorology,259: 82-94.

XUE B L,GUO Q,OTTO A,et al,2016. Global patterns,trends,and drivers of water use efficiency from 2000 to 2013[J]. Ecosphere,6(10): 1-18.

YANG Y,FANG J,MA W,et al,2008. Relationship between variability in aboveground net primary production and precipitation in global grasslands[J]. Geophysical Research Letters,35(23):46-63.

YUDE P,RICHARD A B,JINGYUN F,et al,2011. A large and persistent carbon sink in the world's forests[J]. Science,6045(333): 988-993.

ZHANG Z,JIANG H,Liu J X,et al,2012. Assessment on water use efficiency under climate change and heterogeneous carbon dioxide in China terrestrial ecosystems[J]. Procedia Environmental Sciences,13: 2031-2044.

ZHOU M,ZHOU S,WANG J,et al,2014. Research advance on influencing factors of crop water use efficiency[J]. Agricultural Science and Technology,15(11): 1967-1976.

ZHU B,CHENG W,2011. Rhizosphere priming effect increases the temperature sensitivity of soil organic matter decomposition[J]. Global Change Biology,17(6):2172-2183.

附录　文中的主要缩写中英文对照

英文缩写	英文	中文
ABL	atmospheric boundary layer	大气边界层
AHP	analytic hierarchy process	层次分析法
AI	artificial intelligence	人工智能
AN	available nitrogen	有效氮
ANN	artificial neural network	人工神经网络
AK	available potassium	速效钾
AP	available phosphorus	有效磷
AR	augmented reality	增强现实
B&R	Belt and Road	一带一路
BCS	biological carbon sequestration	生物固碳
BD	big data	大数据
BEPS	boreal ecosystem productivity simulator	BEPS模型，北方生态系统生产力模拟
BGC	BioGeochemical Cycles model	生物地球化学循环模型
BNF	biological nitrogen fixation	生物固氮
BREB	Bowen ratio energy balance method	波文比能量平衡法
CC	cloud computing	云计算
CDE	carbon dioxide emissions	二氧化碳排放量
CDRF	carbon dioxide reduction forest	二氧化碳减排林
CDRFA	carbon dioxide reduction forest area	二氧化碳减排林区
CFP	carbon footprint	碳足迹
CSP	carbon sequestration potential	固碳潜力
CV	critical value	临界值
DD	desertification degree	荒漠化程度
DE	digital earth	数字地球
DM	data mining	数据挖掘
DOC	dissolved organic carbon	可溶性有机碳
DSS	degree of soil salinization	土壤盐渍化程度
ECC	ecosystem carbon cycle	生态系统碳循环

续表

英文缩写	英文	中文
ECM	Eddy covariance method, Eddy covariance technique, eddy correlation	涡度相关法
ECWC	ecosystem carbon and water cycle	生态系统碳水循环
EFP	ecological footprint	生态足迹
ESA	ecological safety assessment	生态安全评价
ESAM	ecological safety assessment method	生态安全评价方法
ESC	ecosystems sequester carbon	生态系统固碳
ESS	ecosystem services	生态系统服务
ESST	ecosystem service types	生态系统服务类型
ESSV	ecosystem service value	生态系统服务价值
ET	evapotranspiration	蒸散发
EWD	ecological water demand	生态需水
EWU	ecological water utilization, ecological water use	生态用水
EWUE	water use efficiency in ecosystem	生态系统水分利用率
FAO	Food and Agriculture Organization of the United Nations	联合国粮食及农业组织
FES	forest ecosystem	森林生态系统
FLES	farmland ecosystem	农田生态系统
FPF	footprint family	足迹家族
GIS	geographical information system	地理信息系统
GITP	geographical information TUPU	地理信息图谱
GLES	grassland ecosystem	草地生态系统
GPP	gross Primary Productivity	总初级生产力
GRD	grey relation degree, grey correlation degree	灰色关联度法
GWD	groundwater depth	地下水埋深
HCI	man-machine interaction, human-computer interaction	人机交互
HEM	hydrological and ecological models	水文与生态模型
IOM	input-output method	投入产出法
IOT	Internet of things	物联网
IPCC	Intergovernmental Panel on Climate Change	政府间气候变化专门委员会
IRD	infrared data, IR Data	热红外数据
ITM	isotopic tracer method	同位素示踪法

续表

英文缩写	英文	中文
LCA	life cycle assessment	生命周期评价法
LUCC	land use and coverage change	土地利用与覆盖变化
LUE	light energy utilization ratio, light utilization efficiency	光能利用率
MDDV	Multidimensional dynamic visualization	多维动态可视化
MDG	mineralization degree of groundwater	地下水矿化度
NEE	net ecosystem carbon exchange	净生态系统碳交换
NFM	nitrogen-fixing microorganism	固氮微生物
NMR	nuclear magnetic resonance	核磁共振技术
NPP	net Primary Productivity	净初级生产力
OC	organic carbon	有机碳
OCC	organic carbon content	有机碳含量
OM	organic matter	有机质
ON	organic nitrogen	有机氮
PCA	principal component analysis	主成分分析法
PCP	plant carbon pool	植被碳库
PCPGW	physicochemical properties of groundwater	地下水理化性质
PF	Planted forest	人工林
PG	plants grow	植物长势
PDIP	plant diseases and insect pests	病虫害
PSR	pressure-status-response	压力-状态-响应
PSTM	Photosynthetic stomatal transpiration mechanism	光合-气孔-蒸腾机理
PY	planting years; planting age	(植被)种植年限
RCS	rate of carbon sequestration	固碳速率
RI	radioactive isotope, radioisotope	放射性同位素
RS	remote sensing	遥感
RSD	remote sensing data	遥感数据
RSI	remote sensing image	遥感影像
SBD	soil bulk density, volume weight of soil	土壤容重
SCC	soil carbon cycle	土壤碳循环
SCP	soil carbon pool	土壤碳库
SCS	soil carbon sequestration	土壤固碳
SEA	soil enzyme activity	土壤酶活性

续表

英文缩写	英文	中文
SEBS	Surface Energy Balance System	地表能量平衡系统
SEBAL	Surface energy balance algorithms for land	SEBAL 模型
SIC	soil inorganic carbon	土壤无机碳
SMC	soil moisture content	土壤含水率(量)
SN	soil nutrition	土壤养分
SNC	soil nitrogen cycle	土壤氮循环
SOC	soil organic carbon	土壤有机碳
SOCS	soil organic carbon stock	土壤有机碳储量
SOM	soil organic matter	土壤有机质
SOMC	soil organic matter content	土壤有机质含量
SPAC	Soil-Plant-Atmosphere Continuum	土壤-植物-大气连续体
SSC	soil salt content, soil salinity	土壤含盐量
SPCP	soil physical and chemical properties, soil physicochemical properties	土壤理化性质
SS	salinized soil	盐渍化土壤
SSS	soil secondary salinization	土壤次生盐渍化
SWS	soil water solubility	土壤水溶性
TES	terrestrial ecosystem	陆地生态系统
TK	total potassium	全钾
TN	total nitrogen	全氮
TOC	total organic carbon	总有机碳
TP	total phosphorus	全磷
TS	total salt	全盐
VCD	vegetation carbon density	植被碳密度
VCS	vegetation carbon sequestration	植被固碳
VSC	visualization in scientific computing	科学计算可视化
VR	virtual reality	虚拟现实
VRM	vegetable restoration mode	植被修复模式
VWUE	vegetation water use efficiency	植被水分利用率
WFP	water footprint	水足迹
WLES	wetlands ecosystem	湿地生态系统
WUE	water use efficiency	水分利用率

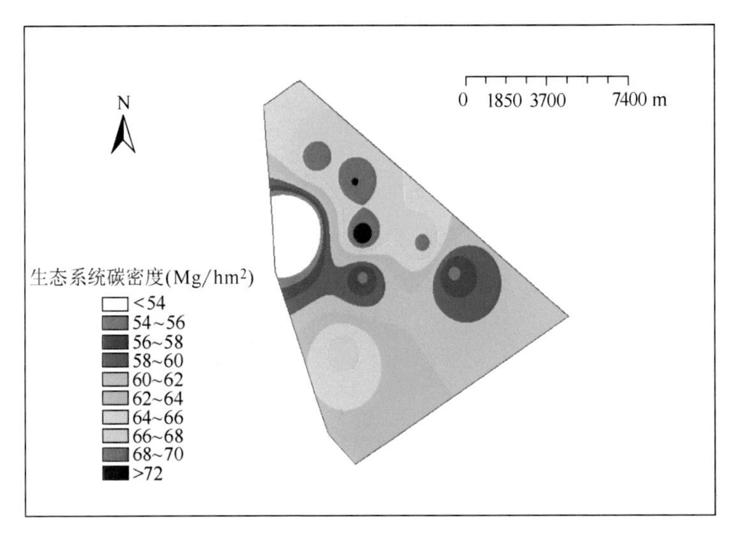

图 1-1 KCDRF 生态系统碳密度

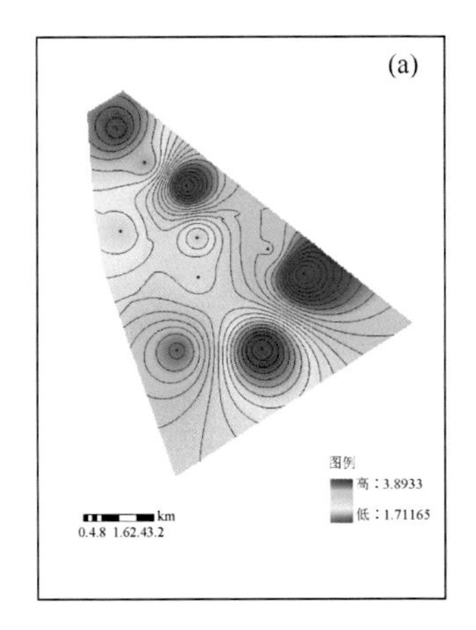

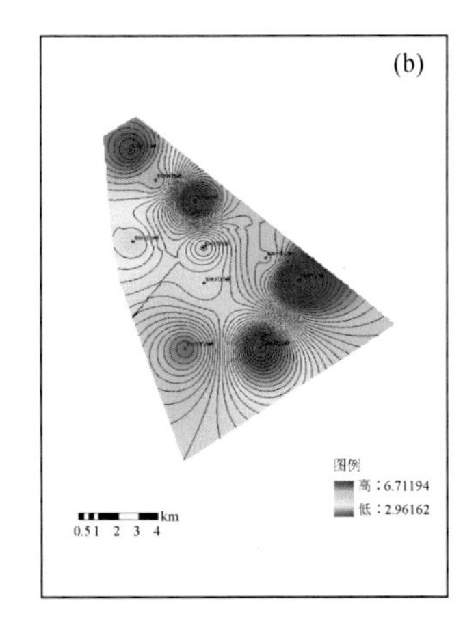

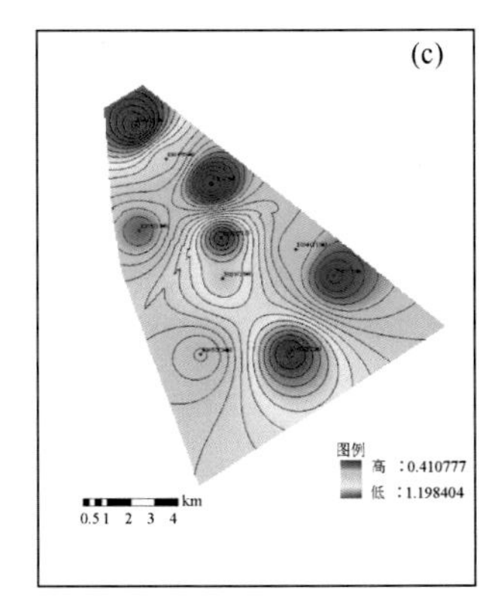

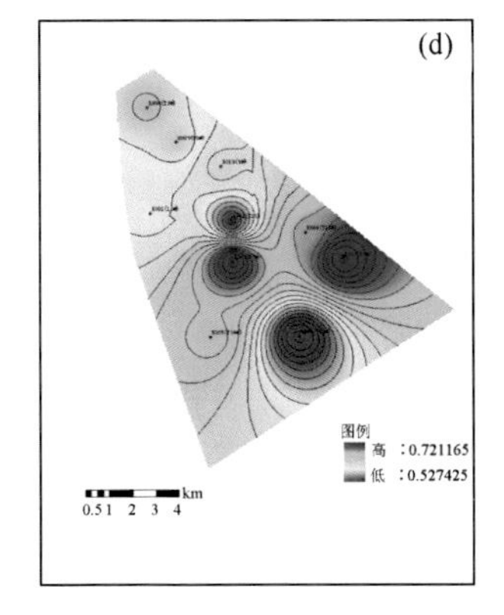

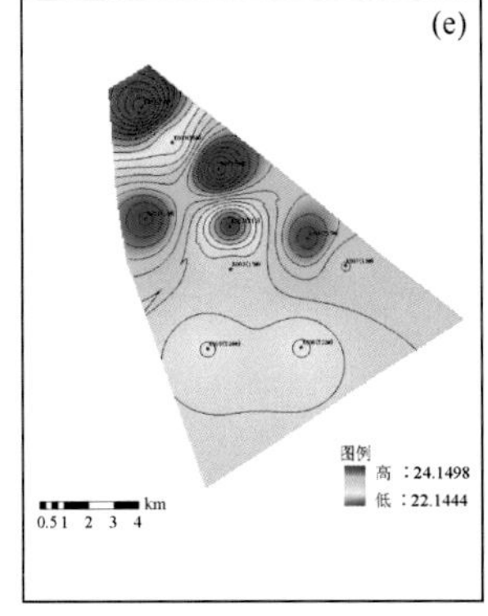

图 3-4 CDRF SN 分布信息图谱（a、b、c、d、e 分别为 OC、OM、TN、TP 及 TK）

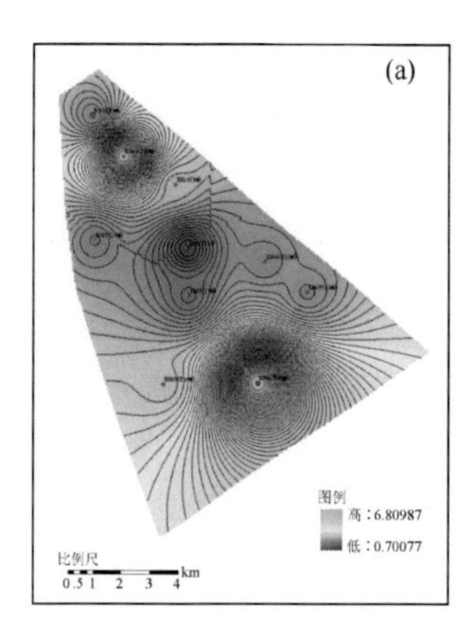

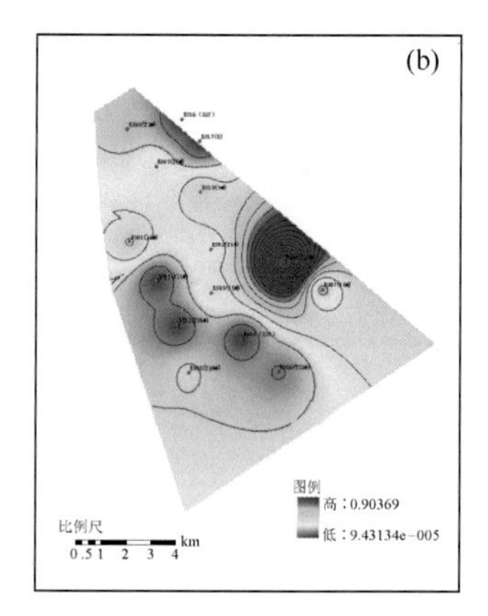

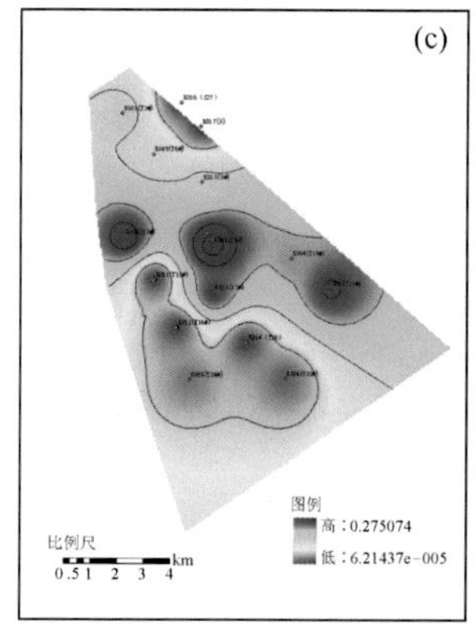

图 3-5　CDRFA 土壤盐分及含水率分布信息图谱(a、b、c 分别为 TS、20 cm 及 100 cm SMC)

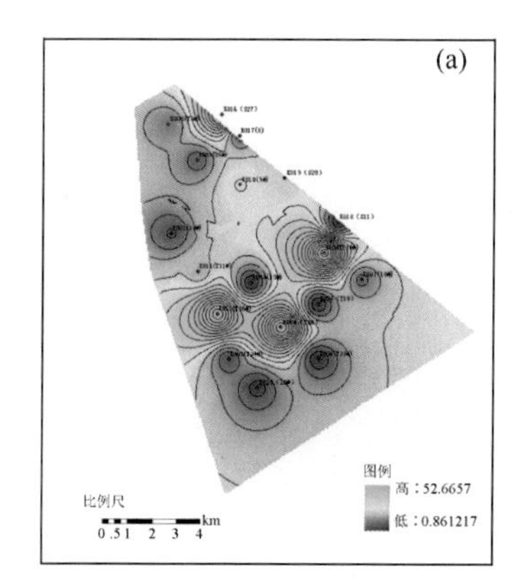

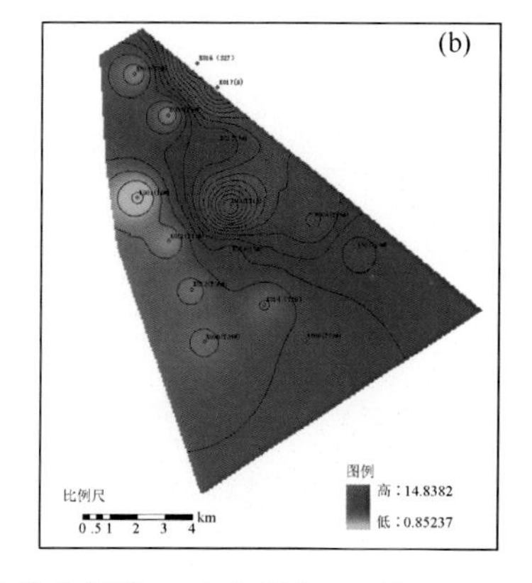

图 3-6　CDRF 地下水盐分及水埋深分布信息图谱(a、b 分别为 TS 及 GWD)

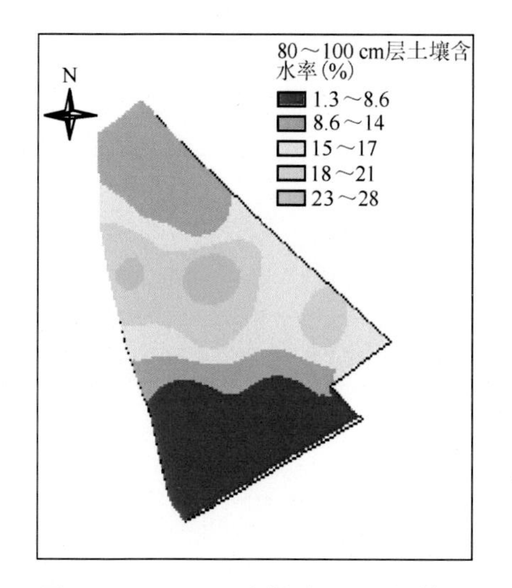

图 5-1　CDRFA 不同深度 SMC 插值图

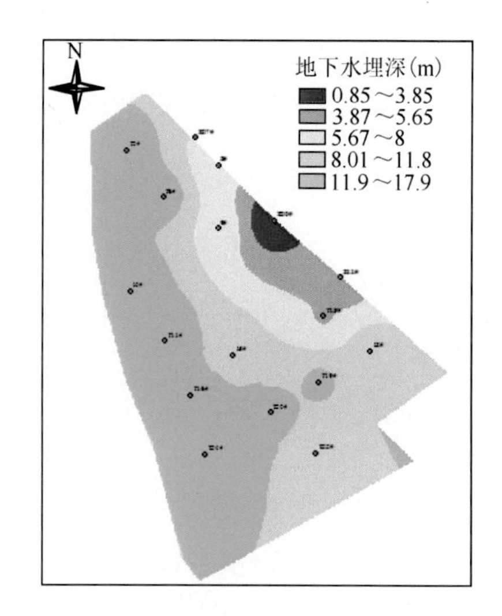

图 5-2　CDRFA GWD 插值图